塑料
加工
技术
解惑 系列

塑料中空成型实例
疑难解答

刘西文　阳辉剑　编著

化学工业出版社
·北京·

中空塑料是塑料的重要成型方法之一,中空塑料制品已广泛应用于国民经济和人们生活的各个领域。本书是作者根据多年的实践经验和教学、科研经验,用众多企业生产中的具体案例作为素材,以问答和具体工程实例的形式,分别针对塑料中空成型原料、挤出吹塑、注射吹塑、拉伸吹塑、多层共挤复合吹塑、旋转成型、气辅中空注射成型工艺及挤出吹塑成型设备、注射吹塑成型设备、注射拉伸吹塑成型设备等方面的具体工艺过程与工程实例进行了重点介绍,详细解答了塑料中空成型生产过程中的大量疑问与难题。

本书立足生产实际,侧重实用技术及操作技能,内容力求深浅适度,通俗易懂,结合生产实际,可操作性强。本书主要供塑料加工、生产企业一线技术人员和技术工人、技师及管理人员等相关人员学习参考,也可作为企业培训用书。

图书在版编目(CIP)数据

塑料中空成型实例疑难解答 / 刘西文,阳辉剑编著. —北京:化学工业出版社,2015.5

(塑料加工技术解惑系列)

ISBN 978 - 7 - 122 - 23385 - 1

Ⅰ.①塑… Ⅱ.①刘…②阳… Ⅲ.①塑料成型 - 问题解答 Ⅳ.①TQ320.66 - 44

中国版本图书馆 CIP 数据核字(2015)第 056567 号

责任编辑:朱 彤　　　　　　　　　　文字编辑:冯国庆
责任校对:吴 静　　　　　　　　　　装帧设计:王晓宇

出版发行:化学工业出版社(北京市东城区青年湖南街 13 号 邮政编码 100011)
印　　装:高教社(天津)印务有限公司
787mm×1092mm 1/16 印张 15½ 字数 393 千字 2015 年 8 月北京第 1 版第 1 次印刷

购书咨询:010 - 64518888(传真:010 - 64519686)　　售后服务:010 - 64518899
网　　址:http://www.cip.com.cn
凡购买本书,如有缺损质量问题,本社销售中心负责调换。

定　　价:59.00 元

前　言

FOREWORD

　　随着中国经济的高速发展，塑料作为新型合成材料在国计民生中发挥了重要作用，我国塑料工业的技术水平和生产工艺得到很大程度提高。为了满足塑料制品加工、生产企业最新技术发展和现代化企业生产工人的培训要求，进一步巩固和提升塑料制品、加工企业一线操作人员的理论知识水平与实际操作技能，促进塑料加工行业更好、更快发展，化学工业出版社组织编写了这套《塑料加工技术解惑系列》丛书。

　　本套丛书立足生产实际，侧重实用技术及操作技能，内容力求深浅适度，通俗易懂，结合生产实际，可操作性强，主要供塑料加工、生产企业一线技术人员和技术工人及相关人员学习参考，也可作为企业的培训教材。

　　本分册《塑料中空成型实例疑难解答》是该套《塑料加工技术解惑系列》丛书分册之一。中空塑料制品已广泛应用于国民经济和人们生活的各个领域。中空塑料制品主要有包装容器、工业制件及结构用制品，如各种塑料包装瓶、大容积贮桶及贮罐、燃油箱、立体弯曲形管件、工具箱、家具、汽车座椅、玩具、游乐设施等，广泛应用于食品、药品、化妆品、农药等的包装及汽车、化工、航空器等诸多领域。中空成型技术目前也已发展到了较高水平，从挤出吹塑到注射吹塑，从普通吹塑到拉伸吹塑，从单层到多层，从对称到不对称，从单模到多模等，已经形成了一个完整的加工体系，逐步向高速、多功能、大型化、复合化等方向发展。因此，为了帮助广大挤塑成型加工从业人员尽快掌握塑料中空成型的最新技术、最新工艺，使广大工程技术人员和生产操作人员具有较为系统的相关理论知识、熟练的操作技术及丰富的实践经验，作者编写了这本《塑料中空成型实例疑难解答》。

　　本书是作者根据多年的实践经验和教学、科研经验，用众多企业生产中的具体案例为素材，以问答和具体工程实例的形式，分别针对塑料中空成型原料、挤出吹塑、注射吹塑、拉伸吹塑、多层共挤复合吹塑、旋转成型、气辅中空注射成型工艺及挤出吹塑成型设备、注射吹塑成型设备、注射拉伸吹塑成型设备等方面，详细解答了塑料中空成型生产过程中的大量疑问与难题。

本书由刘西文、阳辉剑编著，由长期在企业从事塑料成型加工的技术人员杨中文、刘浩、彭雪辉、李亚辉、田志坚、杨柳莎等参加编写。

由于作者水平有限，书中难免有不妥之处，恳请同行专家及广大读者批评指正。

编著者

2015 年 3 月

目 录

CONTENTS

第 1 章 中空成型制品及原料疑难解答 ·· 1

1.1 中空成型制品及基本概念疑难解答 ··· 1

　1.1.1 什么是中空制品？中空制品有哪些成型方法？ ································· 1

　1.1.2 什么是中空吹塑成型？中空吹塑成型有哪些类型？各有何特点？ ········· 2

　1.1.3 什么是旋转成型？旋转成型有何特点和适用性？ ···························· 2

　1.1.4 什么是搪塑成型？搪塑成型有何特点和适用性？ ···························· 3

　1.1.5 什么是双板热成型？双板热成型有何特点和适用性？ ······················ 3

　1.1.6 什么是气体辅助注射成型？热气体辅助注射成型有何特点和适用性？ ····· 4

　1.1.7 什么是纤维缠绕中空成型？纤维缠绕中空成型有何特点和适用性？ ······· 4

　1.1.8 中空吹塑成型制品设计的基本原则有哪些？ ································· 5

　1.1.9 中空吹塑制品在设计过程中应考虑哪些因素？ ······························ 5

　1.1.10 中空吹塑瓶设计时应注意哪些方面？ ······································· 14

　1.1.11 中空吹塑成型工业制品与结构制品时应注意哪些方面？ ·················· 15

1.2 中空成型材料实例疑难解答 ·· 17

　1.2.1 聚乙烯有哪些类型？性能如何？聚乙烯分子结构对其性能有何影响？ ······ 17

　1.2.2 中空成型用的聚乙烯主要有哪些类型？中空成型过程中应如何选用聚乙烯？ ·· 19

　1.2.3 聚乙烯型号如何表示？生产过程中应如何辨识 PE 的型号？ ··············· 20

　1.2.4 PE 中空成型的工艺性能如何？ ··· 23

　1.2.5 聚丙烯树脂有哪些类型？成型过程中应如何选用？ ························· 23

　1.2.6 生产中应如何辨识聚丙烯树脂牌号标识？ ··································· 24

　1.2.7 聚丙烯有哪些特性？ ·· 26

　1.2.8 PP 成型加工过程中应注意哪些方面？ ·· 27

　1.2.9 PVC 树脂有哪些类型？其规格型号如何表示？ ····························· 28

　1.2.10 PVC 树脂应如何选用？ ··· 29

　1.2.11 在成型加工过程中应如何提高 PVC 的热稳定性？ ························ 30

　1.2.12 PVC 成型时有何工艺性能？ ·· 30

　1.2.13 如何提高硬质 PVC 制品的抗冲性能？ ······································ 31

　1.2.14 聚对苯二甲酸乙二醇酯的结构和性能有何特点？ ························· 32

　1.2.15 PET 有何成型加工特性？ ··· 32

　1.2.16 聚酰胺有哪些类型？聚酰胺类塑料性能如何？ ···························· 33

　1.2.17 PA 注射成型加工过程中应注意哪些问题？ ································· 34

1.2.18　工业生产的聚碳酸酯有哪些类型？其型号应如何表示？ ················· 35

1.2.19　聚碳酸酯有何性能特点？ ······················· 36

1.2.20　聚碳酸酯成型加工性能如何？ ····················· 37

1.2.21　塑料中添加增塑剂的作用是什么？ ··················· 37

1.2.22　何谓增塑剂的增塑效率？如何判断增塑剂与树脂相容性的好坏？ ······· 38

1.2.23　增塑剂常用的类型有哪些？各有何特性？ ················ 38

1.2.24　热稳定剂的作用是什么？热稳定剂主要有哪些类型？ ··········· 40

1.2.25　抗氧剂的作用是什么？常用抗氧剂有哪些类型？ ············· 42

1.2.26　光稳定剂的作用是什么？常用的光稳定剂有哪些类型？ ·········· 43

1.2.27　塑料填料有何作用？塑料用的填料应具备哪些性能？ ··········· 45

1.2.28　填充剂的性质对塑料性能有何影响？ ·················· 45

1.2.29　常用无机填充剂有哪类品种？各有何特性？ ··············· 46

1.2.30　常用润滑剂有哪些品种？各有何特性？ ················· 47

1.2.31　阻燃剂的作用是什么？常用塑料阻燃剂各有何特性？ ··········· 48

1.2.32　消烟剂的作用是什么？常用消烟剂品种有哪些？ ············· 50

1.2.33　塑料抗静电剂有何特点？塑料常用抗静电剂有哪些品种？ ········· 50

1.2.34　成核剂的作用是什么？塑料常用的成核剂有哪些？ ············ 51

1.2.35　加工助剂的作用是什么？主要有哪些品种？ ··············· 51

1.2.36　生产中应如何选用着色剂？选用着色剂时应注意哪些问题？ ········ 51

1.2.37　常用塑料着色剂主要有哪些类型？各有何特点？ ············· 52

1.2.38　塑料配色应注意哪些方面的问题？ ···················· 54

第2章　挤出中空吹塑实例疑难解答 ·························· 56

2.1　挤出中空吹塑设备实例疑难解答 ······················· 56

2.1.1　挤出中空吹塑成型过程如何？挤出吹塑成型有何特点？ ·········· 56

2.1.2　挤出吹塑成型方式有哪些？各有何特点和适用性？ ············· 57

2.1.3　挤出中空吹塑成型机有哪些类型？主要由哪些部分组成？ ········· 58

2.1.4　挤出中空吹塑成型用的挤出机主要有哪些类型？生产中应如何选择挤出机
类型？ ·· 59

2.1.5　单螺杆挤出机主要组成部分有哪些？其主要部件的结构有何特点？ ····· 60

2.1.6　螺杆头部的结构形式有哪些？各有何特点？ ··············· 62

2.1.7　挤出中空吹塑 HDPE 产品时为何选用槽型进料机筒会比较好？ ······ 63

2.1.8　中空吹塑成型用的挤出机应满足哪些要求？生产中应如何选择挤出机规格？ ···· 63

2.1.9　采用单螺杆挤出机中空吹塑成型时，螺杆为什么要冷却？应如何控制？ ·· 65

2.1.10　采用单螺杆挤出机时螺杆的形式应如何选用？ ·············· 65

2.1.11　分离型螺杆、屏障型螺杆、分流型螺杆及波型螺杆各有何特点？ ····· 65

2.1.12　双螺杆挤出机有哪些类型？各有何特点？ ················ 68

2.1.13　挤出机机筒与机头连接处为何要设置分流板和过滤网？挤出过程中设置分流板
和过滤网有何要求？ ······························· 70

2.1.14　机头的结构形式有哪些？各有何特点和适用性？ ············· 71

2.1.15　挤出吹塑模具有哪些特点？ ······················· 72

2.1.16　挤出吹塑模具的结构设计有何要求？ ·················· 73

2.1.17　挤出吹塑模具的排气形式有哪些？各有何特点？ ············· 75

2.1.18 挤出吹瓶时，瓶底"飞边"自动裁切机构有何要求？ …………………………… 76

2.1.19 挤出吹瓶时的后冲切工艺是怎样的？有何适用性？ …………………………… 76

2.1.20 挤出吹塑中型容器的模具结构有何要求？ ……………………………………… 77

2.1.21 分型面为曲面时，分型面的位置应如何选择？ ………………………………… 77

2.1.22 挤出吹塑表面凹陷的制品时，制品的脱模可采取哪些措施？ ………………… 78

2.1.23 挤出吹塑成型时，如何控制型坯的壁厚？ ……………………………………… 78

2.1.24 挤出吹塑机的安装应注意哪些问题？应如何进行调试？ ……………………… 79

2.1.25 挤出中空吹塑成型机的操作步骤如何？ ………………………………………… 80

2.1.26 挤出中空吹塑机应如何进行日常维护与保养？ ………………………………… 82

2.1.27 挤出中空吹塑机定期检修包括哪些内容？ ……………………………………… 83

2.1.28 挤出吹塑机应如何选用上料装置？ ……………………………………………… 84

2.1.29 单采用螺杆挤出中空吹塑机为何会出现机头不出物料的现象？应如何
解决？ ……………………………………………………………………………… 85

2.1.30 单螺杆挤出机螺杆应如何拆卸？螺杆应如何清理和保养？ …………………… 85

2.1.31 双螺杆挤出机螺杆的拆卸步骤如何？ …………………………………………… 85

2.1.32 螺杆挤出机应如何进行空载试机操作？ ………………………………………… 86

2.1.33 挤出中空吹塑机在生产过程中为何会发出"叽叽"的噪声？如何解决？ …… 86

2.1.34 挤出吹塑时为何挤出机有一区段的温度突然偏低？应如何解决？ …………… 87

2.1.35 在挤出吹塑过程中为何出现突然自动停机？有何解决办法？ ………………… 87

2.1.36 采用双螺杆挤出吹塑 PVC 瓶时主机为何会出现有一区温度偏高的现象？应
如何处理？ ………………………………………………………………………… 88

2.1.37 用双螺杆挤出吹塑 PVC 中空制品时，喂料机为何自动停车？应如何解决？ … 88

2.1.38 在挤出中空吹塑过程中为何机头总是出现出料不畅现象？应如何解决？ …… 88

2.1.39 采用双螺杆挤出中空吹塑时，真空表为何无指示？应如何解决？ …………… 89

2.1.40 挤出中空吹塑时，挤出主机电流为何波动大？应如何解决？ ………………… 89

2.1.41 挤出吹塑过程中为何会出现主机的启动电流偏高？应如何解决？ …………… 89

2.1.42 挤出中空吹塑过程中挤出主电机的轴承温度为何偏高？如何处理？ ………… 90

2.1.43 挤出吹塑过程中机头压力为何会出现不稳现象？应如何解决？ ……………… 90

2.1.44 在挤出型坯过程中为何突然出现型坯缺料现象？应如何解决？ ……………… 90

2.1.45 挤出吹塑过程中为何模具不能完全闭合或有胀模现象？应如何解决？ ……… 91

2.1.46 吹塑模具合模时为何发出较大的撞击声？应如何解决？ ……………………… 91

2.1.47 挤出中空吹塑过程中液压泵有较大噪声，是何原因？应如何解决？ ………… 91

2.1.48 挤出吹塑时螺杆变频调速电机的变频器突然不工作，是何原因？应如何
解决？ ……………………………………………………………………………… 92

2.1.49 挤出中空吹塑机为何不升温或出现升温报警现象？应如何解决？ …………… 92

2.2 挤出吹塑中空成型工艺实例疑难解答 …………………………………………………… 92

2.2.1 挤出吹塑过程中主要控制的工艺因素有哪些？这些因素对成型过程有何
影响？ ……………………………………………………………………………… 92

2.2.2 挤出吹塑过程中机筒的温度应如何控制？温度控制是否合适应如何来判断？ … 94

2.2.3 挤出吹塑的型坯厚度和长度应如何控制？型坯质量有何要求？ ……………… 95

2.2.4 挤出吹塑型坯吹胀的方法有哪些？各有何特点和适用性？ …………………… 95

2.2.5 什么是离模膨胀？型坯挤出过程中影响离模膨胀的因素主要有哪些？ ……… 96

2.2.6 在挤出型坯时影响型坯下垂的因素有哪些？应如何控制型坯下垂？ ………… 96

2.2.7　什么是预吹塑？预吹塑的目的是什么？ ·············· 97

2.2.8　挤出吹塑过程中的预埋件是什么？预埋件自动植入的工艺过程如何？ ·············· 98

2.2.9　中空吹塑制品的冷却方式有哪些？影响制品冷却的因素又有哪些？ ·············· 98

2.2.10　中空吹塑模具的温度应如何控制？ ·············· 99

2.2.11　中空吹塑制品应如何脱模？中空吹塑过程中影响制品脱模的因素有哪些？ ··· 100

2.2.12　中空吹塑成型过程中应如何提高制品壁厚的均匀性？ ·············· 100

2.2.13　挤出型坯为何易出现弯曲现象？应如何解决？ ·············· 102

2.2.14　挤出吹塑型坯为何出现卷边现象？应如何解决？ ·············· 102

2.2.15　吹胀时型坯为何易破裂？应如何解决？ ·············· 102

2.2.16　挤出吹塑 UPVC 透明瓶为何出现雾状发白现象？应如何解决？ ·············· 103

2.2.17　挤出吹塑的 PC 透明瓶为何表面出现麻点？有何解决办法？ ·············· 103

2.2.18　挤出吹塑 PC 瓶的过程中，PC 瓶出现气泡是何原因？应如何解决？ ·············· 103

2.2.19　挤出吹塑 PE 桶时，制品为何会发生变形？应如何解决？ ·············· 104

2.2.20　中空吹塑制品为何易出现纵向壁厚不均匀？应如何避免？ ·············· 104

2.2.21　中空吹塑容器易出现翘曲，是何原因？应如何解决？ ·············· 104

2.2.22　吹塑容器底部夹坯接缝强度太低应如何解决？ ·············· 105

2.2.23　中空吹塑容器表面出现橘皮状花纹应如何解决？ ·············· 105

2.2.24　中空吹塑容器时，容器的容积发生变化应如何解决？ ·············· 105

2.2.25　吹塑制品的轮廓和图纹不清晰有哪些处理措施？ ·············· 106

2.2.26　造成中空吹塑成型制品的飞边太多太厚的原因有哪些？应如何解决？ ·············· 106

2.2.27　挤出吹塑制品为何表面出现纵向条纹？应如何处理？ ·············· 106

2.2.28　中空吹塑时制品的切边难以控制，有何解决办法？ ·············· 107

2.3　挤出吹塑中空制品实例疑难解答 ·············· 107

2.3.1　聚乙烯挤出中空吹塑成型时有何技术要求？ ·············· 107

2.3.2　挤出吹塑 PE 瓶的成型工艺应如何控制？ ·············· 109

2.3.3　采用 HDPE/EVOH 共混挤出吹塑阻隔瓶的成型工艺对制品性能有何影响？ ··· 109

2.3.4　挤出吹塑 PC 饮用水桶成型工艺应如何控制？ ·············· 110

2.3.5　挤出吹塑 HDPE 闭口大桶的成型工艺应如何控制？ ·············· 111

2.3.6　采用挤出吹塑 UPVC 透明瓶的成型工艺应如何控制？ ·············· 112

2.3.7　挤出吹塑改性聚酯医用瓶的成型工艺应如何控制？ ·············· 113

2.3.8　挤出吹塑成型聚酰胺 6 农药瓶的成型工艺应如何控制？ ·············· 113

2.3.9　挤出吹塑 PC 包装瓶的成型工艺应如何控制？ ·············· 114

2.3.10　挤出吹塑聚碳酸酯饮料瓶的成型工艺应如何控制？ ·············· 115

2.3.11　挤出吹塑高分子量、高密度聚乙烯大型带环中空桶的成型工艺应如何
控制？ ·············· 116

2.3.12　挤出吹塑 HMWHDPE 中空托盘的成型工艺如何控制？ ·············· 117

2.3.13　挤出吹塑 PVC 浮标的生产工艺应如何控制？ ·············· 118

2.3.14　中空吹塑 PE 双色球的生产工艺应如何控制？ ·············· 119

第 3 章　注射吹塑中空成型实例疑难解答 ·············· 121

3.1　注射吹塑中空成型设备实例疑难解答 ·············· 121

3.1.1　注射吹塑中空成型过程是怎样进行的？注射中空吹塑与挤出中空吹塑有何
不同？ ·············· 121

3.1.2 注射中空吹塑过程中型坯的注射成型与普通制品的注射成型有何不同？
注射中空吹塑的设备类型有哪些？ …………………………………… 122
3.1.3 注射吹塑中空成型机的结构组成有哪些？工作原理如何？ ………… 122
3.1.4 注射吹塑中空成型机的注射装置有哪些类型？各有何特点？ ……… 123
3.1.5 螺杆式注射装置的结构组成如何？主要组成部件有何结构特点？ … 124
3.1.6 注射吹塑成型机的合模装置有何特点？其结构组成如何？ ……… 129
3.1.7 注射吹塑成型机的吹塑成型部分结构有何特点？ …………………… 130
3.1.8 注射吹塑机的回转工作台的有何要求？回转机构的类型有哪些？ … 131
3.1.9 注射吹塑中空成型的模具系统由哪些部分组成？作用分别是什么？ … 132
3.1.10 注射吹塑成型时设备的选型主要应考虑哪些方面？ ………………… 133
3.1.11 注射吹塑成型机的操作应注意哪些方面？ …………………………… 136
3.1.12 注射吹塑成型机的空机试运转时应注意哪些方面？ ………………… 138
3.1.13 注射吹塑成型机的负荷试运转时的操作步骤如何？试机过程中应注意哪些
方面？ …………………………………………………………………… 138
3.1.14 注射吹塑成型机的维护保养包括哪些内容？ ………………………… 139
3.1.15 注射装置主要零部件的维护保养有哪些内容？ ……………………… 140
3.1.16 注射吹塑成型机液压系统的维护与保养内容有哪些？ ……………… 143
3.1.17 注射吹塑成型机电气控制系统的日常维护保养的内容包括哪些方面？ … 145
3.2 注射吹塑中空成型工艺实例疑难解答 ………………………………………… 146
3.2.1 型坯注射成型时机筒温度应如何确定？机筒温度应如何控制？ …… 146
3.2.2 注塑成型型坯时喷嘴温度应如何确定？ ……………………………… 146
3.2.3 注射成型型坯时应如何来判断温度设定是否合适？ ………………… 147
3.2.4 注射吹塑型坯模具温度应如何控制？ ………………………………… 147
3.2.5 注射吹塑成型型坯时，型坯芯棒的温度应如何控制？ ……………… 148
3.2.6 吹塑模具的温度控制应如何控制？ …………………………………… 148
3.2.7 注射成型型坯过程中塑化压力应如何确定？ ………………………… 149
3.2.8 注射型坯过程中注射压力的大小应如何确定？注塑压力对型坯的成型有何
影响？ …………………………………………………………………… 149
3.2.9 注射成型吹塑型坯过程中保压压力及保压时间应如何确定？ ……… 150
3.2.10 注射成型吹塑型坯时螺杆转速应如何确定？ ………………………… 150
3.2.11 注射吹塑过程中型坯的吹塑速率和吹塑压力应如何控制？ ………… 151
3.2.12 注射吹塑工艺条件对制品收缩率有何影响？ ………………………… 151
3.2.13 注射成型吹塑型坯时脱模剂应如何选择？使用脱模剂时应注意哪些问题？ … 152
3.2.14 注射吹塑时型坯为何难以吹胀成型？应如何解决？ ………………… 153
3.2.15 注射吹塑过程中为何型坯出现局部过热？应如何解决？ …………… 153
3.2.16 注射吹塑时引起型坯黏附在芯棒上，应如何解决？ ………………… 153
3.2.17 注射吹塑颈状容器内颈处畸变是何原因？应如何解决？ …………… 154
3.2.18 注射吹塑制品出现凹陷，是何原因？应如何解决？ ………………… 154
3.2.19 注射吹塑制品的透明性差，是何原因？应如何解决？ ……………… 154
3.2.20 注射吹塑制品为何颈部龟裂？应如何解决？ ………………………… 155
3.2.21 注射吹塑容器为何肩部易变形？应如何解决？ ……………………… 155
3.3 注射吹塑中空制品实例疑难解答 ……………………………………………… 155
3.3.1 注射吹塑 PE 医用药瓶的成型工艺应如何控制？ …………………… 155

　　3.3.2　注射吹塑成型聚碳酸酯圆筒的工艺应如何控制? ……………………… 156

　　3.3.3　HIPS/BS 饮料瓶的注射吹塑成型工艺应如何控制? …………………… 157

　　3.3.4　PET 瓶注射吹塑成型工艺应如何控制? ……………………………… 157

　　3.3.5　注射吹塑聚丙烯瓶的工艺应如何控制? ………………………………… 158

　　3.3.6　注射吹塑聚碳酸酯瓶的工艺应如何控制? ……………………………… 158

　　3.3.7　注射吹塑聚氯乙烯瓶的工艺应如何控制? ……………………………… 158

　　3.3.8　聚苯乙烯瓶注射吹塑成型的工艺应如何控制? ………………………… 159

第 4 章　拉伸吹塑中空成型实例疑难解答 …………………………………… 160

　4.1　拉伸吹塑中空成型工艺实例疑难解答 …………………………………… 160

　　4.1.1　什么是拉伸吹塑中空成型? …………………………………………… 160

　　4.1.2　拉伸吹塑中空成型与普通非拉伸吹塑中空成型有什么区别? ………… 160

　　4.1.3　拉伸吹塑中空成型工艺有哪些类型? ………………………………… 160

　　4.1.4　拉伸吹塑中空成型工艺有哪些步骤? ………………………………… 161

　　4.1.5　拉伸吹塑中空成型的一步法与两步法工艺各有何特点? …………… 161

　　4.1.6　注射拉伸吹塑中空成型工艺过程如何? ……………………………… 161

　　4.1.7　一步法注射拉伸中空吹塑中三工位成型工艺过程如何? …………… 162

　　4.1.8　一步法注射拉伸中空吹塑中四工位成型工艺过程如何? …………… 162

　　4.1.9　两步法注射拉伸吹塑成型工艺过程如何? …………………………… 163

　　4.1.10　挤出拉伸吹塑中空成型工艺过程如何? …………………………… 165

　　4.1.11　用于拉伸吹塑中空成型的塑料品种有哪些? 拉伸中空吹塑成型应如何选用
　　　　　　塑料品种? ………………………………………………………… 166

　　4.1.12　拉伸吹塑中空成型过程中影响制品性能的因素主要有哪些? 拉伸吹塑成型
　　　　　　过程中应如何控制型坯的质量? …………………………………… 167

　　4.1.13　拉伸吹塑中空成型时如何确定拉伸温度? ………………………… 168

　　4.1.14　拉伸吹塑中空成型时的拉伸比应如何确定? ……………………… 168

　　4.1.15　拉伸吹塑中空成型时拉伸速率对制品性能有何影响? …………… 169

　　4.1.16　拉伸吹塑中空成型时冷却速率对制品性能有何影响? …………… 169

　　4.1.17　拉伸吹塑中空成型时塑料结晶性对制品性能有何影响? ………… 170

　　4.1.18　拉伸吹塑中空成型与非拉伸吹塑中空成型制品性能上有何区别? … 170

　　4.1.19　什么是 PET 的 IV 值? 在拉伸吹塑中空成型中有何作用? ……… 170

　　4.1.20　注射拉伸吹塑不同结晶度的 PET 时应注意哪些问题? …………… 171

　　4.1.21　在注射拉伸吹塑加工 PET 瓶时,工艺参数调整原则及规律? …… 171

　　4.1.22　拉伸吹塑中空制品底部不饱满时应如何处理? …………………… 172

　　4.1.23　拉伸吹塑塑料时,瓶口膨胀、吹瓶跑气应如何解决? …………… 172

　　4.1.24　拉伸吹塑的型坯壁内出现气泡,应如何解决? …………………… 173

　　4.1.25　拉伸吹塑的型坯透明性不好,呈雾状,应如何处理? …………… 173

　　4.1.26　拉伸吹塑的型坯表面出现条纹,应如何处理? …………………… 173

　　4.1.27　拉伸吹塑的型坯发黄,应如何解决? ……………………………… 173

　　4.1.28　注射拉伸吹塑的型坯有熔接痕,应如何解决? …………………… 173

　　4.1.29　拉伸吹塑时型坯底为何出现脱落现象? 应如何解决? …………… 174

　　4.1.30　拉伸吹塑制品壁厚不均匀,应如何解决? ………………………… 174

　　4.1.31　拉伸吹塑制品容积缩减,应如何解决? …………………………… 174

4.1.32　拉伸吹塑制品出现变形，应如何解决？ ……………………………………… 174

4.1.33　拉伸吹塑制品颈部出现起皱、变形，应如何解决？ ……………………… 175

4.1.34　拉伸吹塑制品壁为何出现斑点？应如何解决？ ……………………………… 175

4.1.35　拉伸吹塑中空成型过程中如何实现大分子的双轴定向？ ………………… 175

4.1.36　拉伸吹塑瓶的结构设计应主要考虑哪些方面？ ……………………………… 175

4.1.37　拉伸吹塑时冷却时间与哪些因素有关？ ……………………………………… 176

4.1.38　拉伸吹塑中空成型过程中影响塑料取向的因素有哪些？ ………………… 176

4.1.39　拉伸吹塑过程中塑料的拉伸取向过程中的变形情况是怎样的？应如何提高塑料
　　　　的取向程度？ ……………………………………………………………………… 177

4.2　拉伸吹塑中空成型设备实例疑难解答 ……………………………………………… 178

4.2.1　一步法注射拉伸吹塑中空成型机的组成？ …………………………………… 178

4.2.2　两步法注射拉伸吹塑中空成型生产线由哪几部分组成？ ………………… 179

4.2.3　拉伸吹塑中空成型机的结构组成如何？ ……………………………………… 181

4.2.4　拉伸吹塑中空成型机的主要参数有哪些？ …………………………………… 185

4.2.5　选用注射拉伸吹塑中空成型机时应注意哪些问题？ ……………………… 187

4.2.6　注射拉伸吹塑中空成型机的安全保护措施有哪些？ ……………………… 187

4.2.7　拉伸吹塑中空成型机的安装应注意哪些问题？ …………………………… 188

4.2.8　拉伸吹塑中空成型机的保养内容包括哪些方面？ ………………………… 188

4.2.9　注射拉伸吹塑中空成型机的发展趋势如何？ ……………………………… 188

4.2.10　拉伸吹塑中空成型时，加温机无法上坯是何原因？应如何解决？ …… 189

4.2.11　拉伸吹塑时，型坯在转坯盘内有卡坯现象，是何原因？应如何解决？ … 190

4.2.12　拉伸吹塑机模内有型坯，但吹塑机无封口、锁模、拉伸及吹塑等动作，
　　　　是何原因？应如何解决？ …………………………………………………… 190

4.2.13　拉伸吹塑机锁模轴上升时导向轴无法插入导向套内，是何原因？应如何
　　　　解决？ …………………………………………………………………………… 190

4.2.14　拉伸吹塑机锁模后，锁模轴自行下滑，是何原因？应如何解决？ …… 190

4.2.15　拉伸吹塑时中心（切口）不在正确位置，是何原因？应如何解决？ … 191

4.2.16　挤出拉伸吹塑中空成型机的分类与特点？ ………………………………… 191

4.2.17　挤出拉伸吹塑中空成型的拉伸装置有哪些类型？ ……………………… 191

4.2.18　挤出拉伸吹塑成型机的壁厚控制装置结构组成是怎样的？ ………… 192

4.2.19　挤出拉伸吹塑成型机的安装与调试？ ……………………………………… 192

4.2.20　一步法挤出拉伸吹塑成型机的操作步骤如何？ ………………………… 193

4.2.21　两步法挤出拉伸吹塑成型机的操作步骤如何？ ………………………… 194

4.2.22　如何对挤出拉伸吹塑中空成型机进行维护？ …………………………… 194

4.2.23　挤出拉伸吹塑成型机的发展趋势？ ………………………………………… 195

4.2.24　拉伸中空吹塑成型时，物料常用干燥装置有哪些类型？ …………… 195

4.2.25　拉伸吹塑型坯所用空压机的工作原理如何？ …………………………… 197

4.2.26　拉伸吹塑中空成型模具应如何装拆？ ……………………………………… 198

4.2.27　注射成型型坯过程中模具温度控制机有哪些类型？结构组成如何？ … 200

4.2.28　模具温度控制机应如何操作？ ……………………………………………… 200

4.3　拉伸吹塑中空制品实例疑难解答 …………………………………………………… 201

4.3.1　聚氯乙烯瓶的拉伸吹塑工艺有哪几种？ …………………………………… 201

4.3.2　拉伸吹塑聚氯乙烯瓶的原料应如何配制？ ………………………………… 201

4.3.3 聚氯乙烯的拉伸吹塑时的拉伸温度和拉伸率应如何控制? ……………………… 203

4.3.4 聚丙烯瓶的注射拉伸吹塑成型工艺如何控制? ………………………………… 203

4.3.5 聚对苯二甲酸乙二酯冷灌装瓶的生产工艺如何? ……………………………… 205

4.3.6 聚对苯二甲酸乙二酯热灌装瓶的生产工艺及生产过程如何? ………………… 206

4.3.7 如何提高 PET 瓶的耐热性? …………………………………………………… 206

4.3.8 聚碳酸酯奶瓶注射-拉伸-吹塑成型工艺如何? ………………………………… 207

第 5 章　多层共挤复合吹塑中空成型实例疑难解答 ………………………………… 209

5.1　多层共挤复合吹塑中空成型工艺实例疑难解答 …………………………………… 209

5.1.1 什么是多层共挤复合吹塑中空成型? ………………………………………… 209

5.1.2 多层共挤复合中空吹塑与其他吹塑技术相比有何特点? 多层共挤吹塑中空成型
存在哪些问题? ………………………………………………………………… 209

5.1.3 采用塑料的多层共挤复合吹塑中空成型可改善制品的哪些性能? …………… 210

5.1.4 多层吹塑中空成型有哪几种类型? …………………………………………… 210

5.1.5 多层共挤中空成型操作应注意哪些问题? …………………………………… 211

5.1.6 多层共挤复合吹塑过程中应如何控制型坯的厚度? ………………………… 212

5.1.7 目前共挤出多层吹塑用塑料材料主要有哪些品种? ………………………… 212

5.1.8 在多层共挤复合吹塑过程中,共挤复合机头应如何调节? ………………… 213

5.1.9 共挤多层复合中空吹塑制品的结构应如何设计? …………………………… 214

5.1.10 塑料气辅多层共挤吹塑精密成型工艺如何? ………………………………… 215

5.2　多层共挤复合吹塑中空成型设备实例疑难解答 …………………………………… 215

5.2.1 多层共挤复合吹塑中空成型设备主要由哪些部分所组成? 各有何要求? …… 215

5.2.2 多层共挤中空塑料成型机的设计原则有哪些? ……………………………… 216

5.2.3 共挤多层复合中空吹塑制品对挤出设备有何要求? ………………………… 217

5.2.4 共挤出吹塑机头有哪些类型? ………………………………………………… 218

5.2.5 共挤多层复合吹塑型坯的机头结构组成形式有哪些? ……………………… 218

5.2.6 国产双工位五层共挤双模头中空成型机基本结构组成如何? 国产双工位五层共
挤双模头有哪些特点? ………………………………………………………… 218

5.3　多层共挤复合吹塑中空制品实例疑难解答 ………………………………………… 219

5.3.1 以尼龙为阻隔层的多层共挤复合吹塑中空容器有哪些? …………………… 219

5.3.2 多层共挤复合中空吹塑制品的复合结构如何? 不同的结构层材料应如何
选用? …………………………………………………………………………… 220

5.3.3 多层挤出中空吹塑燃油箱的基本结构如何? ………………………………… 221

5.3.4 什么是共挤中空吹塑模内贴标技术? ………………………………………… 222

5.3.5 多层共挤中空塑料汽车燃油箱中空成型机的组成有哪些? ………………… 222

5.3.6 共挤出吹塑 PA6/PP 复合瓶时,如何进行工艺控制? ……………………… 222

第 6 章　其他中空成型实例疑难解答 ………………………………………………… 224

6.1　旋转中空成型实例疑难解答 ………………………………………………………… 224

6.1.1 用于旋转成型的塑料有何要求? ……………………………………………… 224

6.1.2 旋转成型的生产过程怎样? 具体步骤如何? ………………………………… 224

6.1.3 旋转成型工艺方法有哪些? 成型工艺应如何控制? ………………………… 225

6.1.4 旋转成型机的类型有哪些? 应如何选用? …………………………………… 228

6.1.5　旋转成型模具结构怎样？如何选用？ ……………………………………… 229

6.1.6　采用 PVC 糊塑料生产小型中空制品的工艺应如何控制？ …………… 229

6.2　气辅注塑成型实例疑难解答 …………………………………………………… 230

6.2.1　气辅注射成型时熔体的温度应如何控制？气辅注射成型过程中模具的温度为什
么一定要保持平衡？ …………………………………………………………… 230

6.2.2　气辅注射成型时注射压力和注射速度应如何控制？气辅注射成型过程中氮气的
保压斜率应如何控制？ ………………………………………………………… 230

6.2.3　气辅注射成型时喷嘴和模具的进气方式各有何特点？ ………………… 230

6.2.4　壳体类制品的气辅注射成型工艺应如何控制？ ………………………… 231

6.2.5　PVC 糊塑料搪塑成型工艺应如何控制？ …………………………………… 233

参考文献 …………………………………………………………………………………… 234

第1章

中空成型制品及原料疑难解答

1.1 中空成型制品及基本概念疑难解答

1.1.1 什么是中空制品？中空制品有哪些成型方法？

（1）中空制品

所谓中空制品是指具有指壁厚相对较薄，包含一个相对较大开口空间的整体制品。若制品有开口，则应与其内部相比小得多。中空塑料制品主要有包装容器、工业制件及结构用制品，如各种塑料包装瓶、大容积贮桶及贮罐、燃油箱、立体弯曲形管件、工具箱、家具、汽车座椅、玩具、游乐设施等，如图 1-1 所示。

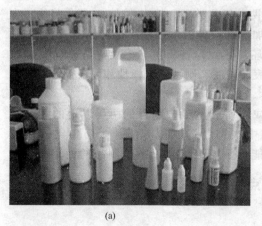
(a)

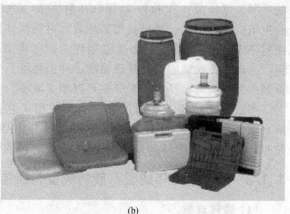
(b)

图 1-1　中空吹塑制品

（2）中空制品的成型方法

中空制品的成型方法目前主要有中空成型以及通过组装成型两种。中空成型一般是指一次制备完整或近乎完整的中空制品，如吹塑成型、滚塑成型、双板热成型、搪塑成型、气体辅助注射成型、纤维缠绕成型等。

1.1.2　什么是中空吹塑成型？中空吹塑成型有哪些类型？各有何特点？

（1）中空吹塑成型

中空吹塑成型是借助于气体的压力，使闭合在模具的热型坯吹胀为中空制品的一种塑料成型方法。吹塑成型是热塑性塑料成型的一种重要方法，也是塑料包装容器和工业中空制件的重要成型方法。

（2）中空吹塑成型类型

中空吹塑成型按型坯的成型工艺不同，一般可分为挤出吹塑和注射吹塑两大类；按吹塑拉伸情况的不同又可分为普通吹塑和拉伸吹塑两类；按制品结构组成又可分为单层吹塑和多层吹塑两大类。

（3）中空吹塑成型特点

挤出吹塑成型是将热塑性塑料熔融塑化，并通过挤出机机头挤出型坯，然后将型坯置于吹塑模具内，通入压缩空气（或其他介质），吹胀型坯，经冷却定型后，即可得到制品。挤出吹塑按其出料方式又可分为连续挤出吹塑和间歇挤出吹塑。连续挤出吹塑是指挤出机通过机头直接连续挤出型坯，主要用于生产产量大、容积小（不超过 8L 容量）的中空制品。间歇挤出吹塑是指挤出机间歇地直接挤出型坯，或将熔料挤入一个贮料缸中，当贮料缸中的熔料满足需要时，通过机头口模挤出型坯，经过吹塑、冷却、定型后可得到大容量的中空制品。

注射吹塑成型是用注射机将熔料注入模具内制备型坯，再将型坯趁热放到吹塑模具内，通入空气，使型坯吹胀的一种成型方法。注射吹塑的制品一般不需要修整，边角料少，型坯壁厚均匀性好，制品尺寸精度好，特别是瓶类容器，瓶口精度高，制品的表面光洁度好。但少批量生产时，产品成本高，且不宜成型形状结构过于复杂的制品。

拉伸吹塑成型是将预制的型坯加热到熔点以下的适当温度后，放到吹塑模具内，选用拉伸杆进行轴向拉伸，然后再进行吹气横向拉伸的成型方法。拉伸吹塑成型根据型坯的制备方法不同又可分为挤出-拉伸-吹塑和注射-拉伸-吹塑两种工艺类型。挤出-拉伸-吹塑是将物料先经挤出机熔融塑化，挤出成型型坯后，再将型坯加热到拉伸温度，然后进行轴向拉伸吹塑。注射-拉伸-吹塑是用注射法成型型坯后，再将型坯加热到拉伸温度，然后进行轴向拉伸吹塑。经过拉伸吹塑的制品其透明度、冲击强度、表面硬度、刚性、阻渗性和耐溶剂性等都能得到大大的提高，容器的壁厚也可以相应减小。

多层吹塑成型是指通过多层挤出成型工艺或注射成型工艺制得的两层以上的坯壁分层而又粘接在一起的型坯，再经吹塑得到多层中空制品的成型方法。多层中空成型制品可以充分利用塑料的特性，弥补单一塑料性能不足的缺陷，以满足制品的使用要求。

1.1.3　什么是旋转成型？旋转成型有何特点和适用性？

（1）旋转成型

旋转成型又称滚塑成型、回转成型或旋转浇注成型，它是将一定量的粉状或糊状塑料加入模具中，然后加热模具并而使它绕两个互相垂直的轴连续旋转，模具内的树脂在重力和热量的作用下逐渐均匀地涂布、熔融并黏附于模具内表面上，熔结成整体，从而形成所需的形状，经冷却后便可开模取出制品。

（2）旋转成型特点

旋转成型的特点如下。

① 树脂的加热、成型和冷却过程都是在无压力的模具内进行，产品几乎无内应力，也不易发生变形、凹陷等。

② 成型设备结构简单，对转速要求不高，成本低廉。

③ 成型模具简单，小型制品的模具常可用铝、钢制成瓣合模，而大型制品则采用薄钢板制成或冲压焊接制成。

(3) 旋转成型适用性

旋转成型主要适用于小批量中空制品的生产，以及多品种、多颜色的大型或超大型全封闭与半封闭的空心无缝制品的成型。常用于旋转成型的材料有聚乙烯、改性聚苯乙烯、聚氯乙烯、聚酰胺、聚碳酸酯和纤维素塑料等；也可用于生产复合塑料的夹层制品，如大型容器、体育用品、公路护栏、发光球体、多真空清洁器等。

1.1.4 什么是搪塑成型？搪塑成型有何特点和适用性？

(1) 搪塑成型

搪塑成型是用糊塑料制造空心制品的成型方法。将模具加热到一定温度时，将塑料糊倒入开口的中空模具中，直到达到规定的容量，此时将注满料的模具放入烘箱中一段时间，使模具壁的凝胶层达到一定厚度时，倒出模具中的液体料，再将带有一定厚度凝胶料的模具放在烘箱加热，使凝胶层熔化，取出模具进行冷却，最后从模壁上剥出制品。

(2) 搪塑成型的特点

搪塑成型的特点如下。

① 树脂的加热主成型和冷却过程都是在低压下进行的，产品内应力小，能够重复制备表面质量良好的制品。

② 设备费用低，工艺控制较简单，生产速度快，但制品的厚度、重量等准确性较差。

③ 模具成本低，模具材料一般为喷涂金属、铸铝、陶瓷等。高质量的模具则可采用电铸镍制造，一些原型件或少量制品的模具则可用石膏制作。

(3) 搪塑成型的适用性

搪塑成型目前主要用于聚氯乙烯糊塑料的成型，其应用改进工艺也可用于聚氨酯塑料的成型。搪塑成型可用于生产聚氯乙烯的软质或硬质中空制品或多壁中空制品。如中空玩具、解剖学模型、人体模特、头盔、面具、高速公路安全锥等中空制品。

1.1.5 什么是双板热成型？双板热成型有何特点和适用性？

(1) 双板热成型

双板热成型是指两个软化的塑料片组合在一起成型一个中空制品的工艺方法。双板热成型又可分为顺序双板热成型和同步双板热成型。顺序双板热成型是指先成型一个薄片，通常是在下面半模上成型，然后在上半模中成型另一片，再在两片的接缝处或制品的密封区用压力压紧，使两个薄片紧密结合起来，以确保在成型制品的熔合线上完全成为一体。同步双板热成型是将两片塑料同时在各自的加热炉中往复进行加热，再分别在上、下半模中成型，然后将两半模压合在一起的成型方法。

(2) 双板热成型特点和适用性

主要适用于货盘和日常用品、冰箱和冷冻柜门类等中空制品。

1.1.6 什么是气体辅助注射成型？热气体辅助注射成型有何特点和适用性？

（1）气体辅助注射成型

气体辅助注射成型是采用注射机将一定量的塑料熔体注入模腔内，再将气体（惰性气体）注入模腔中，由于靠近模具表面部分的塑料温度低、表面张力高，而制品较厚部分的中心处，熔体的温度高、黏度低，气体易在制品较厚的部位（如加强筋等）形成空腔，而被气体所取代的熔料则被推向模具的末端，或模具的贮料室，经冷却，即可得到中空制品。

（2）气体辅助注射成型特点

采用气体辅助注射成型，可在保证制品强度的情况下，减小制品重量，防止收缩变形，提高制品表面质量，缩短成型周期；可在保证刚性、强度及表面质量的前提下，减少制品翘曲变形及对注射成型机注射量和锁模力的要求。

与常规注射成型相比，气体辅助注射成型的优点：所需的注射压力及锁模力低，可大大降低对注射成型机的锁模力及模具刚性的要求；减少了制品的收缩及翘曲变形，改善了制品表面质量；可成型壁厚不均匀的制品，提高了制品设计的自由度；在不增加制品重量的情况下，通过设置附有气道的加强筋，提高制品的刚性和强度；通过气体穿透，减轻制品的重量，缩短成型周期；可在较小的注射成型机上，生产较大的、形状更复杂的制品。

气体辅助注射成型的不足之处：需要合理设计制品，以免气孔的存在而影响外观，如果外观要求严格，则需进行后处理；注入气体和不注气体部分的制品表面会产生不同光泽；对于一模多腔的成型，控制难度较大；对壁厚精度要求高的制品，需严格控制模具温度；由于增加了供气装置，提高了设备投资；模具改造也有一定的难度。

（3）适用性

气体辅助注射成型适用于绝大多数热塑性塑料，如聚乙烯、聚丙烯、聚苯乙烯、ABS、尼龙、聚碳酸酯、聚甲醛、聚对苯二甲酸丁二醇酯等。一般情况下，熔体黏度低的，所需的气体压力低，易控制；对于玻璃纤维增强材料，在采用气体辅助注射成型时，要考虑到材料对设备的磨损；对于阻燃材料，则要考虑到产生的腐蚀性气体对气体回收的影响等。

气体辅助注射成型可用于成型板形及柜形中空制品，大型结构部件以及形状复杂的棒形、管形中空制品，如塑料家具、电器壳体、汽车仪表盘、底座、手柄、把手、方向盘、操纵杆、球拍等。

1.1.7 什么是纤维缠绕中空成型？纤维缠绕中空成型有何特点和适用性？

（1）纤维缠绕中空成型

纤维缠绕中空成型是一种开模、低温低压成型工艺，它是先通过吹塑或旋转成型制造低温共混的可膨胀橡胶预成型件，内部通过机械翻砂塌陷成为中空结构。将预成型件放在旋转的机架上，再将纤维表面浸渍树脂液后缠绕在预成型件的表面，然后放在一定的温度下进行固化，移走预成型件，即可得到中空制品。

（2）纤维缠绕中空成型的特点与适用性

纤维缠绕成型可制备具高强度与重量比的中空制品，成型温度和成型压力低，是一种热固性塑料的成型方法。

主要适用于成型中间柱状、端部为针状的制品，或一些形状不规则部件，如压力容器、贮油槽、鱼雷和火箭筒、水处理槽、飞机机翼、螺旋桨等中空制品。常用的树脂主要是聚酯和环氧树脂等，常用的纤维主要是玻璃纤维和碳纤维等。

1.1.8　中空吹塑成型制品设计的基本原则有哪些？

中空吹塑成型制品的类型有很多，不同的制品类型其用途和功能不同，在制品的结构及性能要求上也是不同的，如各种瓶、桶、罐等包装容器，一般应具有良好的密封性、阻透性、计量性、卫生安全性、力学性能，以及使用方便和外形美观等；对于各种工业制件如汽车零件、家用电器配件、办公用品、建筑、家具等，一般要求应具有良好的力学性能、外形结构，使用方便等。但不管什么类型的吹塑制品在设计时都应遵循以下几个基本原则。

① 在保证使用性能（如尺寸精度、机械强度、形状、化学性能、电性能等）的前提下，力求结构简单，壁厚均匀，使用方便。

② 力求结构合理，易于成型模具的制造与制品的成型，用最简单的设备和工序生产制品。

③ 尽量避免成型后的二次加工。

④ 对日用品和儿童用品应与美工人员研究，共同设计出制品形状和颜色。

⑤ 合理的塑料材料品种，提高质量，降低成本，对于大批量生产的制品，设计时应充分考虑工厂成型设备的生产能力、制品特点及已有的生产经验。

1.1.9　中空吹塑制品在设计过程中应考虑哪些因素？

中空吹塑制品在设计过程中应考虑制品所用材料、制品的使用要求以及成型加工方面的要求等。其中主要考虑的因素是材料的收缩率、制品的尺寸及精度和表面粗糙度要求、脱模斜度、加强筋、支承面、圆弧倒角等方面。

(1) 收缩率

塑料在从热到冷的过程中，不单是产生冷收缩，还有其他变化。

① 收缩的形式

a. 塑件的线尺寸收缩　这种收缩形式主要是热胀冷缩。制品的热胀冷缩是与模具温度相对应产生的，是成型收缩中最主要的收缩。

b. 收缩有方向性　由于大多数塑料材料在常温下大分子链是处于卷曲状态，即使结晶型材料，由于结晶不完全，存在的无定形区其分子链也是以这种卷曲状态存在的。当塑料材料加热熔融后，受外力的作用会产生流动，而使分子链沿流动方向发生取向。如果此时将熔料迅速冷却，大分子链就会以取向的状态存在于制品中，当外界条件（模具的温度）高于该材料的玻璃化温度时，分子链段即会获得一定的活动能力，如果链段运动，会出现沿流动方向的解取向倾向，企图恢复到原来的卷曲状态，也就是大分子链会产生回缩，在宏观上就表现为制品的收缩，尺寸变小。且一般为平行于流动方向的收缩率大，垂直于流动方向的收缩率小。因此在设计生产精密制品时，就要考虑其料流的方向性。

c. 结晶产生的收缩　对于结晶型的热塑性塑料，在成型时的冷却过程中会产生结晶，且随着结晶的产生体积会发生收缩，但结晶型塑料的结晶度达不到100%，并且结晶度还因冷却速度不同而异。结晶度越高，体积收缩越大。

d. 塑件的后收缩　制品在存放过程中通常还会产生收缩，通常把制品从模具中取出后所发生的收缩称为后收缩。当制品从模具中取出后，在放置的一段时间内，由于外力去除，制品中由于成型压力、剪切应力、各向异性、密度等不均，填料分布不均，模温不均，以及出现的塑性变形、弹性变形等影响不能完全消失，会使制品在尺寸和形状方面产生微小变化，且一般出模 1h 内变化大，以后变化小，因此有条件存放时可存放 1～2d，待尺寸稳定后再用。特别是对于一些精度要求高的零件要考虑这个问题。

e. 后处理的收缩　在生产 PA、PC 等塑料制品时，由于塑件内部容易产生内应力，所以这类制品在成型后需要后处理，使大分子恢复到原来的自由状态，消除在成型时制品内部的内应力，在后处理的过程中也会产生一定的收缩。

② 收缩率的计算　收缩率通常是指在室温下（23±2）℃时，模具尺寸和所对应的制品尺寸之差与模腔尺寸之比，以百分比表示，即：

$$S = \frac{L_m - L_p}{L_m} \times 100\% \tag{1-1}$$

式中　S——塑料的计算收缩率；

L_m——模具型腔的相应尺寸；

L_p——塑件在室温下的尺寸。

从式中可看出塑件的尺寸越人，收缩值就越大，对于大型模具，尺寸控制是很关键的。

通过上式计算出来的塑料收缩率是指某一线性方向的收缩率。实际上塑件的收缩率是体积收缩率，线性收缩率与体积收缩率的简单换算公式是：

$$S_L = (1 + S_V)^{\frac{1}{3}} - 1 \tag{1-2}$$

式中　S_L——线性收缩率；

S_V——体积收缩率。

在实际中，常用 $S_V = 3S_L$ 来粗略地计算塑料制品的体积收缩率。常用热塑性塑料的收缩率见表 1-1。

表 1-1　常用热塑性塑料的收缩率

塑 料 名 称	收缩率/%	塑 料 名 称	收缩率/%
聚乙烯	1.5～3.6	聚碳酸酯	0.5～0.8
聚氯乙烯(硬质)	0.6～1.5	尼龙 66	1.5～2.2
聚丙烯	1.0～2.5	尼龙 6	0.8～2.5
聚苯乙烯	0.6～0.8	醋酸纤维素	1.0～1.5
ABS	0.3～0.8	聚甲醛(共聚)	1.2～3.0

③ 影响塑件收缩的因素　影响塑料制品收缩的因素很多，如塑料材料本身的性质、制品的结构、成型工艺等。

a. 塑料本身的性质　塑料材料的品种不同，在塑料成型加工时收缩率大小不同，例如结晶型塑料的收缩率大于非结晶型塑料的收缩率；含有无机填料的塑料收缩率小于含有有机填料的塑料收缩率；填料的增加，收缩率减小。

b. 制品的结构　制品的结构对收缩影响也较大，如制品的形状、尺寸、结构。一般制品在阻碍收缩的方向上其收缩率要小，自由收缩方向上的收缩率要大些；带金属嵌件的制品收缩率小，不带金属嵌件的制品收缩率大；制品的壁越厚，收缩率就越大。

c. 成型工艺的影响　成型工艺对塑料的收缩率也有影响。如成型压力越高，收缩率越小；熔料温度高，收缩率大；模具温度超高，收缩率越大。吹胀、拉伸比越大，收缩率越大。

由于影响收缩率的因素有很多，因此塑料材料收缩率的大小很难精确测出，因此材料的收缩率大小通常用一定范围表示。收缩率在给定的数值范围内由于制品的形状、模具的结构、成型工艺条件的不同而趋于偏大或偏小。

(2) 制品的尺寸、精度及表面粗糙度

① 制品的尺寸　制品的尺寸大小首先必须满足制品的使用要求；其次还要考虑所用塑料材料的流动性，采用流动性差的塑料材料时时，制品的壁厚不能太小，尺寸不能过大；同时还要考虑设备的成型能力，如挤出机、注射机的挤出量、注射量、模板尺寸等。

制品设计时，通常可根据制品一个或几个结构特点基本确定制品的大小和形状，然后根据其他条件综合考虑后便会得到准确的壁厚。制品的壁厚大小主要由制品的结构、强度、质量、成型等方面的因素决定。常用热塑性制品的壁厚范围见表1-2。

表 1-2　常用热塑性制品的壁厚范围

塑料材料	小型制品壁厚范围/mm	大型制品壁厚范围/mm
高密度聚乙烯	0.90～1.57	2.40～3.20
低密度聚乙烯	0.50～1.57	2.40～3.20
聚丙烯	0.85～1.45	2.40～3.20
聚苯乙烯	0.75～1.25	3.20～5.40
改性聚苯乙烯	0.75～1.25	3.20～5.40
聚氯乙烯（硬）	1.15～1.60	3.20～5.80
聚氯乙烯（软）	0.85～1.25	2.40～3.20
聚甲基丙烯酸甲酯	0.80～1.50	4.00～6.50
聚甲醛	0.80～1.80	3.20～5.40
聚碳酸酯	0.95～1.80	3.00～4.50
尼龙	0.45～0.75	2.40～3.20
聚苯醚	1.20～1.75	3.50～6.40

另外制品设计时还要力求制品各部位的壁厚均匀，否则在厚薄交接处会因冷却速率不同而引起收缩力不一致，结果在制品内部产生内应力。而热塑性制品在壁厚处则易产生气孔或缩孔，同时还会在壁厚有急剧变化处产生裂纹等缺陷。

当塑件的壁厚不均匀时，熔融塑料在模具型腔内的流速不同和受热不均，则流料汇集处往往会产生熔接痕，使塑件的强度显著削弱。为了避免或减少这种不良现象的产生，塑件各部分的壁厚相差不能太悬殊，一般相差平均壁厚的20%。

② 尺寸精度　塑件的尺寸精度是由使用的要求和成型工艺方法的特点决定的。在塑件的生产过程中，由于塑料化学成分、成型收缩率、操作时工艺规程（温度、压力、时间等）的执行情况、模具制造精度、磨损极限、脱模斜度等误差对塑件精度均会带来影响。我国对塑料模塑制品的尺寸精度作了统一规定，塑料制品的尺寸精度等级（GB/J 14486—2008）见表1-3。一般塑料制品精度等级的选用可参考表1-4。

对于没有列入标准中的塑料品种，则根据其收缩特性的数值来确定尺寸公差等级。所谓收缩特性是指在成型时流动方向的收缩率加上流动方向和垂直流动方向的收缩率之差。一般差值越大，精度越低。收缩特性值和选用的公差等级见表1-5。

表 1-3 塑料制品的尺寸精度等级（GB/J 14486—2008）

单位：mm

标注公差的尺寸公差值

公差等级	公差种类	0~3	3~6	6~10	10~14	14~18	18~24	24~30	30~40	40~50	50~65	65~80	80~100	100~120	120~140	140~160	160~180	180~200	200~225	225~250	250~280	280~315	315~355	355~400	400~450	450~500	500~630	630~800	800~1000
MT1	a	0.07	0.08	0.09	0.10	0.11	0.12	0.14	0.16	0.18	0.20	0.23	0.25	0.29	0.32	0.36	0.40	0.44	0.48	0.52	0.56	0.60	0.64	0.70	0.78	0.86	0.97	1.16	1.39
	b	0.14	0.16	0.18	0.20	0.21	0.22	0.24	0.26	0.28	0.30	0.33	0.35	0.39	0.42	0.46	0.50	0.54	0.58	0.62	0.66	0.70	0.74	0.80	0.88	0.96	1.07	1.26	1.49
MT2	a	0.10	0.12	0.14	0.15	0.18	0.20	0.24	0.26	0.30	0.34	0.36	0.40	0.42	0.46	0.50	0.54	0.60	0.65	0.72	0.75	0.84	0.94	1.00	1.10	1.20	1.40	1.70	2.10
	b	0.20	0.22	0.24	0.25	0.28	0.30	0.34	0.36	0.40	0.44	0.46	0.50	0.52	0.56	0.60	0.64	0.70	0.75	0.82	0.86	0.94	1.02	1.10	1.20	1.30	1.50	1.80	2.20
MT3	a	0.12	0.14	0.16	0.18	0.20	0.22	0.26	0.30	0.34	0.40	0.46	0.52	0.58	0.64	0.70	0.76	0.86	0.92	1.00	1.10	1.20	1.30	1.44	1.60	1.74	2.00	2.40	3.00
	b	0.32	0.34	0.36	0.38	0.40	0.42	0.46	0.50	0.54	0.60	0.66	0.72	0.78	0.84	0.90	0.99	1.06	1.12	1.20	1.30	1.40	1.50	1.64	1.80	1.94	2.20	2.60	3.20
MT4	a	0.15	0.18	0.20	0.24	0.28	0.32	0.36	0.42	0.48	0.56	0.64	0.72	0.82	0.92	1.02	1.12	1.24	1.36	1.48	1.62	1.80	2.00	2.20	2.40	2.60	3.10	3.80	4.60
	b	0.35	0.38	0.40	0.44	0.48	0.52	0.56	0.62	0.68	0.76	0.84	0.92	1.02	1.12	1.22	1.32	1.44	1.56	1.68	1.82	2.00	2.20	2.40	2.60	2.80	3.30	4.00	4.80
MT5	a	0.20	0.24	0.28	0.33	0.38	0.42	0.50	0.56	0.64	0.74	0.86	0.98	1.14	1.28	1.44	1.60	1.76	1.98	2.10	2.30	2.50	2.80	3.10	3.50	3.90	4.50	5.60	5.90
	b	0.40	0.44	0.48	0.52	0.58	0.60	0.70	0.76	0.84	0.94	1.06	1.20	1.34	1.48	1.64	1.80	1.96	2.12	2.30	2.50	2.70	3.00	3.30	3.70	4.10	4.70	5.80	7.10
MT6	a	0.26	0.32	0.38	0.46	0.52	0.56	0.66	0.76	0.84	1.06	1.26	1.48	1.72	2.00	2.20	2.40	2.60	2.90	3.20	3.50	3.90	4.30	4.80	5.30	5.90	6.90	8.50	10.60
	b	0.46	0.52	0.58	0.66	0.72	0.76	0.86	0.96	1.04	1.26	1.48	1.68	1.92	2.20	2.40	2.60	2.80	3.10	3.40	3.70	4.10	4.50	5.00	5.50	6.10	7.10	8.70	10.80
MT7	a	0.38	0.46	0.55	0.65	0.74	0.84	0.94	1.10	1.28	1.48	1.80	2.10	2.40	2.70	3.00	3.30	3.70	4.10	4.50	5.10	5.60	6.00	6.70	7.40	8.20	9.50	11.90	14.80
	b	0.58	0.66	0.76	0.86	0.96	1.06	1.16	1.30	1.48	1.74	2.00	2.30	2.60	2.90	3.20	3.50	3.90	4.30	4.70	5.60	5.80	6.20	6.90	7.60	8.40	9.80	12.10	15.00

未注公差的尺寸允许偏差

公差等级	公差种类	0~3	3~6	6~10	10~14	14~18	18~24	24~30	30~40	40~50	50~65	65~80	80~100	100~120	120~140	140~160	160~180	180~200	200~225	225~250	250~280	280~315	315~355	355~400	400~450	450~500	500~630	630~800	800~1000
MT5	a	±0.10	±0.12	±0.14	±0.16	±0.19	±0.22	±0.25	±0.28	±0.32	±0.37	±0.43	±0.50	±0.57	±0.64	±0.72	±0.80	±0.88	±0.96	±1.05	±1.15	±1.25	±1.40	±1.55	±1.75	±1.95	±2.25	±2.80	±3.45
	b	±0.20	±0.22	±0.24	±0.25	±0.29	±0.32	±0.35	±0.38	±0.42	±0.47	±0.53	±0.60	±0.67	±0.74	±0.82	±0.90	±0.98	±1.06	±1.15	±1.25	±1.35	±1.50	±1.65	±1.85	±2.05	±2.35	±2.90	±3.55
MT6	a	±0.13	±0.16	±0.19	±0.23	±0.25	±0.30	±0.35	±0.40	±0.47	±0.55	±0.64	±0.74	±0.86	±1.00	±1.10	±1.20	±1.30	±1.45	±1.60	±1.75	±1.95	±2.15	±2.40	±2.65	±2.95	±3.45	±4.25	±5.30
	b	±0.23	±0.26	±0.29	±0.33	±0.36	±0.40	±0.45	±0.50	±0.57	±0.65	±0.74	±0.84	±0.95	±1.05	±1.20	±1.30	±1.40	±1.55	±1.70	±1.85	±2.05	±2.25	±2.50	±2.75	±3.05	±3.55	±4.35	±5.40
MT7	a	±0.15	±0.23	±0.28	±0.33	±0.38	±0.43	±0.45	±0.56	±0.65	±0.77	±0.90	±1.05	±1.20	±1.35	±1.50	±1.65	±1.85	±2.05	±2.25	±2.45	±2.70	±3.00	±3.35	±3.70	±4.10	±4.80	±5.95	±7.40
	b	±0.29	±0.33	±0.38	±0.43	±0.48	±0.53	±0.59	±0.66	±0.76	±0.84	±1.00	±1.15	±1.30	±1.45	±1.60	±1.75	±1.95	±2.15	±2.35	±2.55	±2.80	±3.10	±3.45	±3.80	±4.20	±4.90	±6.05	±7.50

注：1. a 为不受模具活动部分影响的尺寸公差值；b 为受模具活动部分影响的尺寸公差值。

2. MT1 级为精密级，只有采用严密的工艺控制措施和高精度的模具、设备，原料时才有可能选用。

表 1-4　一般塑料制品精度等级的选用

材料代号	模塑材料		公差等级		
			标注公差尺寸		未注公差尺寸
			高精度	一般精度	
ABS	丙烯腈-丁二烯-苯乙烯共聚物		MT2	MT3	MT5
CA	醋酸纤维素		MT3	MT4	MT6
EP	环氧树脂		MT2	MT3	MT5
PA	聚酰胺	无填料填充	MT3	MT4	MT6
		30%玻璃纤维填充	MT2	MT3	MT5
PBT	聚对苯二甲酸丁二酯	无填料填充	MT3	MT4	MT6
		30%玻璃纤维填充	MT2	MT3	MT5
PC	聚碳酸酯		MT2	MT3	MT5
PDAP	聚邻苯二甲酸二烯丙酯		MT2	MT3	MT5
PEEK	聚醚醚酮		MT2	MT3	MT5
PE-HD	高密度聚乙烯		MT4	MT5	MT7
PE-LD	低密度聚乙烯		MT5	MT6	MT7
PESU	聚醚砜		MT2	MT3	MT5
PET	聚对苯二甲酸乙二酯	无填料填充	MT3	MT4	MT6
		30%玻璃纤维填充	MT2	MT3	MT5
PF	苯酚-甲醛树脂	无机填料填充	MT2	MT3	MT5
		有机填料填充	MT3	MT4	MT6
PMMA	聚甲基丙烯酸甲酯		MT2	MT3	MT5
POM	聚甲醛	≤150mm	MT3	MT4	MT6
		>150mm	MT4	MT5	MT7
PP	聚丙烯	无填料填充	MT4	MT5	MT7
		30%无机填料填充	MT2	MT3	MT5
PPE	聚苯醚;聚亚苯醚		MT2	MT3	MT5
PPS	聚苯硫醚		MT2	MT3	MT5
PS	聚苯乙烯		MT2	MT3	MT5
PSU	聚砜		MT2	MT3	MT5
PUR-P	热塑性聚氨酯		MT4	MT5	MT7
PVC-P	软质聚氯乙烯		MT5	MT6	MT7
PVC-U	未增塑聚氯乙烯		MT2	MT3	MT5
SAN	丙烯腈-苯乙烯共聚物		MT2	MT3	MT5
UF	脲-甲醛树脂	无机填料填充	MT2	MT3	MT5
		有机填料填充	MT3	MT4	MT6
UP	不饱和聚酯	30%玻璃纤维填充	MT2	MT3	MT5

表 1-5　收缩特性值和选用的公差等级

收缩特性值/%	公差等级		
	标注公差尺寸		未注公差尺寸
	高精度	一般精度	
0~1	MT2	MT3	MT5
1~2	MT3	MT4	MT6
2~3	MT4	MT5	MT7
>3	MT5	MT6	MT7

③ 表面粗糙度　制品的表面光洁程度取决于对制品外观的要求。制品成型后的表面光洁程度与模具成型零件的表面光洁程度、模具表面的磨损程度、制品的类型和质量以及成型工艺条件有很大的关系。一般情况下平滑光亮的制品表面相当于 Ra 为 $0.32 \sim 0.08 \mu m$，为了保证制品的表面光洁程度，模具成型零件的表面光洁程度比制品高一级。

采用聚甲基丙烯酸甲酯、聚苯乙烯、聚对苯二甲酸乙二酯等塑料成型透明制品时，要求模具成型零件的表面光洁程度在 Ra 为 $0.02\sim0.04\mu m$。

④ 脱模斜度　脱模斜度又称出模斜度或拔模斜度。由于塑料成型后产生收缩，会使制品很紧地包住模具型芯或型腔中的凸起部分。为了便于从模具内取出或从制品内抽出型芯、防止制品与模具成型表面的黏附，以及制品表面被划伤、擦毛等情况，设计制品时必须考虑制品与脱模方向平行的表面应有足够的脱模斜度。

制品上所取脱模斜度的大小，与塑料的性质、成型收缩率、摩擦系数、制品的壁厚及其几何形状有关。硬质塑料比软质塑料的脱模斜度大；形状越复杂，脱模斜度也越大；壁厚增加，会使成型收缩率也增大，此时脱模斜度也应该大一些；内孔由于包住型芯，因此比外形脱模斜度也要大一些。不同塑料材料制品的参考脱模斜度见表1-6。一般在生产条件许可的情况下，脱模斜度应大一些，对制品的脱模是十分有利的。塑料外形越高及内孔越深，脱模斜度应适当缩小，反之则应加大。

脱模斜度选取的方向，制品内孔以小端为准，斜度由扩大方向取得，而外形则以大端为准，脱模斜度由缩小方向取得，如图1-2所示。

表 1-6　不同塑料材料制品的参考脱模斜度

塑 料 材 料	脱 模 斜 度
聚乙烯、聚丙烯、软聚氯乙烯	$30'\sim1'$
ABS、尼龙、聚甲醛、氯化聚醚、聚苯醚	$40'\sim1°30'$
聚苯乙烯、聚甲基丙烯酸甲酯	$50'\sim2°$
热固性塑料	$20'\sim1°$

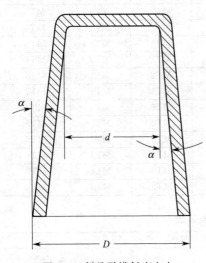

图 1-2　制品脱模斜度方向

⑤ 加强筋　制品是由许多个壁组成的，而壁的厚度在工艺上受到一定的限制，不能做得太厚，但制品在使用时，又要求有一定的强度和刚度。为了克服这一矛盾，制品在壁与壁之间的连接处一般采用加强筋，以增加制品强度和刚度，改善塑料充模状态，同时还有利于避免制品变形和翘曲。在设计加强筋时应考虑以下几方面的问题。

a. 筋的开设方向。筋的开设方向应力求与熔融塑料在模具型腔内的流动方向一致。这样可以改进熔融塑料的流动。若与料流方向垂直，则会使熔融塑料流动受到阻碍，不容易充满型腔。

b. 筋的高度不宜过高，在设计时，往往采用多个低的加强筋来代替较高的加强筋，特别是对承受冲击载荷的塑件，这样可以防止筋的开裂和破坏。

c. 对于容器底部的加强筋的分布要求，一般应尽量避免壁厚不均匀而产生缩孔、凹坑等缺陷，如某容器底部的加强筋设计为如图1-3(a)所示时，由于容器底部壁厚不均匀，很容易使制品底部产生缩孔、凹坑等缺陷。而设计成如图1-3(b)所示时，底部的壁厚均匀性好，可避免制品底部因收缩不均匀而产生缩孔、凹坑等缺陷。

d. 对于加强筋各部的尺寸设计，如当制品壁厚为 A 时，加强筋的宽度为 $(1/2\sim2/3)A$，高度为 $3A$，斜度为 $4°$，加强筋之间的中心距应大于2倍的壁厚，如图1-4所示为典型加强筋的结构。

对于瓶类容器制品，在灌装、压盖、存放过程中会承受很大的压力，且容器成型时，型坯与模具的表面差值越大,壁厚就越薄,强度越低。为了改善受力情况,增加容器的耐压性,可在容器的侧壁上设计加强筋,加强筋可以是水平筋和垂直筋,其形状结构有瓦楞形和锯齿形等,如图1-5所示。但应注意的是一般水平筋易产生波纹和折叠,使容器垂直承载能力降低。瓦楞形或锯齿形的水平筋的转角越尖,承载力越差。

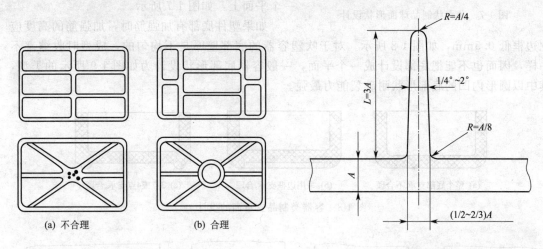

(a) 不合理　　　　　(b) 合理

图1-3　容器底部的加强筋的分布　　　　　图1-4　典型加强筋的结构

对于容器侧壁的增强有时也可通过对容器外部形状的巧妙设计来提高,如在容器的外表面设计沟槽、花纹、图案,以起到增强作用,如图1-6所示。

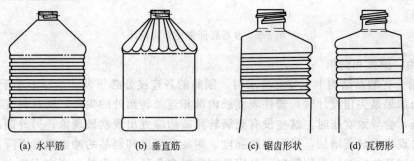

(a) 水平筋　　(b) 垂直筋　　(c) 锯齿形状　　(d) 瓦楞形

图1-5　容器侧壁加强筋的设计

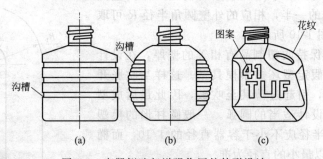

(a)　　　　　(b)　　　　　(c)

图1-6　容器侧壁起增强作用的外形设计

除了用加强筋增加制品的强度外,对于薄壳状制品,一般可采用球面或拱曲面来有效地增加刚性和减少变形,如图1-7所示为薄壳状制品球面形状设计。

⑥ 支承面　在设计容器类制品时,以制品的整个底面作为支承面是不合理的,因为平

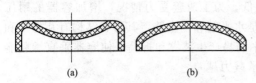

图 1-7　薄壳状制品球面形状设计

面越大，塑料的收缩率也越大，变形量越大，因而越容易使底部发生挠曲，产生不平。对于容器类制品底部通常采用边框支承或 3 点或 4 点支承的方法，这样就能保证底部平面上的各点都在同一个平面上，如图 1-7 所示。

如果塑件底部有加强筋时，加强筋的高度应比边框低 0.5mm，如图 1-8 所示。对于吹塑容器的底部壁厚是不均匀的，成型时收缩率不一样，因而也不能把底部设计成一个平面，一般容器底部形状设计为如图 1-9 所示的类型，其中以圆形内凹的底部形状耐破裂能力最强。

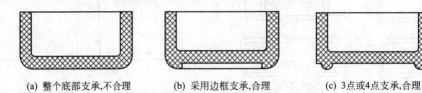

(a) 整个底部支承,不合理　　(b) 采用边框支承,合理　　(c) 3点或4点支承,合理

图 1-8　容器类制品支承面的设计

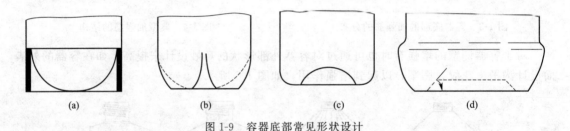

(a)　　　　(b)　　　　(c)　　　　(d)

图 1-9　容器底部常见形状设计

⑦ 圆角、圆弧和倒角

a. 圆角　在制品结构上无特殊要求时，制品的各连接处必须设计半径不小于 0.5mm 的圆角。因为如果是尖角设计时，塑件表面或内部相连及转角处的尖角，使材料变得极薄，而且很难充满，会导致吹胀时，这些没有充满转角或边缘处出现吹破现象；另外制品的尖角或尖边处会出现应力显著增加，导致弯曲强度、耐疲劳强度和制品的冲击强度下降；同时吹塑时会使整个制品的吹胀比受到限制，且模具制造时尖角处也很容易出现应力集中而开裂的现象。设计制品圆角时，对于内外表面的拐角处，内壁圆角半径 R 可取壁厚的一半，相应的外壁圆角半径 R 可取 1.5 倍的壁厚，如图 1-10 所示。

b. 圆弧　为了保持吹塑制品有相等的壁厚，在设计制品和模具时必须假定型坯贴紧模具壁。这样当吹胀开始时就会产生拉伸，引起过薄甚至吹破，因此最后成型的转角或边缘必须设计适当的圆弧。一般圆柱形的模塑制品，边缘的圆弧半径应不小于容器直径的 1/10，而椭圆形制品，一般可以最小的直径为准。

吹塑容器的所有表面转折处都应设计成圆弧过渡或球形过渡，避免带有尖锐转角的方形平面，过渡的圆弧和球面半径应根据使用的要求和形状而定。为了避免缺口影响，所有的螺纹边和筋、瓦楞形、装饰条上的边缘

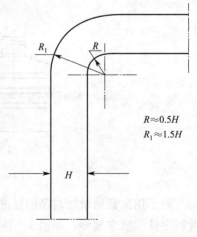

$R \approx 0.5H$
$R_1 \approx 1.5H$

图 1-10　制品圆角半径

都做成圆弧形，如图 1-11 所示为某洗洁精包装瓶的外表面设计。

　　c.倒角　倒角与圆弧在吹塑制品中经常交替使用（两者挑一），因为它们可提供更好的外观。倒角是一种高技巧，它呈现矩形外观并减小了聚合物的拉伸，如图 1-12 所示为包装瓶外倒角设计实例。

　　⑧ 螺纹和容器类制品口部的设计　吹塑容器口部与瓶盖的连接方式类似于玻璃瓶。根据使用要求，瓶口可设计成螺纹形式，螺纹形状设计成六边形或梯形为多，螺纹圈数可一圈或多圈，但需符合有关标准。常见的几种口部螺纹的设计如图 1-13 所示。为了快速开启和快速压合，瓶口也可以利用塑料的弹性设计成弹性连接，常见的弹性连接瓶口形状如图1-14所示。

图 1-11　某洗洁精包装瓶的外表面设计

(a)

(b)

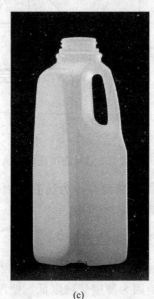

(c)

图 1-12　包装瓶外倒角设计实例

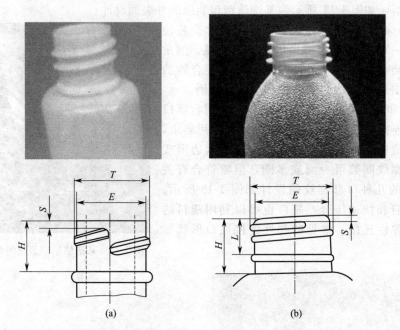

图 1-13 常见的几种口部螺纹的设计形式

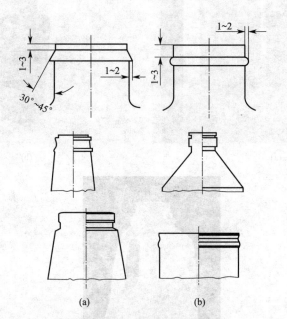

图 1-14 常见的弹性连接瓶口形状

气喷瓶类容器的密封性要求比普通瓶要高，为达到密封的目的，此瓶口要有很高的精度，其口部的形状和尺寸设计形式如图 1-15 所示。

1.1.10 中空吹塑瓶设计时应注意哪些方面？

① 所有表面都是弧面、斜面和锥面。虽然弧面、斜面和锥面可以呈现方形的效果，但应避免带有尖锐转角的方形和平面。因为薄壁处强度低，壁厚变化显著，而平面处厚且易变形。厚壁处的变形是由于冷却效果差和收缩不均引起的。

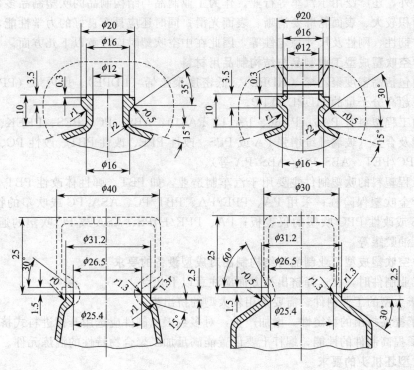

图 1-15 气喷瓶类容器口部的形状和尺寸设计形式

② 尖角处可以出现截留气体的现象。它是由模具表面和塑料之间挤压而瞬时汇集而成的，它能使拐角处的塑料变得非常薄，并引起冲击性能下降。时刻要避免断面和外形的突然变化。

③ 应控制合适的吹胀比，对于高密度聚乙烯一般不应超过 4：1。这个规则也适用于断面带有手柄的容器。吹胀比越低，壁厚就越均匀一致。用高吹胀比吹塑厚底的容器时将会使容器的重量增加、冷却时间增长，而制品几乎没有强度。

④ 型坯覆盖的表面积越多，壁厚就越薄。水平筋易产生波纹或折叠，使制品较易弯曲。如果设计者希望制品弯曲，使用这种设计很有效。然而，如果需要刚性，就应避免使用这种设计。分析这种结构，如果弯曲产生了，应注意到弯曲处就会出现铰链点。为了阻止铰链效应，可设法改变设计。一般使用圆形容器可以改善圆周的刚性，但要注意断面不能产生褶皱现象。方形容器也会使刚性减小，它能减少顶部负载强度，也能减少耐膨胀性。

⑤ 确定的合模线必须使制品有一个可以接受的吹胀比，而且还使型腔的几何形状不出现"过方"的现象（断面深度比宽度长）。

⑥ 吹塑成型过程一般是利用瓶口和气针配合，将压缩空气吹入型坯中，这样可以在瓶子或容器上产生一个自然的开口。在瓶颈处，厚度控制要比制品上其他部位要严格，因为气针和瓶颈的型腔尺寸必须要精确配合。实际上可以把这部分区域看成是压制成型。当然容器灌装入物体后进行贮存或运输时，必须使用一些堵塞物或瓶盖来封住开口。因为多数吹塑成型容器都作为包装容器使用，所以设计的螺纹瓶口应是标准螺纹口以便使其能选用封盖封住。

1.1.11　中空吹塑成型工业制品与结构制品时应注意哪些方面？

随着吹塑技术的不断发展，中空吹塑制品的应用范围越来越广，中空吹塑制品除了作为包装容器以外，还广泛用于汽车等行业。作为工业制品与结构制品的吹塑制品多数形状较为复杂、表面积较大、表面轮廓要清晰、表面光滑；同时还应具有良好的力学性能，包括具有良好的冲击韧性、刚性及尺寸稳定性等，因此在中空吹塑时应注意以下儿方面。

(1) 中空吹塑成型工业制品与结构制品用材料

烯烃类包括高密度聚乙烯（HDPE）、低密度聚乙烯（LDPE）、聚丙烯（PP），尤其是高分子量或超高分子量的 HDPE 和 PP。

常用的工程塑料有 PA6、PA66、PA11、PA610、ABS、PC、PES、PEEK、ASA、聚砜、聚芳酯及合金（玻璃纤维增强 PA 或 PPS、改性 PPE、改性 PBT、改性 PC、PBT/PC、PA/PPE、PC/PET、ABS/PC、ABS/PA 等）。

目前工程塑料的吹塑制件主要用于汽车制造业，如 PBT、弹性体改性 PBT/PC 合金或 PC/PET 合金吹塑保险杠；采用 PA、PPE/PA、PBT/PC、ASA/PC 或吹塑的扰流板；采用 PC/ABS 或改性 PPO 吹塑的仪表板；PA、PPE/HIPS、ASA 或 PC 吹塑的通风管；PA 吹塑的液压油贮罐等。

(2) 中空吹塑成型工业制品与结构制品对成型设备的要求

吹塑工业制件时，在选择挤出机方面应注意以下几点。

① 对于大型的工业制件，需要采用较大型的挤出机。

② 为了提高挤出的稳定性，增加产量，对多数工业制件应选用开槽进料式挤出机。

③ 为了提高制件的性能，螺杆上要设置能满足加工聚合物特性的混炼元件。

(3) 对型坯机头的要求

在成型工业制件型坯时采用的方式主要是：往复螺杆间歇式及往复螺杆连续式，机头间歇地成型型坯。贮料缸式机头间歇地成型型坯，适用于工程塑料的吹塑；往复螺杆方式间歇地成型型坯，适用于医用配件与小的汽油箱；往复螺杆方式连续地成型型坯，适用于吹塑小的或聚烯烃类工业制件。对于工业制件型坯机头的设计要求主要如下。

① 型坯机头的设计应使熔合线处的力学性能降低至最小。

② 吹塑某些工业制件，采用椭圆形、矩形等非圆形型坯或扁平状片材要比圆形型坯有利。例如，生产扁宽板状制件或双壁箱体可采用形状与制件类似的矩形型坯来吹塑。

③ 机头流道要呈流线型，要经镀覆处理。

(4) 对吹塑模具的工艺要求

① 模具要有很好的排气性能，确保获得轮廓清晰、表面光滑的工业制件。

② 对工程塑料的吹塑与有尖角或形状复杂制件的吹塑，模具可设置抽真空系统。

③ 吹塑制件在夹坯刀口处，具有较高的拉伸强度。

④ 模具应设置去飞边装置，以改善制件的外观性能。

⑤ 为了提高冷却效率和冷却的均匀性，减少制件的残余应力，可以从内外壁同时对制品进行冷却。

(5) 控制系统的工艺要求

为了保证工业制件生产的顺利进行，获得良好的产品质量，在生产中要在以下几个方面加以控制。

① 温度的控制。温度的控制主要包括挤出机料筒、机头各段的温度控制，通过温度的控制，以确保挤出的型坯具有良好的塑化质量和稳定的性能。

② 螺杆转速与熔体温度的控制。

③ 对型坯壁厚的控制。对型坯壁厚的控制不仅要对型坯的轴向壁厚进行控制，同时也要对型坯的径向壁厚加以控制。

④ 对型坯长度的控制。

⑤ 对熔体流速的控制。

1.2　中空成型材料实例疑难解答

1.2.1　聚乙烯有哪些类型？性能如何？聚乙烯分子结构对其性能有何影响？

(1) 聚乙烯的类型

聚乙烯的类型有很多，其分类的方法有多种。按聚合过程中聚合压力的不同，一般把聚乙烯分为高压聚乙烯、中压聚乙烯和低压聚乙烯。按聚乙烯分子量大小的不同，又可分为普通分子量聚乙烯、高分子量聚乙烯（HMWHDPE）、超高分子量聚乙烯（UMHWPE）及低分子量聚乙烯（LMWPE）等。另外聚乙烯在聚合过程中，采用茂金属催化剂催化可制得茂金属聚乙烯（mPE）。由聚乙烯与少量的 α-烯烃共聚可得线型低密度聚乙烯（LLDPE）。

低密度聚乙烯（LDPE）又称高压聚乙烯，即是在高压下由乙烯的聚合而合成的聚乙烯。由于高压法生产的聚乙烯分子支链多，密度小（密度一般在 $0.910\sim0.925g/cm^3$），故称为低密度聚乙烯（LDPE）；高密度聚乙烯（HDPE）又称低压聚乙烯，即是在低压下由乙烯的聚合而合成的聚乙烯。低压法生产的聚乙烯分子支链较少，密度大（密度一般在 $0.941\sim0.965g/cm^3$），故又称高密度聚乙烯（HDPE）。由聚乙烯与少量的 α-烯烃共聚合成的聚乙烯称为线型低密度聚乙烯（LLDPE）。其大分子链上短支链多，几乎没有长支链。高分子量聚乙烯（HMWHDPE）一般是指分子量在 30 万～100 万的聚乙烯，密度一般在 $0.944\sim0.954g/cm^3$。而对于普通分子量聚乙烯通常分子量在 1.5 万～30 万之间，LDPE 的分子量一般不超过 7 万，HDPE 的分子量一般不超过 30 万。

(2) 聚乙烯的性能

聚乙烯（PE）是烃类化合物，由支化的碳氢长链构成。聚合物分子间作用力小，属于非极性聚合物。

① 物理性能　PE 树脂通常为乳白色半透明蜡状粒料，无味、无臭、无毒，容易燃烧，燃烧时有蜡味，并伴有熔融滴落现象。

② 力学性能　PE 的分子链柔顺，玻璃化温度（T_g）较低，柔韧好，耐冲击，但拉伸强度比较低，硬度不足，耐蠕变性较差，在负荷作用下随着时间的延长会连续变形产生蠕变，而且蠕变随着负载增大、温度升高、密度降低而加剧。不同类型的 PE 其力学性能受结晶度和分子量的高低的影响，一般 LDPE 柔韧，耐冲击；而 HDPE 的拉伸强度、刚度和硬度较高。分子量提高时，拉伸强度、冲击强度、耐环境应力开裂性提高。几种常用 PE 的力学性能见表 1-7。

表 1-7　几种常用 PE 的力学性能

性　　能	LDPE	HDPE	LLDPE
透明性	半透明	透明性差	半透明
断裂伸长率/%	>500	>650	>880
硬度（邵尔）	D41～46	D60～70	D40～50
拉伸强度/MPa	7～20	21～37	15～25
拉伸弹性模量/MPa	100～300	400～1100	250～550
缺口冲击强度/（kJ/m²）	80～90	40～70	>70

③ 热性能　PE 受热后，随温度的升高，结晶部分逐渐熔化，其熔点与 PE 的结晶大小

度有关。HDPE 的结晶度大，熔点较高，一般为 125～137℃，LDPE 的结晶度较小，熔点较低，一般为 105～120℃。PE 的 T_g 低，PE 制品在较低的温度（-50℃）下能保持较好的韧性。但使用温度不高，受力情况下即使很小的载荷其变形温度也会很低。一般情况下，LDPE 的连续使用温度在 60℃ 以下，HDPE 在 80℃ 以下。PE 的热容量较大，线膨胀系数也较大。PE 树脂的常用热性能见表 1-8。

表 1-8　PE 树脂的常用热性能

热 性 能	LDPE	HDPE	热性能	LDPE	HDPE
熔点/℃	105～120	125～137	热导率/[W/(m·K)]	0.35	0.42
连续使用温度/℃	<60	<80	线胀系数/×10⁻⁵K⁻¹	16～24	11～16
比热容/[J/(kg·K)]	2512	2302			

④ 化学性能　PE 对 O_2、N_2、CO_2 等的透气率较大，但对水蒸气的透过率低且 PE 的透气性随密度的增加而减小，HDPE 的透气性远低于 LDPE。PE 制品不适宜长时间包装需保持香味的物品，但适合于防潮或包装需防止水汽散失的物品。

PE 具有优良的化学稳定性，室温下它能耐酸、碱和盐类的水溶液，如盐酸、氢氟酸、磷酸、甲酸、醋酸、氨、氢氧化钠、氢氧化钾以及各类盐溶液（包括具有氧化性的高锰酸钾溶液和重铬酸盐溶液等），即使在较高的浓度下对 PE 也无显著作用。但浓硫酸和浓硝酸及其他氧化剂会缓慢侵蚀 PE。温度升高后，氧化作用更为显著。

PE 的耐溶剂性优异，在室温下不溶于任何溶剂，但溶度参数相近的溶剂可使其溶胀。随着温度的升高，PE 结晶逐渐被破坏，大分子与溶剂的作用增强，当达到一定温度后 PE 可溶于脂肪烃、芳香烃、卤代烃等，如 LDPE 能溶于 60℃ 的苯中，HDPE 能溶于 80～90℃ 的苯中，超过 100℃ 后两者均可溶于甲苯、三氯乙烯、四氢萘、十氢萘、石油醚、矿物油和石蜡中。但即使在较高温度下 PE 仍不溶于水、脂肪族醇、丙酮、乙醚、甘油和植物油中。

PE 在大气、阳光和氧的作用下易发生老化，伸长率和耐寒性降低，力学性能和电性能下降，并逐渐变脆、产生裂纹，最终丧失使用性能。主要是由于 PE 分子链中存在少量的双键结构，以及支化产生了不稳定的叔氢原子和聚合时残留的杂质等使其易于老化。

⑤ 电性能　PE 电性能优异，体积电阻率高，介电常数和介电损耗角正切值小，几乎不受频率的影响，因而适宜于制备高频电绝缘材料。聚乙烯的电性能见表 1-9。

表 1-9　聚乙烯的电性能

电 性 能	低密度聚乙烯	高密度聚乙烯	电 性 能	低密度聚乙烯	高密度聚乙烯
体积电阻率/Ω·cm	>10¹⁶	>10¹⁶	介电损耗角正切值		
介电常数			10～10²Hz	<0.0005	<0.0005
60～10²Hz	2.25～2.35	2.30～2.35	10⁶Hz	<0.0005	<0.0005
10⁶Hz	2.25～2.35	2.30～2.35	介电强度/(kV/mm)	>20	>20

(3) 聚乙烯聚合物的分子结构对性能的影响

PE 是烃类化合物，其分子链是由支化的碳氢长链构成，但不同类型的 PE 分子中所含支链差异较大。LDPE 分子链支链多，而且还存在着长支链；HDPE 大分子链支链较少，LLDPE 大分子链上具有较多的短支链，几乎没有长支链，三种类型 PE 的分子链结构模型如图 1-16 所示。PE 分子间的作用力小，分子链柔顺性好，分子结构简单且对称规整，故分子的结晶能力强，属于结晶聚合物。但其结晶性能受分子链支化度的影响，随着支化度的增加，降低了大分子链的规整性和对称性，结晶能力随之降低。高度支化的 PE 结晶度低，分子堆砌不紧密，因而密度也小。高度支化的 LDPE，结晶度在 60% 以下；支化度较低的 HDPE，结晶度为 80%～95%；LLDPE 的支化度中等，结晶度通常为 65%～75%。

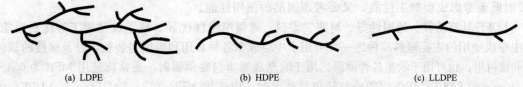

| (a) LDPE | (b) HDPE | (c) LLDPE |

图 1-16 三种类型 PE 的分子链结构模型

另外，PE 的结晶性能还受分子量、共聚以及成型加工条件等的影响。分子量越高，结晶性越低，如 UHMWPE 的分子量过大致使结晶困难，尽管支化程度小且呈线型结构，但其结晶度低于 HDPE，密度不超过 0.94g/cm³；共聚的聚乙烯降低了分子结构的规整性，结晶能力也会下降；成型加工过程中聚合物的结晶时间与熔体的冷却时间相关，快速冷却时，会大大降低 PE 的结晶度。

PE 的性能取决于分子链的支化程度、结晶度及分子量的大小及分布。一般 PE 分子链支化程度越大，结晶能力越小，制品的拉伸强度、硬度、刚度、耐磨性、耐热性和耐化学品性能会降低。

PE 分子量的提高，其力学性能、耐低温性能、耐环境应力开裂性能都有所提高，但熔体黏度也随之增大，成型加工性能变差。PE 分子量分布较窄时，材料力学性能较好，但往往熔体的弹性增加，易出现熔体破裂现象；分子量分布较宽时熔体的流动性好，有利于成型加工。结晶度、分子量及其分布对 PE 性能的影响见表 1-10。

表 1-10 结晶度、分子量及其分布对 PE 性能的影响

性 能	结晶度提高	分子量增加	分布加宽
拉伸强度	增大	增大	降低
刚性	增大	略微增大	略微降低
硬度	增大	略微增大	降低
耐磨性	增大	增大	降低
冲击强度	降低	提高	降低
耐热性	提高	略微提高	略微降低
耐化学品性	提高	提高	无明显影响
可渗透性	降低	略微降低	无明显影响
耐环境应力开裂性	降低	提高	降低

1.2.2 中空成型用的聚乙烯主要有哪些类型？中空成型过程中应如何选用聚乙烯？

(1) 中空成型用的聚乙烯类型

中空成型用的聚乙烯类型有低密度聚乙烯（LDPE）、高密度聚乙烯（HDPE）、线型低密度聚乙烯（LLDPE）、高分子量聚乙烯（HMWHDPE）等。

(2) 中空成型用聚乙烯的选用

在中空成型加工过程中，聚乙烯选用的依据主要是密度和熔体流动速率（MFR）两个指标。工业上一般以密度作为衡量分子结构的尺度，熔体流动速率（MFR）是衡量它的平均分子量的指标。

所谓塑料的熔体流动速率（MFR）是指在一定温度和负荷下，熔体每 10min 通过标准口模的质量，单位为 g/10min。一般 MFR 增大，PE 的分子量降低，熔体黏度小，流动性好，成型加工温度低，易于成型，但制品的力学性能较差；反之 MFR 越小，PE 的分子量越大，熔体黏度大，流动性差，成型加工温度较高，制品的力学性能较好。所以，在选择

PE 时既要考虑成型加工性能，又要考虑制品的使用性能。

LDPE 具有质轻、透明性好、耐寒、柔韧、高频绝缘性优异、易于成型加工等优良性能，是中空成型用的主要塑料品种之一，可用于中空成型各种日用和医用包装瓶，以及韧性的软包装和罐衬里；也可用于吹塑各种薄膜。用于吹塑成型重包装薄膜时，通常应选用 MFR 为 0.3～2g/10min 的 LDPE；用于吹塑成型轻包装薄膜时，应选用 MFR 为 2～7g/10min 的 LDPE；中空成型各种瓶类等包装容器时，一般 LDPE 的 MFR 范围为 0.3～4g/10min。

HDPE 的平均分子量较高，支链短而且少，因此密度高，结晶度也较高。HDPE 的拉伸强度、刚度和硬度优于 LDPE，有利于制品的薄壁化和轻量化。同时，HDPE 的耐热性、气体阻隔性和化学稳定性也好于 LDPE。常温下，HDPE 的断裂长率小，延展性差，但在适当的温度条件下具有较大的拉伸倍数，利用这一点可获得高度取向的制品。取向后，制品的力学性能可大大提高。由于 HDPE 具有良好的综合性能，可用于各种包装薄膜、防潮、耐油包装容器及汽车座椅等中空制品。用于吹塑成型重包装薄膜时，通常应选用 MFR 为 0.5g/10min 以下的 HDPE；用于吹塑成型轻包装薄膜时，应选用 MFR 为 2g/10min 以下的 HDPE；中空成型各种瓶类等各种中空制品时，一般 HDPE 的 MFR 范围为 0.2～1.5g/10min。

LLDPE 具有线型结构，大分子链上短支链多，几乎没有长支链，LLDP 的分子量较大，分布较窄。LLDPE 具有比 LDPE 拉伸强度和冲击强度高，硬度和刚性大，耐热性和环境应力开裂性能优良，以及纵横收缩均衡、不易翘曲等特点，可用于各种包装薄膜及防潮包装容器等。用于吹塑成型重包装薄膜时，应选用 MFR 为 0.3～1.6g/10min 的 LLDPE；用于吹塑成型轻包装薄膜时，应选用 MFR 为 0.3～3.3g/10min 的 LLDPE；中空成型各种瓶类等包装容器时，一般 LLDPE 的 MFR 范围为 0.3～1.0g/10min。

由于 HMWHDPE 的分子量高，具有较高的拉伸强度和刚性，优良的耐磨性、耐化学品稳定性，良好的耐冲击和耐环境应力开裂性等。可用于中空成型各种大型及几何形状复杂的中空制品，如汽车燃油箱、喷雾器罐及集装桶和工业贮罐等。

茂金属聚乙烯分子量分布窄，大分子的组成和结构非常均匀。分子结构规整性高，具有较高的结晶度，且形成的晶体大小均匀，具有较高的透明性，以及较高的冲击强度和抗穿刺强度，尤其是低温韧性优异。由于分子量分布窄，故成型加工性能差，目前茂金属聚乙烯中常加入一定量的 LDPE 或 HDPE 等进行共混改性。

1.2.3　聚乙烯型号如何表示？生产过程中应如何辨识 PE 的型号？

(1) 聚乙烯型号表示

聚乙烯分子结构及分子量决定了聚乙烯的性能，是选用 PE 的主要依据。而工业上通常以 PE 密度作为衡量其结构的尺度，以熔体流动速率（MFR）大小表征分子量的大小，这两个指标是用来表征 PE 性能的重要参数，也是工业生产过程中选用 PE 的主要参数。为了满足 PE 成型加工及制品使用的要求，通常在 PE 树脂中加入少量的抗氧剂、光稳定剂等助剂，使工业生产的 PE 品种型号繁多。PE 型号表示方法目前主要有国家标准和企业标准规定，也有少量的采用引进的国外标准来表示。

① 国家标准　我国标准 GB/T 1845.1 统一规定了聚乙烯（PE）模塑和挤出材料型号的表示方法。标准规定聚乙烯型号组成为：

$$\boxed{字符组 1} \longrightarrow \boxed{字符组 2} \longrightarrow \boxed{字符组 3} \longrightarrow \boxed{字符组 4} \longrightarrow \boxed{字符组 5}$$

字符组 1 表示聚乙烯的缩写代号为英文字母 PE，线型聚乙烯为 PE-L。

字符组 2 表示该牌号聚乙烯的主要用途和加工方法、重要性能及添加剂等，均用相应的英文字母作为代号。字符组从左至右可有 1～8 个位置上有字母代号，位置 1 代号给出推荐的用途（或）和加工方法，位置2～8给出重要性能、添加剂及颜色的说明。如果位置1没有说明而2～8有说明，则在位置1处插入字母X。如果聚乙烯是本色（或）和颗粒时，可以省略本色（N）和颗粒（G）的代号。字符组2中各符号的意义见表1-11。

表1-11　字符组2中各符号的意义

代号	第1位	代号	第2～8位
B	吹塑	A	加工稳定剂
C	压延	B	抗粘连
E	挤出管材、型材和片材	C	着色的
F	挤出薄膜	D	粉末
G	通用	E	可发性的
H	涂覆	F	特殊燃烧性
J	电线电缆绝缘	G	颗粒、碎料
K	电线电缆护套	H	热老化稳定的
L	挤出单丝	K	金属钝化的
M	注塑	L	光和气候稳定的
Q	压塑	M	加成核剂的
R	旋转模塑	N	本色（未着色的）
S	烧结	P	冲击改性的
T	制带	R	加脱模剂的
X	未说明	S	加润滑剂的
		T	改进透明性的
		X	交联的
		Y	提高导电性的
		Z	抗静电的

字符组3有三方面信息，即聚乙烯的密度标称值；熔体流动速率测试条件；熔体流动速率标称值，以下用表1-12～表1-14说明其意义。

表1-12　聚乙烯密度标称值档次代号与标示范围

代号	密度范围(23℃)/(g/cm³)	代号	密度范围(23℃)/(g/cm³)
08	≤0.910	23	0.921～0.925
13	0.910～0.916	27	0.925～0.930
18	0.916～0.921		

实际上代号是用密度三位有效数字的后两位来进行标示的。

表1-13　熔体流动速率测试条件代号

代号	测试条件/℃	标准负荷/kg	代号	测试条件/℃	标准负荷/kg
E	190	0.325	T	190	5.00
D	190	2.16	G	190	21.6

表1-14　熔体流动速率标称值档次代号及范围表示

代号	MFR范围/(g/10min)	代号	MFR范围/(g/10min)
000	≤0.1	075	6.0～9.0
001	0.1～0.2	105	9.0～12
002	0.2～0.3	140	12～16
003	0.3～0.4	180	16～20
006	0.4～0.8	225	20～25
012	0.8～1.5	300	25～35
022	1.5～3.0	425	35～50
045	3.0～6.0		

字符组 4 中有四个位置，从左至右位置 1 用一个字母表示填料和（或）增强材料的类型，位置 2 表示其物理形态，位置 3 与 4 用两个数字代号表示其含量。字符组 4 中填料和增强材料的字母代号用表 1-15 表示。

表 1-15　填料和增强材料的字母代号

代　号	材料位置 1	代　号	形态位置 2
B	硼	B	球状、珠状
C	碳	D	粉末状
G	玻璃	F	纤维状
K	碳酸钙	G	颗粒（碎纤维）状
L	纤维素	H	晶须
M	矿物、金属	S	磷状、片状
S	有机合成材料	X	未说明
T	滑石粉	Z	其他
W	木粉		
X	未说明		
Z	其他		

注：金属可用其化学符号表示，如果可能矿物填料可用具体符号表示，多种填料或多种形态填料可用"＋"将相应的代号组合连接起来放在括号内。

字符组 5 表示需要附加说明的内容，是将材料的命名转换成特定用途材料规格的一种方法。

② 企业标准　我国许多企业采用自己的企业标准表示 PE 树脂的型号。由于目前生产 PE 树脂的企业比较多，各企业对型号表示的标准规定都有所不同，但大都多数企业的 PE 型号的表示都是由两部分组成的：第一部分为材料的主要用途或加工方法代号表示，表示方法见表 1-16；第二部分为材料的熔体流动速率公称值的代号表示，其是以熔体流动速率公称值乘以 100 后的数值表示的，一般不得少于三位整数。当熔体流动速率公称值乘以 100 后只有两位数，则应在这两个整数前面加上"0"。

表 1-16　材料的主要用途或加工方法代号

代　号	表　征	代　号	第 2～8 位
ZH	注塑料	B	薄型薄膜
Q	轻膜	DJ	交联电缆基料
F	复合膜	D	电缆料
N	农膜	ZJ	蘸浸料
L	流延膜	Z	重膜

(2) PE 型号的辨识

PE 成型加工过程中应根据不同的用途选择不同型号的树脂，PE 型号的辨识关键是掌握型号中数字与字母含义。如某厂生产的聚乙烯型号为 PE-MTN -27D045，各字符表示的意义如下。

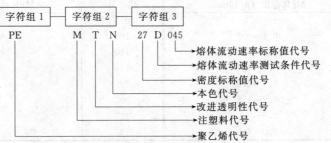

某企业生产 PE 外包装上标有"PE ZH600"字样，表示的含义为注塑用 PE，熔体流动速率为 6g/10min。

1.2.4　PE 中空成型的工艺性能如何？

PE 具有良好的成型加工性能，是中空成型常用的塑料材料，其主要的工艺性能如下。

① PE 吸湿性极小，一般不超过 0.01%，因此在成型前无需进行干燥处理。

② PE 分子链柔性好，熔体黏度低，流动性好。PE 的熔体黏度随剪切速率的增大而下降，当剪切速率超过临界值后，易出现熔体破裂等流动缺陷。

③ PE 的熔点不高，但比热容较大，因此塑化时仍需要消耗较多的热量，故要求塑化装置要有较大的加热功率，以便提高生产效率。

④ PE 的成型温度较宽，热稳定性较好，一般在 300℃以下无明显的分解现象。

⑤ PE 的结晶能力强，制品的结晶度取决于成型加工中对冷却速率的控制。成型时模具温度的高低决定冷却速率，而影响塑件的结晶状况。模温高，熔体冷却慢，塑件结晶度高，强度大。

⑥ PE 的收缩率范围大，收缩值大，方向性明显，LDPE 收缩率为 1.22%左右，HDPE 收缩率在 1.5%左右。因此容易变形翘曲，模具冷却条件对收缩率的影响很大，故应该控制好模具温度，保持冷却均匀、稳定。

⑦ PE 的软化温度范围较小，且熔体易氧化，因此在成型加工中应尽可能避免熔体与氧发生接触，以免降低制品的质量。

⑧ PE 属于化学惰性材料，印刷性能较差，为增加油墨与其表面的结合牢度，可对制品表面进行电晕处理或火焰处理。

1.2.5　聚丙烯树脂有哪些类型？成型过程中应如何选用？

(1) 聚丙烯树脂的类型

工业上生产的聚丙烯（PP）有多种类型，作为塑料用的 PP 主要是等规 PP、间规 PP、茂金属聚丙烯（mPP）、无规共聚的聚丙烯（PP-R）以及抗冲共聚聚丙烯等。

① 等规 PP　PP 是线型烃类聚合物，分子主链的碳原子上交替存在甲基。等规 PP 是指分子主链上的甲基排列在主链构成的平面的一侧，又称为全同立构 PP，分子的结构简式为：

$$\begin{array}{ccccccc} H & H & H & H & H & H & H \\ | & | & | & | & | & | & | \\ -C & -C & -C & -C & -C & -C & -C- \\ | & | & | & | & | & | & | \\ H & CH_3 & H & CH_3 & H & CH_3 & H \end{array}$$

由于 PP 分子主链上的甲基全部排列在大分子链的一侧，空间位阻效应大，分子链比较僵硬而呈螺旋形构象，但分子链具有高度的立构规整性，很容易结晶，具有较高的机械强度，是目前工业生产的主要品种，其产量占 PP 总产量的 95%左右。

② 间规 PP　间规 PP 是指 PP 分子主链上的甲基交替排列在由主链构成的平面两侧，具有间同立构结构，分子结构简式为：

$$\begin{array}{ccccccc} H & H & H & CH_3 & H & H & H \\ | & | & | & | & | & | & | \\ -C & -C & -C & -C & -C & -C & -C- \\ | & | & | & | & | & | & | \\ H & CH_3 & H & H & H & CH_3 & H \end{array}$$

间规 PP 分子结构较为规整，但不如等规 PP，有一定的结晶能力，属于低结晶聚合物。分子链的柔韧性好，是高弹性热塑性聚合物。

③ 茂金属聚丙烯（mPP）　茂金属聚丙烯是指采用茂金属催化剂聚合的 PP。茂金属催

化聚合的聚丙烯均聚物可生成近似无规的低立构规整性到高立构规整性的茂金属聚丙烯，低立构规整性的 mPP 具有较高韧性和透明性，高立构规整性的 mPP 具有高刚性；使用茂金属催化剂聚合的间规 PP 密度低、结晶度低、球晶尺寸小、透明度高、韧性好。

④ 无规共聚聚丙烯（PP-R） 无规共聚 PP 是在 PP 主链上无规则地插入不同的单体分子而制得的，最常用的共聚单体是乙烯，含量为 1%～7%。乙烯单体无规地嵌入阻碍了 PP 的结晶，使其性能发生变化。无规共聚 PP 具有较好的透明性、耐冲击性和低温韧性，熔融温度降低更便于热封合，但刚性、硬度有所降低。

⑤ 抗冲共聚聚丙烯 抗冲共聚聚丙烯是丙烯与其他单体共聚制得的。最常用的单体是乙烯，通常共聚物中乙烯单体含量可高达 20%。抗冲共聚聚丙烯克服了聚丙烯均聚物韧性不足的缺点，而保留了其易加工和优良的物理性能的特点。

(2) PP 的选用

PP 的性能与分子量大小相关，一般随着分子量增加，PP 的熔体黏度、拉伸强度、断裂伸长率、冲击强度均有所提高，但结晶性能下降，硬度、刚性、耐热性下降。通常工业生产的 PP 分子量在 20 万～70 万之间。成型加工过程中主要根据熔体流动速率（MFR）大小来选用 PP。MFR 表征了其分子量的大小，同时也标志着其熔体流动性的好坏。通常随着分子量增加，MFR 减小，PP 的熔体黏度增大，流动性下降。中空吹塑薄膜用 PP 的 MFR 范围一般 6～12g/10min，中空成型包装瓶、包装容器类等制品时，一般选用 MFR 范围为 0.5～1.5g/10min 的 PP。

1.2.6 生产中应如何辨识聚丙烯树脂牌号标识？

由于聚丙烯的品种、牌号较多，我国 GB 2546.1—2006 标准对聚丙烯牌号的表示方法进行了统一的规定，要求国产的聚丙烯进行统一的标识。

GB 2546.1—2006 标准规定聚丙烯牌号用五组字符来表示，牌号中第一组字符代表该塑料的代号；第二组字符代表该聚丙烯主要的用途和（或）加工方法、重要性能及添加剂等；第三组字符代表等规指数、熔体流动速率；第四组字符代表填料或增强材料及其标称含量；第五组字符代表材料的其他特性等。

第 1 组字符表示聚丙烯的英文缩写 PP，H 表示丙烯均聚物，R 表示丙烯无规共聚物，B 表示丙烯嵌段共聚物，Q 表示共混合物。

第 2 组字符表示聚丙烯产品的主要用途或加工方法、重要性能及添加剂等。均用相应的英文字母作为代号。代号从左至右排列，依次称第 1 位、第 2 位、第 3 位、第 4 位与第 5 位。表示材料用途或加工方法的在第 1 位写出，重要性能、添加剂等在第 2～第 5 位写出，见表 1-17。

表 1-17 第 2 组字符中各代号的意义

代 号	第 1 位	代 号	第 2～5 位
B	吹塑	A	加工稳定剂
C	压延	B	抗粘连
E	挤出管材、型材和片材	C	着色的
F	挤出薄膜	D	粉末
H	涂覆	E	可发性的
K	电线电缆护套	F	阻燃
L	绳索丝	H	热老化稳定的
M	注塑	K	金属钝化的
T	扁丝	L	光和气候稳定的

代号	第1位	代号	第2～5位
Y	纺丝	M	加成核剂的
		N	本色(未着色的)
		P	冲击改性的
		R	加脱模剂的
		S	加润滑剂的
		T	改进透明性的
		X	交联的
		Y	提高导电性的
		Z	抗静电的

第3组字符表示聚丙烯的等规度标称值（以两位数字表示）、熔体流动速率标称值（以三位数字表示）及其测试条件，见表1-18～表1-20。

表1-18　聚丙烯的等规度标称值档次代号及范围表示

代号	MFR范围/(g/10min)	代号	MFR范围/(g/10min)
95	>90	65	60～70
85	80～90	55	50～60
75	70～80	45	≤50

表1-19　熔体流动速率测试条件代号

代号	测试条件/℃	标准负荷/N(kg)
M	230	21.7N(2.16)
T	190	49(5.00)

表1-20　熔体流动速率标称值档次代号及范围表示

代号	MFR范围/(g/10min)	代号	MFR范围/(g/10min)
000	≤0.1	075	6.0～9.0
001	0.1～0.2	105	9.0～12
002	0.2～0.3	140	12～16
003	0.3～0.4	180	16～20
006	0.4～0.8	225	20～25
012	0.8～1.5	300	25～35
022	1.5～3.0	425	35～50
045	3.0～6.0		

第4组字符表示填料、增强材料及其含量。填料和增强材料的字母代号见表1-21。

表1-21　填料和增强材料的字母代号

代号	材料位置1	代号	形态位置2
B	硼	B	球状、珠状
C	碳	D	粉末状
G	玻璃	F	纤维状
K	碳酸钙	G	颗粒(碎纤维)状
L	纤维素	H	晶须
M	矿物、金属	S	磷状、片状
S	有机合成材料	X	未说明
T	滑石粉	Z	其他
W	木粉		
X	未说明		
Z	其他		

注：金属可用其化学符号表示，如果可能矿物填料可用具体符号表示，多种填料或多种形态填料可用"＋"将相应的代号组合连接起来放在括号内。

第 5 组字符是需要的补充说明。如某厂生产的聚丙烯树脂牌号为 "PPH-BN-075M"，所表示的意义是：吹塑用本色 PP，熔体流动速率为 6～9g/10min。各字符表示的意义为：

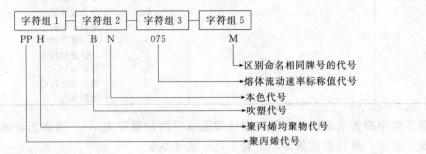

1.2.7　聚丙烯有哪些特性？

(1) 物理性能

PP 树脂大多为乳白色粒状物，无味、无臭、无毒，透明性好，其密度为 0.89～0.91g/cm³，是常用树脂中最轻的一种。

(2) 力学性能

PP 具有良好的综合力学性能，力学性能的高低与其分子量、等规度和结晶度有密切关系，并受环境温度的影响。

PP 的特殊力学性能是具有优良的耐弯曲疲劳性。把 PP 薄片直接弯曲成铰链或注射成型的铰链，能经受几十万次的折叠弯曲而不损坏。PP 的屈服强度与等规度有很大关系，等规度增加时，屈服强度明显增加。而等规度相同时，MFR 较大时，分子量较低，结晶度提高，屈服强度增大，拉伸强度和伸长率均降低；当 MFR 较小时，由于拉伸过程中产生定向作用，伸长率可达 900%，拉伸强度也较高，并且受温度影响较小，即使在 100℃ 时仍能保留常温时拉伸强度的 1/2。

PP 在室温以上有较好的抗冲击性能，但低温冲击强度较 PE 低，对缺口较敏感。PP 的刚性和硬度比较高，且随等规度和 MFR 的增加而增大。在同一等规度时，MFR 大的 PP 刚性和硬度大。PP 耐环境应力开裂性能良好，当分子量越大，MFR 越小时，耐环境应力开裂性越好。

(3) 热性能

PP 是通用塑料中耐热性最好的塑料品种。PP 的熔点为 164～170℃，长期使用温度可达 100～120℃，无负载时使用温度可高达 150℃，是通用塑料中唯一能在水中煮沸，并能经受 135℃ 高温消毒的品种。PP 的耐热性随其等规度和 MFR 值的增大而提高。PP 的 T_g 为 －10～－30℃，在 T_g 以下易脆裂，因而低温脆性大，而且随 MFR 的增大脆化温度显著升高，因而高熔体流动速率的 PP 在使用上受到限制。

(4) 化学性能

由于 PP 分子主链上交替出现叔碳原子，因而它比 PE 更易发生热氧老化。当受到光和热的作用时，其性能会逐渐下降，特别是有二价或二价以上的金属离子存在时，如 Cu^{2+}、Mn^{2+}、Mn^{3+}、Fe^{2+}、Ni^{2+} 和 Co^{2+} 等离子，很容易引发或加速 PP 的热氧老化。PP 的光稳定性较差，户外使用必须加入稳定化助剂。一般为了提高 PP 的光稳定性和抗热氧老化能力，成型加工或使用过程中必须添加抗氧剂和光稳定剂。

PP 具有优良的化学稳定性，在 100℃ 以下，大多数无机酸、碱、盐的溶液对 PP 无破坏作用，如 PP 对浓磷酸、盐酸、40%的硫酸以及它们的盐溶液等在 100℃时都是稳定的，但对于强氧化性的酸，如发烟硫酸、浓硝酸和次磺酸在室温下也不稳定，对次氯酸盐、过氧化氢、铬酸等，只有在浓度较小、温度较低时才稳定。

PP 有较好的耐溶剂性能。能耐大多数极性有机溶剂，如醇类、酚类、醛类、酮类和大多数羧酸都不易使其溶胀，但芳烃和氯代烃在 80℃以上对它有溶解作用，酯类和醚类对它也有某些侵蚀作用。非极性有机溶剂如烃类等会使 PP 溶胀或溶解，且随着温度升高，溶胀程度增加。聚丙烯的综合性能见表 1-22。

表 1-22 聚丙烯的综合性能

项　目	性　能	项　目	性　能
密度/(g/cm³)	0.89～0.91	邵尔硬度(D)	95
吸水率/%	0.01～0.04	刚性(相对值)	7～11
拉伸屈服强度/MPa	30～39	维卡软化点/℃	150
伸长率/%	>200	脆化温度/℃	-30～-10
拉伸弹性模量/MPa	1100～1600	线膨胀系数/×10⁻⁵K⁻¹	6～10
压缩强度/MPa	39～56	成型收缩率/%	1.0～2.5
缺口冲击强度(相对值)	0.5	弯曲强度/MPa	42～56

1.2.8 PP 成型加工过程中应注意哪些方面？

PP 的熔体黏度低，具有较好的流动性，因而有良好的成型加工性能。但在成型加工过程中应注意以下几方面。

① PP 在高温下对氧的作用十分敏感，在成型加工中有高温氧化倾向，因此，应尽量避免其熔体与空气接触或尽量减少与空气接触的时间；否则，发生高温氧化现象会降低制品的机械强度。同时还应注意避免 PP 熔体与铜接触，以免铜的存在会加快 PP 的氧化降解速率。如果加工或使用中需要与铜接触可加入铜抑制剂，如芳香胺、草酰胺等化合物。

② 成型加工中提高剪切速率和温度均能增加 PP 熔体的流动性，尤以提高剪切速率为显著。PP 熔点为 165～170℃，分解温度（T_d）在 315℃左右。成型加工温度不宜超过其分解温度。

③ PP 具有很强的结晶能力，结晶速率极快。一般等规度越高的 PP，结晶速率越快，结晶度越高；而分子量越大，大分子链扩散越困难，结晶速率减小，结晶度降低。PP 的结晶度高，使其拉伸强度、刚度、硬度、熔点高，成型收缩率大，制品的尺寸稳定性差，且易出现翘曲变形。

由于 PP 的 T_g 低于室温，制品在室温下往往可继续结晶，这种现象称为后期结晶，造成制品后收缩，一般可在成型加工后的 24h 内大部分完成。

成型加工条件对 PP 的结晶度和结晶形态有较大影响，而结晶也影响到制品的最终性能。模具温度低，熔体冷却速率快，结晶度低，制品具有良好的韧性、透明性等，但制品往往易产生内应力。缓慢冷却可获得较高的结晶度，生成的晶体较稳定，内应力较小，但制品的成型收缩率较大，透明性和韧性降低。

④ PP 树脂吸水率很低（<0.04%），成型时一般不需进行干燥，如果颗粒中水分含量过高，可在 80～100℃下干燥 1～2h。

⑤ 熔体弹性大，冷却凝固速率快，中空成型时易使制品产生内应力。

⑥ PP 制品壁厚一般应在 1.0～4.0mm，壁厚应尽量均匀，如果制品厚度有差异，则在

厚薄交界处应设计有过渡区；对于薄而平直的制品，为防止变形，要考虑设置加强筋；PP制品低温下表现出脆性，对缺口很敏感，产品设计时应注意避免出现锐角。

1.2.9　PVC树脂有哪些类型？其规格型号如何表示？

(1) PVC树脂的类型

工业上生产的PVC树脂的类型较多，根据合成方法的不同可把树脂分成悬浮法、乳液法、本体法和溶液法树脂等几种类型。而目前工业上则以悬浮法及乳液法生产的PVC为主，约占PVC总产量80%以上。悬浮法生产的PVC树脂由于在聚合过程中所采用的分散剂不同，其颗粒的结构又可分为疏松型和紧密型树脂两种。通常疏松型树脂表面粗糙，多孔呈棉花球状，断面结构疏松，粒子直径大，一般在$50\sim150\mu m$，在成型过程中易吸收增塑剂及其他助剂，塑化快，有利于成型，因此是成型加工中最常用的树脂。紧密型PVC树脂则刚好相反，表面光滑，呈玻璃球状的无孔实心结构，粒子直径小，一般在$20\sim100\mu m$，吸油慢，塑化慢，不利于成型，故成型加工一般较少应用。

乳液法树脂大多数是糊状物，常称为糊状树脂。乳液法PVC树脂可与增塑剂及其他助剂进行混合制成糊状料，多用于涂刮、浸渍或搪塑等成型加工方法，制成人造革、涂塑窗纱、玩具及电器用具等。

(2) PVC树脂的规格型号表示

PVC聚合时，由于聚合反应条件的不同，可制得不同聚合度和不同分子量的PVC树脂。工业上一般按分子量大小，将PVC树脂分成不同的型号。而我国是以黏数来表征PVC分子量大小，所以是根据黏数的大小划分PVC的型号。我国标准GB/T 5761—2006根据黏数的大小将悬浮法生产的PVC树脂（SG）树脂分为$0\sim9$共10个型号，每个型号都分为三个等级，并对每个型号中不同等级的树脂性能指标作了规定，见表1-23。但不同国家的表征PVC分子量的方法有所不同，欧洲和美国常用K值来表征，日本用平均聚合度表征。K值、平均聚合度、黏数与相对分子量之间的关系见表1-24。所以K值为70的PVC树脂是相当于我国的SG-4型树脂，只是表示方法不同而已。

表1-23　悬浮法通用型聚氯乙烯树脂国家标准（GB/T 5761—2006）

序号	项　目			SG0	SG1			SG2			SG3			SG4		
					优等品	一等品	合格品	优等品	一等品	合格品	优等品	一等品	合格品	优等品	一等品	合格品
1	黏数/(mL/g)			>156	156~144			143~136			135~127			126~119		
	K值			>77	77~75			74~73			72~71			70~69		
	平均聚合度			>1785	1785~1536			1535~1371			1370~1251			1250~1136		
2	杂质粒子数/个		≤	16	30	80	16	30	80	16	30	80	16	30	80	
3	挥发物(包括水)的质量分数/%		≤	0.30	0.40	0.50	0.30	0.40	0.50	0.30	0.40	0.50	0.30	0.40	0.50	
4	表观密度/(g/mL)		≥	0.45	0.42	0.40	0.45	0.42	0.40	0.45	0.42	0.40	0.47	0.45	0.42	
5	筛余物的质量分数/%	250μm 筛孔	≤	2.0	2.0	8.0	2.0	2.0	8.0	2.0	2.0	8.0	2.0	2.0	8.0	
		63μm 筛孔	≥	95	90	85	95	90	85	95	90	85	95	90	85	
6	"鱼眼"数/(个/400cm²)		≤	20	40	90	20	40	90	20	40	90	20	40	90	
7	100g树脂的增塑剂吸收量/g		≥	27	25	23	27	25	23	26	25	23	23	22	20	
8	白度(160℃,10min)/%		≥	78	75	70	78	75	70	78	75	70	78	75	70	
9	水萃取液电导率/[μS/(cm·g)]		≤	5	5	—	5	5	—	5	5	—				
10	残留氯乙烯含量/(μg/g)		≤	30	5	10	30	5	10	30	5	10	30	5	10	30
11	外观			白色粉末												

续表

序号	项目	型号												
		SG5			SG6			SG7			SG8			SG9
		优等品	一等品	合格品	优等品	一等品	合格品	优等品	一等品	合格品	优等品	一等品	合格品	
1	黏数/(mL/g)	118~107			106~96			95~87			86~73			<73
	K 值	68~66			65~63			62~60			59~55			<55
	平均聚合度	1135~981			980~846			845~741			740~650			<650
2	杂质粒子数/个 ≤	16	30	80	16	30	80	20	40	80	20	40	80	
3	挥发物(包括水)的质量分数/%	0.40	0.40	0.50	0.40	0.40	0.50	0.40	0.40	0.50	0.40	0.40	0.50	
4	表观密度/(g/mL) ≥	0.48	0.45	0.42	0.48	0.45	0.42	0.50	0.45	0.42	0.50	0.45	0.42	
5	筛余物的质量分数/%　250μm筛孔 ≤	2.0	2.0	8.0	2.0	2.0	8.0	2.0	2.0	8.0	2.0	2.0	8.0	
	63μm筛孔 ≤	95	90	85	95	90	85	95	90	85	95	90	85	
6	"鱼眼"数/(个/400cm²) ≤	20	40	90	20	40	90	30	50	90	30	50	90	
7	100g树脂的增塑剂吸收量/g ≥	19	17	—	15	15	—	15	—		12	—		
8	白度(160℃,10min)/% ≥	78	75	70	78	75	70	75	70	70	75	70	70	
9	水萃取液电导率/[μS/(cm·g)]								—		—			
10	残留氯乙烯含量/(μg/g) ≤	5	10	30	5	10	30	5	10	30	5	10	30	30
11	外观	白色粉末												

注：SG0、SG9项目指标除残留氯乙烯单体项目外由供需双方协商确定。

表 1-24　黏数、K 值、平均聚合度与平均分子量的关系

K 值	黏数/(mL/g)	平均聚合度	平均分子量/×10⁴
≥74.2	≥143	≥1340	≥8.375
70.3~74.2	127~143	1110~1340	6.9~8.375
68~70.3	117~127	980~1110	6.13~6.9
65.2~68	106~117	850~980	5.13~6.13
62.2~65.2	97~106	720~850	4.5~5.13
58.5~62.2	84~97	590~720	3.69~4.5

和悬浮法 PVC 树脂一样，乳液法 PVC 树脂根据其溶液的黏度不同划分成不同的型号。我国乳液法 PVC 树脂按其稀溶液绝对黏度及树脂增塑糊黏度分为 RH-1-Ⅰ、RH-2-Ⅱ 和 RH-3-Ⅲ 三种型号，各型号对应的黏度和用途见表 1-25。

表 1-25　乳液法 PVC 树脂的型号及用途

型　号	绝对黏度/Pa·s	糊黏度/Pa·s	主要用途
RH-1-Ⅰ	0.00201~0.00204	<3	泡沫塑料、手套、人造革
RH-2-Ⅱ	0.00181~0.002	3~7	人造革、日用品、壁纸
RH-3-Ⅲ	0.0016~0.0018	7~10	窗纱、玩具

PVC 树脂根据其卫生性又可分为普通级和卫生级（无毒 PVC）两种类型。卫生级 PVC 中氯乙烯单体的含量低于 10×10^{-6}，可用于食品及医学等方面用材料。

1.2.10　PVC 树脂应如何选用？

PVC 树脂的型号不同，分子量也不同，在性能上会存在一定的差别，因此在生产中应根据产品性能要求来选择不同型号的树脂。一般 PVC 的黏数越大，平均分子量越高，树脂的力学性能越好，热稳定性越好，成型加工温度也越高，但塑化较困难。为了改善其成型加工性能，需加入较多的增塑剂，用量一般大于 25 质量份，因而这类树脂适用于力学性能要求较高的 PVC 软制品。与此相反，PVC 的黏数小，分子量较低，其力学性能较差，但成型加工容易,可用于成型要求无增塑剂或有少量增塑剂(用量在 5 质量份以下)的 PVC 硬制品。故中空成型硬质制品(如 PVC 管件)时,一般应选用分子量较低、流动性较好的 SG-7 或 SG-8 的 PVC 树脂,黏数$<73mL/g$。

1.2.11　在成型加工过程中应如何提高 PVC 的热稳定性?

PVC 受热时,通常在 $80\sim85℃$(玻璃化温度 T_g)以下为固体,高于此温度后即会开始软化。当温度的升高至 $136℃$(黏流温度 T_f)以上时即会开始熔融,当温度高于 $140℃$ 以后,即会产生大量分解,因此 PVC 受热的稳定性差,在成型或使用过程中,受热或日光的作用都易引起变色,逐渐变黄,再至橙色,后至棕色,最后变成黑色,并伴随着力学性能和化学性能的下降。导致 PVC 热稳定性差的原因主要是由于 PVC 分子中存在不稳定的化学结构,如烯丙基氯原子、支化结构,以及氧、臭氧、力和某些金属离子(如铁、锌)的作用。

由于 PVC 的分解温度低,且与黏流温度相接近,使 PVC 在加工过程中热稳定性差,而难以成型加工。在加工过程中,通常提高 PVC 热稳定性的措施主要有两种:一是在 PVC 树脂的聚合阶段采用调节和控制聚合反应条件、改进工艺过程或与少量其他单体共聚等方法,以改变或减少 PVC 大分子链中的不稳定结构;二是在 PVC 树脂中加入热稳定剂,以抑制和减缓降解。在成型加工过程中主要采用加入热稳定剂的方法来提高 PVC 的分解温度。一般加入热稳定剂后分解温度可达到 $200℃$,但仍不宜采用过高的成型温度,也不宜在高温下停留时间过长,否则会引起 PVC 的过热分解现象。在选用热稳定剂时,应注意以下几方面。

① 普通 PVC 制品,通常以三碱式硫酸铅、二碱式亚磷酸铅、二碱式硬脂酸铅等铅盐类热稳定剂为主,加入一定量的硬脂酸镉、硬脂酸锌、硬脂酸铅、硬脂酸钙等金属皂类热稳定剂为辅,以提高热稳定的效果。热稳定剂的加入量(总份数)为 $5\sim7$ 质量份。目前在 PVC 中采用复合热稳定剂效果更好,且使用方便。如目前市场上的高效铅盐复合稳定剂,晶体粒子很细,在相同用量的情况下,比使用普通热稳定剂的稳定效果更好,其用量一般要低一些,通常用量为 $4\sim5$ 质量份。

② 透明和无毒类的制品一般可选用 Ca/Zn、Ba/Cd 和有机锡热稳定体系,用量一般为 $1\sim3$ 质量份。采用有机锡类稳定剂时,不宜与铅盐和铅皂并用,否则易造成型材污染。

③ 在配方中如果采用 EVA 抗冲改性剂时,不宜用铅盐稳定剂,否则成型加工性较差,制品容易出现粉斑。采用 CPE 抗冲改性剂时,不宜采用锌皂稳定剂。

1.2.12　PVC 成型时有何工艺性能?

PVC 热稳定性差,属于热敏性塑料,成型加工比较困难。其主要的工艺性能如下。

① PVC 在 $60℃$ 以上开始变软,$150℃$ 以上成为黏流态。树脂在 $150℃$ 以上开始分解,并放出大量有刺激性及腐蚀性的气体,虽然添加了热稳定剂,但加工温度很少超过 $200℃$。而且成型过程中不宜采用提高温度的方法来增加熔体的流动性,应采取增大压力和螺杆转速的方法来提高剪切速率,以降低熔体黏度,改善其流动性,但剪切速率不宜过大,否则易引起熔体破裂。

② PVC 熔融塑化速率慢,熔体强度低,易引起熔体流动缺陷,往往需加入加工改性剂来加快树凝胶化速率,提高熔体的流动性,改善制品质量。常用的加工改性剂主要有 ACR、氯化聚乙烯、乙烯/乙酸乙烯酯共聚物、甲基丙烯酸甲酯/丁二烯/苯乙烯共聚物等。尽管添加了加工改性剂、润滑剂等助剂,但其加工性能仍较差。

③ PVC 在成型过程中分解放出的 HCl 对模具和设备有腐蚀作用，故模具和设备应选用耐腐蚀、耐高温的材料来制造。设备的温控系统应指示准确且反应灵敏；设备各部件应成流线型、无死角，螺杆、料筒及模具的表面应经镀铬、氮化处理；螺杆选用渐变式，螺杆前端无止逆环，端部为锥形；喷嘴选择孔径较大的通用型喷嘴或延伸式型喷嘴，并配有加热装置。

④ PVC 吸湿性小，吸水率 $<0.1\%$，如果原料在贮存和运输过程中包装完好，没有被打湿，一般情况下成型前不需干燥处理。如果原料中水分含量较高时可在 $90\sim100℃$ 的热风循环烘箱中，干燥 $1\sim2h$。

⑤ 在成型过程中，如果发现制品上有黄色条纹或黄色斑，应立即采取措施，对料筒进行清洗，切不可继续操作。停机时，应先将料筒内的料全部排完，并用 PS 或 PE 等塑料及时清洗料筒，方可停机。停机后应立即在模具的型腔与流道表面涂油防锈。

1.2.13　如何提高硬质 PVC 制品的抗冲性能？

由于硬质 PVC 材料的刚性和脆性大，使其中空成型加工困难，制品抗冲性差，易出现内应力开裂现，因此在成型加工过程中需加入抗冲改性剂，以改善其冲击韧性，同时还可改善 PVC 的成型加工性能，促进物料的塑化，促进熔体的凝胶化，增强熔体强度。常用的抗冲改性剂主要有 ACR、PE-C、MBS、ABS、EVA 等。ACR 在 UPVC 配方中的主要作用是：控制熔融过程，促进熔体流动，降低塑化温度；促进塑化，提高熔体的均匀性；提高熔体强度和延伸性，避免熔体破裂现象。

ACR 是甲基丙烯酸甲酯与丙烯酸酯接枝共聚物，与 PVC 的相容性好，对 PVC 有良好的抗冲改性效果。ACR 不但可提高硬质 PVC 制品的抗冲性，同时还能使 UPVC 的加工温度降低 $5\sim8℃$，提高物料的塑化速率和塑化质量，降低能耗，提高制品性能均匀性、力学性能、耐热性、尺寸稳定性，并使制品具有良好的外观和光洁度。ACR 目前生产的品种和牌号有多种，不同牌号用途有所不同，见表 1-26，在选用时应注意根据不同的制品和要求选用不同的品种牌号。一般用于抗冲改性时，ACR 的用量在 $4\sim10$ 质量份。用于改善 PVC 的成型加工性能时，用量通常在 $1\sim2.5$ 质量份。ACR 使用时，应在物料温度较低时加入，如果在高温时加入容易产生凝结。

表 1-26　不同牌号 ACR 的用途

国产 ACR 牌号		美国 Rohm 公司 ACR 牌号	
牌　号	用　途	牌　号	用　途
ACR-201	用于挤出、注塑、中空成型，改善成型加工性	K-120N	双螺杆挤出管材、异型材、注塑件
ACR-301	用于挤出、注塑、中空成型，改善成型加工性	K-120D	UPVC 透明片、瓶
		K-125	UPVC 透明片、注塑件
ACR-401	用于挤出、注塑、中空成型，改善成型加工性能，提高冲击韧性	K-175	双螺杆挤出管材

PE-C（氯化聚乙烯）是目前 PVC 抗冲改性剂中最常用的品种，价格最低，与 PVC 树脂有良好的相容性，具有良好的低温抗冲性能，塑化时扭矩低，可降低功率消耗。但塑化较慢，对 PVC 加工性能的改善不明显，且 PE-C 透明性差，用量较多时会降低 PVC 的拉伸强度。PE-C 对硬质 PVC 抗冲改性的效果主要取决于其分子中氯的含量，一般氯含量在 $32\%\sim40\%$ 时效果比较好；在 PVC 中应用最广泛的是含氯量为 36%，通常用量为 $6\sim15$ 质量份。

MBS 对 UPVC 的加工性及抗冲性能都有较好的改善效果，其抗冲性能的改善与分子中丁二烯的含量有关，含量越大，抗冲性越好。又由于 MBS 与 PVC 的折射率相近，因而用

MBS 改性的硬质 PVC 制品具有较高的透明性，弥补了其他大多数改性剂透明性较差的不足，是 PVC 的透明抗冲改性剂。但 MBS 与 PVC 的相容性差，且分子链结构中含有不饱和结构，因此耐候性较差，用于室外应用的制品时应适当加入稳定化助剂，以提高其耐候性能。MBS 一般用于硬质 PVC 透明制品中，用量一般在 5～15 质量份之间，用于成型加工性能改善时则可适当减少用量。

为了提高抗冲改性的效果，通常在生产中采用两种或两种以上的抗冲改性剂，以起到协同效果，如 CPE/ACR、CPE/MBS，复合配比一般为 3：2。

1.2.14 聚对苯二甲酸乙二醇酯的结构和性能有何特点？

(1) 聚对苯二甲酸乙二醇酯的结构特点

聚对苯二甲酸乙二醇酯（PET）是线型聚合物，易于取向，能结晶。大分子结构中含有苯环、酯基、烷基。苯环空间位阻大，内旋转困难，其活动性差，给大分子带来刚性。酯基是极性基团，增大分子间的力并带来吸水性，且酯基与苯环形成共轭体系，增大了分子链内旋转的困难，导致分子刚性大，烷基活动性大，给大分子主链带来一定的柔性，而聚合物综合表现出较大的刚性，韧性较差，抗冲击性不好，具有一定的脆性。

PET 的大分子链虽较为僵硬，但由于其分子对称性较好，苯环均在同一平面上，且体积较大，增大了大分子之间的距离，减小了分子之间的作用力，使 PET 仍能产生结晶，但结晶速率慢，最大结晶速率温度为 190℃，结晶度最大可达到 40%。

(2) 聚对苯二甲酸乙二醇酯的性能特点

① 物理性能　PET 为无色具有一定光泽的透明物质（无定形），或不透明乳白色物质（结晶性），密度分别 $1.30～1.33g/cm^3$、$1.33～1.38g/cm^3$，难以着火和燃烧，但一经燃烧后，离火后仍能继续燃烧，燃烧时会爆成碎片并呈黄色火焰，边缘为蓝色，有小滴落下，发黑烟，放出带微甜味、有刺激性的气体。

② 力学性能　PET 具有一定的脆性，抗冲击性较差，缺口冲击强度为 $4～5kJ/m^2$，拉伸强度约为 73MPa。但玻璃纤维增强后，其拉伸强度、冲击强度可提高一倍以上，30% 玻璃纤维增强 PET 的拉伸强度为 140～160MPa，缺口冲击强度达 $8kJ/m^2$。

③ 受热性能　PET 玻璃化温度 T_g 为 80℃，熔点 T_m 为 250～265℃，脆化温度为 −70℃，长期使用温度为 120℃，短期使用温度可达 150℃，在 −40℃ 的超低温仍具一定的韧性。PET 热变形温度为 85℃，玻璃纤维增强后可达 210℃ 以上

④ 电性能　PET 的电性能优良，即使在高频率下，仍能保持很好的电性能。25℃ 时的体积电阻率为 $10^{18}\Omega \cdot cm$，25℃、$10^6 Hz$ 时的介电常数为 3.0，但在作为高电压材料使用时，PE 的耐电晕性较差。

⑤ 化学性能　PET 不耐浓硫酸、浓硝酸、浓盐酸等。酯基对碱性溶液敏感，特别是氨水，容易发生水解。高温下长期与水接触，也会由于水解而使力学性能急剧下降。加热可溶于某些极性溶剂，如苯酚、三甲酚、苯甲醇等。对于一般无极性的有机溶剂稳定，室温下也可耐某些极性溶剂。

1.2.15 PET 有何成型加工特性？

PET 成型加工的特性主要有以下几点。

① PET 分子主链上含有极性酯基，故具有一定的吸水性，成型温度下酯基会水解使分子量降低，影响制品的性能，所以成型加工前必须进行干燥。干燥温度为 130～150℃。

② PET 的熔点约为 265℃，成型加工温度范围较窄，一般在 270～290℃。当温度达

295～300℃时，熔料会由液态逐渐变成胶状，最后可能形成交联，熔体会出现发黑现象。当温度超过 300℃时，则发生分解，放出 CO、CO_2、乙醛、对苯甲酸等。

③ PET 的结晶速率小，且随分子量的增高而降低。PET 制品的结晶度主要受冷却速率的影响，冷却速率快，结晶度低；冷却速率慢，结晶度大。需提高制品结晶度时，可加入成核剂及结晶促进剂，如氧化锌、碳酸钙等，还有利于加快结晶速率，缩短成型周期。

④ PET 熔体的流动行为表现假塑性。温度对熔体黏度影响不大，剪切速率对其熔体黏度影响较大，成型时应以调节压力来控制其熔体流动性大小，模具设计时可选用点式浇口。

⑤ PET 成型后收缩率较大，一般为 1.8%，加入玻璃纤维增强后可降至 0.2%～1.0%。纯 PET 树脂成型后纵横向收缩差别不大，增强后差异大，一般料流方向为 0.2%，垂直料流方向为 1.0%。另外，成型制品的收缩率也与模具温度及制品厚度有关，模具温度低、制品厚度小时，成型收缩率小；模具温度高，制品厚度大时，成型收缩率也大。

⑥ 由于 PET 分子链刚性较大，结晶和取向温度较高，且分子取向后不易松弛，因此成型后的制品容易残留内应力。为消除内应力，成型后的制品一般需进行后处理。

1.2.16　聚酰胺有哪些类型？聚酰胺类塑料性能如何？

(1) 聚酰胺的类型

聚酰胺（PA、尼龙）的品种很多，按其主链结构可分为脂肪族 PA、半芳香族 PA、全芳香族 PA、含杂环芳香族 PA 等。目前塑料工业中常用的是脂肪族 PA。脂肪族 PA 根据合成原料单体的不同，又可分为聚酰胺 X（PA-X）型 、聚酰胺 XY（PA-XY）型及 PAX_1Y_1/X_2Y_2 型。PA-X 型由氨基酸或相应的内酰胺合成聚酰胺，X 为氨基酸或内酰胺分子中的碳原子数；PA-XY 型是由二元胺和二元酸缩聚成聚酰胺，X 表示二元胺中的碳原子数，Y 表示二元酸中的碳原子数；PAX_1Y_1/X_2Y_2 型由多种二元胺、二元酸或内酰胺进行共缩聚制得的聚酰胺，如 PA-66/610（50∶50）。

(2) 聚酰胺类塑料的性能特征

PA 无毒、无味、不霉烂，具有自熄性，外观为半透明或不透明的乳白色或淡黄色粒料。脂肪族 PA 是典型的线型结构热塑性聚合物，分子量不高，一般不超过 5×10^4。PA 分子中由于含有极性酰氨基，使分子链之间易形成氢键，使 PA 具有较高的机械强度、吸水率和熔点等。吸水率为 0.3%～9.0%，密度一般在 1.02～1.36g/cm³ 之间，随着链节中碳原子数的增加，密度和吸水率下降。

由于 PA 大分子链中极性的酰氨基空间排列规整，分子间作用力强，因而具有较高的结晶能力，结构对称性越高，越易结晶。

PA 是典型的硬而韧聚合物，具有优良的耐疲劳性、耐磨性，PA 对钢的摩擦系数通常在 0.1～0.3 之间。常用 PA 的几种力学性能见表 1-27。PA 的拉伸强度、弯曲强度和硬度随温度和吸水率的增大而降低，冲击强度则明显提高。

表 1-27　常用 PA 的几种力学性能

力 学 性 能	PA-6	PA-66	PA-610	PA-1010	PA-11	PA-12
拉伸强度/MPa	63	80	60	55	55	43
拉伸弹性模量/MPa	—	2900	2000	1600	1300	1800
伸长率/%	130	60	200	250	300	300
弯曲强度/MPa	90	—	90	75	70	—
弯曲模量/MPa	2650	3000	2200	1300	1000	1400
冲击强度(缺口)/(kJ/m²)	3.1	3.9	4.0	4.5	4.1	11.3

PA 分子间作用力大，熔点较高。PA 的熔点通常在 180～280℃ 之间。PA 长期使用温度不宜超过 100℃，一般在 80℃ 左右。若在 100℃ 以上的温度下长期与氧接触会引起其表面缓慢热氧降解，使制品逐渐呈现褐色，丧失使用性能。PA 的线胀系数较大，约为 $12 \times 10^{-5} \text{K}^{-1}$，是金属的 5～7 倍。热导率较低，约为碳钢的 1/200，黄铜的 1/400，因而作为耐磨材料使用时，考虑到摩擦热的排除，一般宜与金属配合使用，或采用油润滑，以避免热量的集聚。此外，加入铜粉或石墨可提高 PA 的散热能力。

PA 在室温下耐稀酸、弱碱和大多数盐类，但强酸和较高浓度的酸及强氧化剂会使其明显受到侵蚀。PA 的耐溶剂性、耐油性优良，能耐烃类、油类及一般溶剂，如四氯化碳、乙酸甲酯、环己酮、苯、四氢呋喃等。但水和醇及其类似的化合物使 PA 产生溶胀，在常温下能与某些溶剂形成氢键而被溶解，如 PA 溶于甲酸、冰醋酸、苯酚、甲酚及氯化钙的甲醇溶液等。

PA 的耐候性一般。PA 制品在室内或不受阳光照射的地方使用，其性能随时间的延长变化不大，但直接暴露在大气中或在热氧的作用下则易于老化，导致制品表面变色，力学性能下降。通常加入炭黑、胺类和酚类稳定剂可明显提高其耐候性，并使耐热性也能得到改善。

PA 的体积电阻率达 $1 \times 10^{13} \sim 8 \times 10^{14} \Omega \cdot \text{cm}$，在低温及低湿度条件下是较好的电绝缘体，但温度及湿度增加时，绝缘性能恶化，因此，PA 不适合作为高频和在潮湿环境下工作的电绝缘材料。

1.2.17 PA 注射成型加工过程中应注意哪些问题？

PA 具有良好的成型加工性能，通过注射成型可加工各种形状复杂、尺寸精度高的制品。但在注射成型加工过程中应注意以下几方面的问题：

① PA 的吸水率较高，因此，成型前必须对树脂进行干燥，使吸水率降低至 0.2% 以下。否则会使熔体黏度下降，制品表面出现气泡、银丝、斑纹，而且力学性能和电性能会显著降低。另外，PA 易出现高温氧化，干燥时应采用真空干燥，干燥温度为 80～100℃，干燥时间为 6～10h。干燥后的物料还应注意保存，阴雨天在空气中暴露时间一般不超过 1h，晴天不超过 3h，以防再吸湿。

② PA 的熔体黏度对温度较敏感，在成型过程中通过温度的控制能有效地调节黏度，使其满足成型加工的要求。

③ PA 的熔程窄，一般在 10℃ 左右，熔融后，熔体黏度低，流动性大，在成型加工中应防止流延和溢边现象的发生。此外，熔融状态的 PA 热稳定性差，易降解和氧化，故应严格控制物料温度和在高温下的停留时间。一般成型加工温度高于 PA 熔点 5～50℃，受热时间不宜超过半小时。

④ PA 的结晶性使其具有较大的成型收缩率，一般为 1.5%～2.5%。同时，由于结晶的不完全性和不均匀性，往往还会导致制品在成型后出现后收缩，产生内应力。这些也是导致 PA 制品尺寸稳定性差的因素。因此，对于使用温度高于 80℃ 或精度要求较高的制品，成型后可以进行退火处理或调湿处理。

⑤ PA 一般多用螺杆式注塑机成型加工，螺杆可采用突变型，螺杆头部应有止逆环，注塑喷嘴应采用自锁式为宜。

⑥ PA 成型制品的壁厚通常为 1.0～3.0mm，最小壁厚不应小于 0.8mm，L/D 约为 200。模具的脱模斜度为 $40' \sim 1.5°$。由于 PA 熔体黏度低，流动性好，在成型中易出现排气不良现象，因此模具应开设排气槽。模具应设有控温装置。

⑦ 由于 PA 的品种较多，各类注塑制品在材料选择上既要注意其共性，又要了解各种品种的特性，根据实际使用环境和条件进行选用。如注射成型的 PA-66 齿轮具有较高的机械强度和刚性，优良的耐磨性、自润滑性、耐疲劳性及耐热性，可在中等负荷、较高温度（100～120℃）、无润滑或少润滑条件下使用；注射成型的 PA-1010 齿轮的机械强度、刚度和耐热性要稍低于 PA-66，但它的吸水率低，具有较好的尺寸稳定性，突出的耐磨性和自润滑性，可在轻负荷、温度不高、湿度波动大、无润滑或少润滑的条件下使用。

1.2.18　工业生产的聚碳酸酯有哪些类型？其型号应如何表示？

(1) 工业生产的聚碳酸酯类型

聚碳酸酯（PC）是一类主链链节含有碳酸酯基的聚合物，通常根据结构单元的组成可分为芳香族、脂肪族和脂肪-芳香族三类。用作工程塑料的品种主要是双酚 A 型的芳香族 PC。

(2) 工业生产的聚碳酸酯型号表示

目前国内聚碳酸酯型号的表示主要是参照行业标准和企业标准。现有的国家化工行业标准 HG/T 3020 中规定了聚碳酸酯的规格型号由五组数字和字母组成：第一组数字和字母表示聚碳酸酯的预定用途或加工方法，以及重要性能或添加剂，聚碳酸酯的预定用途或加工方法代号见表 1-28，其重要性能或添加剂代号见表 1-29；第二组表示聚碳酸酯的黏数，其黏数规定用两位数字代号表示，其黏数范围及代号见表 1-30；第三组是由两位数字代号组成，表示聚碳酸酯的熔体流动速率，其熔体流动速率范围代号见表 1-31；第四组表示聚碳酸酯的简支梁冲击强度，由一位数字代号表示，其简支梁冲击强度范围及代号见表 1-32；第五组表示聚碳酸酯的填料及含量，填料种类及形态规定用英文字母表示，质量含量用两位数字表示，其填料种类及形态代号见表 1-33。如型号为 PC MLR 6109-5 表示：含有光稳定剂和脱模剂，且黏数为 59mL/g，熔体流动速率为 9.5g/10min，简支梁冲击强度（无缺口）为 $65kJ/m^2$ 的模塑用聚碳酸酯。

表 1-28　聚碳酸酯的预定用途或加工方法代号

代号	用途、加工方法	代号	用途、加工方法
B	吹塑	M	模塑
D	圆片制造	Q	压塑
E	挤塑	R	滚塑
F	薄膜挤出	S	烧结
G	一般用	T	扁丝制造
H	涂覆	V	热成型
L	单丝挤出	Z	其他

表 1-29　聚碳酸酯的重要性能或添加剂代号

代号	重要性能、添加剂	代号	重要性能、添加剂
A	加工稳定	N	本色(未加着色剂)
B	防粘连	P	改进冲击性能
C	着色	R	脱模剂
E	可发泡	S	润滑剂
F	阻燃	T	透明的
G	粒料	W	水解稳定的
H	热老化稳定	Y	增加电导率
L	光、天候老化稳定	Z	抗静电
K	可交联的		

表 1-30　聚碳酸酯的黏数范围及代号

代号	黏数范围/(mL/g)	代号	黏数范围/(mL/g)
46	≤46	75	70～80
49	46～52	85	80～90
55	52～58	95	90～100
61	58～64	105	100～110
67	64～70	115	110～120

表 1-31　聚碳酸酯的熔体流动速率范围及代号

代号	熔体质量流动速率范围/(g/10min)	代号	熔体质量流动速率范围/(g/10min)
03	≤3	18	12～24
05	3～6	24	>24
09	6～12		

表 1-32　聚碳酸酯的简支梁冲击强度范围及代号

代号	简支梁冲击强度范围/(kJ/m²)	代号	简支梁冲击强度范围/(kJ/m²)
0	≤10	5	50～70
1	10～30	7	70～90
3	30～50	9	>90

表 1-33　聚碳酸酯的填料种类及形态代号

代号	填料种类	代号	填料形态
B	硼	B	珠状、球状
C	碳	D	粉状
G	玻璃	F	纤维
K	白垩($CaCO_3$)	G	磨碎状
M	矿物、金属	H	晶须状
S	有机合成材料	S	鳞片、薄片状
T	滑石粉	Z	其他
Z	其他		

1.2.19　聚碳酸酯有何性能特点？

(1) 物理性能

PC 是一种无味、无臭、无毒、透明的无定形热塑性聚合物，密度为 $1.2g/cm^3$，吸水率小于 0.2%。燃烧缓慢，离火自熄，燃烧时熔融、起泡，伴有腐烂花果臭气味。PC 可制成透明、半透明和不透明制品。

(2) 力学性能

PC 是典型的硬而韧聚合物，力学性能优良，尤为突出的是它的冲击强度，高出 PA 3 倍，蠕变值很小，疲劳强度和耐磨性一般。但 PC 的刚性大，对缺口较敏感，较易产生内应力而引起应力开裂。

(3) 热性能

PC 的 T_g 较高（约 150℃），熔融温度为 220～230℃，T_d 在 320℃以上，长期工作温度可高达 120℃，短时使用温度可达 140℃；同时它也具有良好的耐寒性，脆化温度低达 −100℃，甚至在 −180℃的低温下，也不会像玻璃那样破碎。

(4) 化学性能

PC室温下能耐无机和有机的稀酸溶液、食盐溶液、饱和的溴化钾溶液、耐脂肪烃、环烷烃及大多数醇类和油类。尤其是耐油性优良，在123℃的润滑油中浸泡3个月，尺寸和重量不发生变化。但是，它不耐碱液、浓硫酸、浓硝酸、王水和糠醛等。PC易于和极性有机溶剂作用。溶解于四氯乙烷、二氯甲烷、1,2-二氯乙烷、三氯甲烷、吡啶、四氢呋喃等溶剂中。PC对于热、氧、大气和紫外线均有良好的稳定性。但长期在室外使用或受强烈光照下，其表面会变暗，失去光泽、泛黄，甚至产生龟裂。

(5) 电性能

PC的电性能优良，介电常数约为3.05×10^6 Hz，体积电阻率为$4 \times 10^{16}\Omega \cdot m$，介电强度为$15 \sim 22kV/mm$。

(6) 光学性能

纯净的PC是无色透明，具有良好的透过可见光的能力，透光率为85%～90%，折射率为1.585～1.587，其透光率与光线的波长、制件厚度有关。2mm厚度的薄板可见光透过率可达90%，制件厚度减小，透过率增大。透光率还与制品的表面光洁度有关，若表面磨毛，则透光率降低。

1.2.20　聚碳酸酯成型加工性能如何？

聚碳酸酯（PC）吸水率不大，通常吸水率在0.18%左右。但由于PC中有酯基，在成型加工温度下（220～300℃）微量的水分就易引起高温水解，放出CO_2等气体，从而使制品产生变色，分子量急剧下降，制品表面出现银丝、气泡等。因此，PC在成型前必须进行干燥，使其水分含量降低到0.03%以下。通常干燥温度应在135℃以下。

PC大分子链刚性大，故其熔体黏度高（温度为240～300℃，黏度为$10^4 \sim 10^5 Pa \cdot s$），其熔体黏度受剪切速率的影响较小，但对温度变化敏感。因此，成型加工中常用温度来调节熔体的流动性，并需采用较高的成型压力。

PC熔体冷却时收缩均匀，成型收缩率小，一般在0.4%～0.8%的范围内，可制得尺寸精度较高的制品。

PC刚性大，流动性差，成型过程中制品易产生内应力，因此成型后的制品通常需热处理，以减小PC制品的内应力，同时还可提高其尺寸稳定性和耐环境应力开裂性，提高其拉伸强度、弯曲强度、硬度和热变形温度等。通常PC制品的热处理的温度为110～135℃。但需注意的是PC热处理后由于结晶增多易导致其冲击强度降低。

1.2.21　塑料中添加增塑剂的作用是什么？

增塑剂是为了改善塑料的可塑性，提高其柔韧性而加入塑料中的低挥发性物质。增塑剂通常为高沸点、低挥发的液体，或低熔点的固体，其分子中大都具有极性和非极性两部分。极性部分常由极性基团所构成，非极性部分为具有一定长度和体积的烷基。极性基团主要有酯基、氯原子和环氧基等。

增塑作用是由于聚合物材料中大分子链间的聚集作用被削弱而造成的。增塑剂分子插入到聚合物分子链之间，削弱了聚合物分子链间的作用力，结果增大了聚合物分子链的移动性，降低了聚合物分子链的结晶度，从而使聚合物的塑性增加。具体地讲，就是增塑剂分子插入到聚合物分子之间，削弱了大分子间的作用力，从而达到增塑目的。由于聚合物分子间的作用力下降，同时也会降低聚合物的熔融温度和熔体黏度，从而改善其成型加工性能，在使用温度范围内，赋予塑料制品柔韧性。

例如，采用邻苯二甲酸二辛酯（DOP）增塑PVC，在温度升高时，DOP分子插入到PVC分子链间，一方面DOP的极性酯基与PVC的极性基团"相互作用"，彼此能很好地互溶，不相排斥，从而使PVC大分子间作用力减弱，塑性增加；另一方面，DOP的非极性烷基夹在PVC分子链间，把PVC的极性基遮蔽起来，也减小了PVC分子链间的作用力。这样，在成型加工时，链的移动就变得比较容易，流动性增加。

1.2.22 何谓增塑剂的增塑效率？如何判断增塑剂与树脂相容性的好坏？

(1) 增塑剂的增塑效率

增塑剂的增塑效率是指使树脂达到某一柔软程度时，各种增塑剂的用量比。增塑效率是一个相对值，它可以用来比较各增塑剂的增塑效果。对于PVC的增塑剂通常是以DOP为基准得到相对效率比值。由于增塑剂中极性部分和非极性部分的结构不同，因而对等量树脂的增塑效率就不同。在一般在同样的条件下，改变定量树脂的定量物理性能指标（T_g、弹性模量等）所需加入增塑剂的量越少，说明增塑效率越高。

例如使100质量份PVC树脂在温度为25℃的条件下，伸长率达100%，模量达7.031MPa时，癸二酸丁二酯用量为49.5质量份，环氧大豆油用量为78质量份，邻苯二甲酸二辛酯用量为63.5质量份，癸二酸丁二酯与邻苯二甲酸二辛酯的用量比为0.78，环氧大豆油与邻苯二甲酸二辛酯用量比为1.23，故癸二酸丁二酯的增塑效率最高，环氧大豆油增塑效率最低。

(2) 增塑剂的相容性

增塑剂的相容性是增塑剂与树脂相混合时，不产生相斥分离的能力。增塑剂与树脂的相容性与增塑剂本身的极性及其两者的结构相似性有关。通常，极性相近、结构相似的增塑剂与被增塑树脂的相容性好。通常增塑剂与树脂的相容性可用简单的"极性相似相容"原则衡量。即树脂与增塑剂的溶解度参数δ值相近，则相容性好。

例如PVC属于极性聚合物，其增塑剂多选用含酯基结构的极性化合物。PVC的δ值约为19.2$(MJ/m^3)^{1/2}$，而邻苯二甲酸二丁酯增塑剂的δ值约19.0$(MJ/m^3)^{1/2}$（常用树脂与增塑剂的δ值可查阅相关资料或手册），两者δ值相近，因而两者相容性好，通常可用于主增塑剂。而环氧化合物、脂肪族二元酸酯、聚酯及氯化石蜡等与PVC的δ值相差较大，因而相容性差，只能作为PVC的辅助增塑剂使用。

1.2.23 增塑剂常用的类型有哪些？各有何特性？

(1) 常用增塑剂类型

增塑剂品种很多，常用的增塑剂类型主要有邻苯二甲酸酯类、脂肪族二元酸酯类、磷酸酯类、环氧化合物、含氯化合物、柠檬酸酯类等。

(2) 增塑剂的特性

① 邻苯二甲酸酯类 邻苯二甲酸酯（PAE）类增塑剂是目前应用最为广泛的一类主增塑剂。它具有色浅、低毒、品种多、电性能好、挥发性小、耐低温等特点，具有比较全面的综合性能。常用的是邻苯二甲酸二辛酯（DOP）。它是一个带有支链的醇酯，具有良好的综合性能，挥发性低，耐热性、耐久性好，增塑效率适中，具有良好的加工性能，应用广泛，产量最大。由于DIOP和DIDP挥发性低，耐热性好，因此用量不断增长。而邻苯二甲酸二丁酯（DBP）因其挥发性较大，耐久性较差，近年来在PVC工业中单独使用较少，但在黏合剂和乳胶漆中用作增塑剂逐渐增多。几种常用的邻苯二甲酸酯类增塑剂品种及性能见表1-34。

表1-34　几种常用的邻苯二甲酸酯类增塑剂品种及性能

化学名称	简称	分子量	外观	沸点/℃(mmHg)	凝固点/℃	闪点/℃
邻苯二甲酸二丁酯	DBP	278	无色透明液体	340(760)	−35	170
邻苯二甲酸二辛酯	DOP	390	无色油状液体	387(760)	−55	218
邻苯二甲酸二正辛酯	DnOP	390	无色油状液体	390(760)	−40	219
邻苯二甲酸二异辛酯	DIOP	391	无色黏稠液体	229(5)	−45	221

注：1mmHg=133.32Pa

② 脂肪族二元酸酯类　脂肪族二元酸酯类增塑剂的碳原子总数一般在18～26之间，以保证它与树脂具有良好的相容性和低温挥发性。此类增塑剂的低温性能优于DOP，是一类优良的耐寒型增塑剂。在商业化品种中，耐寒性最佳者当属DOS。常用的主要有癸二酸二辛酯、己二酸二辛酯和壬二酸二辛酯等。

癸二酸二辛酯（DOS）为油状液体，不溶于水，溶于醇，为优良的耐寒增塑剂，无毒，挥发性低，还可在较高的温度下使用，主要用于PVC、氯乙烯共聚物、纤维素树脂的耐寒增塑剂。因有较好的耐热、耐光和电性能，加之增塑效率高，故适用于耐寒电线、电缆料、人造革、薄膜、板材、片材等。但由于迁移性大，易被烃类抽出，耐水性也不理想，常作辅助增塑剂，与DOP、DBP并用。

己二酸二辛酯（DOA）为PVC、纤维素树脂的典型耐寒增塑剂，增塑效率高，受热不易变色，耐低温和耐光性好，在挤出和压延成型中有良好的润滑性，使制品有良好的手感。但因易挥发、迁移性大，电性能差，使它只能作为辅助增塑剂与DOP、DBP等并用。

壬二酸二辛酯（DOZ）为乙烯基树脂及纤维素树脂的优良耐寒增塑剂。其耐寒性比DOA好，由于它黏度低，沸点高，挥发性小，以及优良的耐热、耐光及电绝缘性等，加上增塑效率高，制成的增塑糊黏度稳定，所以广泛用于人造革、薄膜、薄板、电线和电缆护套等。但价格也比较昂贵，使其应用受到限制。

③ 磷酸酯类　磷酸酯类增塑剂与PVC树脂的相容性好，可作主增塑剂使用。除具有增塑作用外，磷酸酯还具有阻燃作用，是良好的阻燃增塑剂。磷酸三辛酯不溶于水，易溶于矿物油和汽油，能与PVC、氯乙烯-醋酸乙烯酯树脂（VC-VA）、硝酸纤维素相容，具有阻燃和防霉作用，耐低温性能好，使制品的柔性能在较宽的温度范围内变化不明显。但通常迁移性、挥发性大，加工性能不及磷酸三苯酯，可作辅助增塑剂与邻苯二甲酸酯类并用，常用于PVC薄膜、PVC电缆料、涂料以及合成橡胶和纤维素塑料。

磷酸三甲苯酯不溶于水，能溶于普通有机溶剂及植物油，可与纤维素树脂、PVC、氯乙烯共聚物相容。一般用于PVC人造革、薄膜、板材、地板料以及运输带等。其特点是阻燃，水解稳定性好，耐油、耐霉菌性好，电性能优良，但有毒，耐寒性差，可与耐寒性增塑剂配合使用。

常用的磷酸酯类增塑剂的品种及性能见表1-35。

表1-35　常用的磷酸酯类增塑剂的品种及性能

化学名称	简称	分子量	外观	沸点/℃(Pa)	凝固点/℃	闪点/℃
磷酸三丁酯	TBP	266	无色液体	137～145(533)	−80	193
磷酸三辛酯	TOP	434	无色液体	216(533)	<−90	216
磷酸三苯酯	TPP	326	白色针状结晶	370(101324)	49	225
磷酸三甲苯酯	TCP	368	无色液体	235～255(533)	−35	230

④ 环氧化合物　环氧化合物增塑剂分子中含有环氧基团。由于它能吸收HCl，起到稳定剂的作用，所以环氧化合物是一类对PVC具有增塑和稳定双重作用的增塑剂。它的耐候

性好，但与聚合物的相容性差，通常只作为辅助增塑剂。此外，环氧增塑剂毒性低，可用于食品和医药品的包装材料。其代表品种有环氧大豆油（ESO）、环氧大豆油酸 2-乙基己酯（ESBO）、环氧硬脂肪酸 2-乙基己酯（ED-3）、环氧硬脂酸辛酯（EOST）、环氧四氢邻苯二甲酸辛酯等。

⑤ 含氯化合物　含氯化合物是一类增量剂，主要为氯化石蜡、五氯硬脂酸甲酯等。它们与 PVC 的相容性较差，一般热稳定性也不好，但有优良的电绝缘性和阻燃性，成本低廉，因此常用在电线电缆的配方中。其中氯化石蜡的表示方式为：CP-xx，xx 为含氯量，如 CP-52、CP-42 分别表示其中的含氯量为 52% 和 42%。

⑥ 柠檬酸酯类　此类增塑剂主要包括柠檬酸酯及乙酰化柠檬酸酯，为典型的无毒型增塑剂，可用于食品包装、医疗器械、儿童玩具以及个人卫生用品等方面。在无毒增塑剂中，柠檬酸酯类无论从价格还是从效果上看，均可算是一种较经济的增塑剂。由于无气味，因此可用于较敏感的乳制品包装、饮料的瓶塞、瓶装食品的密封圈等。从安全角度考虑，更宜适用于软质儿童玩具。柠檬酸酯对多数树脂具有稳定作用，所以除具有无毒的性能外，也可作为一种良好的通用型增塑剂。

1.2.24　热稳定剂的作用是什么？热稳定剂主要有哪些类型？

（1）热稳定剂的作用

热稳定剂是以改善聚合物热稳定性为目的而添加的助剂。由于 PVC 的热稳定性差，是生产中最需要解决的问题，其热稳定剂的应用最为普遍，因此通常所说的热稳定剂即专指 PVC 及氯乙烯共聚物使用的热稳定剂。

由于 PVC 大分子在受热时易于脱除氯化氢，形成共轭多烯结构，且在初始阶段所形成的氯化氢和其共轭多烯结构都能进一步促进 PVC 继续进行热分解，从而形成连锁降解反应。因而 PVC 热分解脱除氯化氢的反应一旦开始，就会使得进一步脱除氯化氢的反应变得更为容易。

热稳定剂通常能吸收（捕捉）PVC 分解形成的氯化氢及高活性金属氯化物（$ZnCl_2$ 或 $CdCl_2$ 等），以消除所有对链断裂分解反应具有催化作用的物质；或能通过置换 PVC 中烯丙基氯原子和双键等结构，而得到更为稳定的化学键，以消除分子链中热分解的引发源，减少脱除氯化氢的反应，而防止或延缓 PVC 的热分解。

（2）热稳定剂类型

热稳定剂的品种繁多，其分类比较复杂，按热稳定剂的化学组成来分可分为碱式铅盐、金属皂、有机锡、亚磷酸酯、环氧化合物、稀土类热稳定剂及复合热稳定剂等。通常碱式铅盐类、金属皂类和有机锡类、稀土类热稳定剂属于主热稳定剂，而亚磷酸酯类、环氧化合物类等为辅助热稳定剂。

① 碱式铅盐类　碱式铅盐类是带有未成盐的氧化铅（PbO，或称为盐基）的无机酸或有机酸的铅盐。常用的品种有三碱式硫酸铅、二碱式亚磷酸铅、碱式亚硫酸铅、二碱式邻苯二甲酸铅、三碱式马来酸铅、二碱式硬脂酸铅和碱式碳酸铅（铅白）等。由于 PbO 本身具有很强的吸收氯化氢的能力，因此该类稳定剂通常可作为主热稳定剂使用。由于 PbO 带有黄色，故一般不用 PbO 而用呈白色的碱式铅盐作热稳定剂。

碱式铅盐类热稳定剂的长期热稳定性好，电气绝缘性好；具有白色颜料的性能，覆盖力大，因此耐候性好；可作为发泡剂的活化剂；价格低廉。但其缺点也较明显：所得制品透明性差，毒性大，分散性差，易发生硫化污染。由于分散性差，密度大，所以其用量也较大，常达 2～7 质量份。

碱式铅盐是目前应用最为广泛的热稳定剂。其中三碱式硫酸铅（常简称为三盐）和二碱式亚磷酸铅（常简称为二盐）最为常用。由于它们的透明性差，所以主要用于管材、板材等硬质不透明 PVC 制品以及电线包覆材料等方面。

② 金属皂类 金属皂是指高级脂肪酸的金属盐。作为 PVC 热稳定剂的金属皂则主要是硬脂酸、月桂酸和棕榈酸的钡、镉、铅、钙、锌、镁、锶等金属盐（MSt）。

金属皂类热稳定剂的作用主要表现在它能置换出 PVC 分子链中的活性氯原子。金属皂的外观多为白色粒状或白色微细粉末，大多数可用于透明制品。金属皂类热稳定剂一般不单独使用，常需几种皂和其他热稳定剂配合作用，在配方中，金属皂的用量一般为 1～3 质量份。镉、锌皂的初期耐热性好，而钡、钙、镁、锶皂的长期耐热性好，铅皂则介于中等。铅、镉皂的润滑性好，钡、钙、镁、锶皂则较差。酸根对润滑性也有影响，脂肪族较芳香族好，而对于脂肪族羧酸而言，碳链越长则润滑性越好。钡、钙、镁、锶皂容易产生压析现象，而锌、镉、铅皂的耐压析性较好。一般来说，脂肪酸皂的压析性较芳香羧酸盐高，对于脂肪酸皂而言，碳链越长，压析现象越严重。由于铅、镉皂的毒性大，且有硫化污染，所以在无毒配方中多用钙、锌皂；在耐硫化污染配方中则多用钡、锌皂。

③ 有机锡类 有机锡类热稳定剂具有高度的透明性，突出的耐热性，低毒，耐硫化污染。主要有下列三种类型：脂肪酸盐类、马来酸盐类、硫醇盐类有机锡及复合有机锡等类型。

脂肪酸盐类有机锡常用品种有二月桂酸二（正）丁基锡（DBTL）、二月桂酸二（正）辛基锡（DOTL）等。DBTL 为淡黄色的油状液体或半固体，熔点为 20～27℃，是有机锡类热稳定剂中使用最早的品种之一，其润滑性和成型加工性优良，耐候性和透明性也较好，但前期色相较差，有毒，用量一般为 1%～3%。DOTL 的含锡量较低，故热稳定效率较 DBTL 低，但成型加工容易，且无毒，可准许用作食品包装材料，用量一般不超过 2%。

马来酸盐类有机锡主要是指二烷基锡马来酸盐、二烷基锡马来酸单酯盐以及聚合马来酸盐，常用品种主要有马来酸二正丁基锡（DBTM）、马来酸二正辛基锡（DOTM）等。此类热稳定剂的特点是耐热性和耐候性良好，能防止初期着色，有高度的色调保持性，但缺乏润滑性，需与润滑剂并用。由于有起霜现象，故用量必须在 0.5% 以下。

硫醇盐类有机锡具有突出的耐热性和良好的透明性，没有初期着色性，特别适用于硬质透明制品，还能改善由于使用抗静电剂所造成的耐热性降低的缺点。但价格昂贵，耐候性比其他有机锡差，且不能和含铅、镉的热稳定剂并用。常用的品种主要是双（硫代甘醇酸异辛酯）二正辛基锡（京锡 8831）、硫醇甲基锡。

④ 稀土类热稳定剂 稀土类稳定剂是由我国开发的一种新型热稳定剂。稀土元素包括原子序号从 57～71 的 15 个镧系元素以及与其相近的钇、钪共 17 个元素。稀土稳定剂的热稳定性与京锡 8831 相当，好于铅盐与金属皂类，是铅盐的三倍及 Ba/Zn 复合稳定剂的 4 倍；它无毒，透明，价廉，可以部分代替有机锡类热稳定剂而广泛应用，其用量为 3 质量份左右。

稀土热稳定剂可以是稀土的氧化物、氢氧化物及稀土的有机弱酸盐（如硬脂酸稀土、脂肪酸稀土、水杨酸稀土、柠檬酸稀土、酒石酸稀土及苹果酸稀土等）。其中以稀土氢氧化物热稳定效果最好，稀土有机酸中的水杨酸稀土要好于硬脂酸稀土。硬脂酸稀土（RESt）类似于硬脂酸钙，具有长期型热稳定剂的特征，优于传统的锌皂和钙皂，但亚于有机锡的热稳定性能。硬脂酸稀土兼具润滑性、加工助剂以及光稳定剂的作用，是无毒、透明、长期型的热稳定剂。不同类型硬脂酸稀土热定剂的热稳定效果顺序为：硬脂酸镧＞硬脂酸钕＞硬脂酸钇＞硬脂酸镝。

⑤ 亚磷酸酯类　亚磷酸酯作为辅助热稳定剂，与金属皂类配合使用时，能提高制品的耐热性、透明性、耐压析性、耐候性等使用性能。在 PVC 中主要使用烷基芳基亚磷酸酯，其作用是螯合金属离子、置换烯丙基氯、捕捉氯化氢，兼具分解过氧化物和与多烯加成的作用。亚磷酸酯是过氧化物分解剂，故在聚烯烃、ABS、聚酯与合成橡胶中广泛用于辅助抗氧剂。

亚磷酸酯广泛用于液体复合热稳定剂中，一般添加量为 10%～30%；用于农业薄膜、人造革等软质制品中，用量为 0.3～1 质量份；在硬质制品中用量为 0.3～0.5 质量份。

⑥ 环氧化合物类　作为辅助热稳定剂的主要是增塑剂型环氧化合物。常用品种有环氧大豆油、环氧硬脂酸酯、环氧四氢邻苯二甲酸酯和缩水甘油醚等。环氧化合物与金属皂、铅盐、有机锡类等热稳定剂配合使用时具有良好的协同效果。特别是与镉/钡/锌复合稳定剂并用时效果尤为突出。

⑦ 复合热稳定剂类　所谓复合热稳定剂是指有机金属盐类、亚磷酸酯、多元醇、抗氧剂和溶剂等多组分的混合物，一般呈液状。使用复合热稳定剂具有方便、清洁、高效的优点。金属皂类热稳定剂是复合热稳定剂的主体成分。如镉/钡/锌皂（通用型）、钡/锌皂（耐硫化污染型）、钙/锌皂（无毒型）以及钙/锡皂和钡/锡皂复合物等复合热稳定剂。复合热稳定剂中常用的亚磷酸酯有亚磷酸三苯酯、亚磷酸一苯二辛酯、亚磷酸三异辛酯和三壬基苯基亚磷酸酯等。

1.2.25　抗氧剂的作用是什么？常用抗氧剂有哪些类型？

(1) 抗氧剂的作用

抗氧剂是能阻止聚合物自动氧化的进行，提高塑料材料的抗氧化能力的一种塑料助剂。抗氧剂是可以与聚合物产生自由基反应，而终止聚合物在氧化过程中产生的自由基链的传递和增长，或能与氧化过程中产生的过氧化物反应并生成稳定化合物的物质，阻止或延缓氧化老化过程中自由基的产生，而达到抗氧化目的，以延长塑料制品的使用寿命。

(2) 抗氧剂的类型

塑料抗氧剂的类型有很多，常用的抗氧剂主要是酚类、胺类、硫代酯类、亚磷酸酯类和金属螯合剂等，其中以酚类为主。

① 酚类抗氧剂　大多数酚类抗氧剂具有受阻酚的化学结构，它包括烷基单酚、烷基多酚和硫代双酚等类型。酚类抗氧剂一般为低毒或无毒，具有优异的不变色性、无污染。

烷基单酚抗氧剂分子内部只有一个受阻酚单元。一般来说，分子量较小，因此挥发性和抽出性都比较大，故抗老化能力弱，只能用在要求不高的制品中。常用的品种有抗氧剂 264 和抗氧剂 1076。抗氧剂 264 是各项性能都优良的通用型抗氧剂，不变色，无污染，可用于 PE、PVC、PP、PS、ABS 及聚酯塑料中，尤其适用于白色或浅色制品及食品包装材料，用量一般小于 1%。但其分子量低，挥发性大，不适合用于加工或使用温度高的塑料中。抗氧剂 1076 的分子量大，挥发性低于抗氧剂 264。

烷基多酚抗氧剂中分子内有两个或两个以上的受阻酚单元，因而其分子量增加，挥发性降低。另外，增加了阻碍酚在整个分子中所占的比例，提高了其抗氧效能。常用的品种有抗氧剂 CA、抗氧剂 330、抗氧剂 1010 等。抗氧剂 2246 具有优良的抗氧性能，无污染，同时由于分子量大，挥发性小，可用于浅色或彩色制品，用量一般低于 1%。

抗氧剂 CA 为三元酚抗氧剂，是较为常用的塑料抗氧剂，熔点在 185℃以上，主要用于 PP、PE、PVC、ABS 等塑料中，用量一般为 0.02%～0.5%。抗氧剂 CA 与 DLTP 以 1:1 并用，可产生协同效应。抗氧剂 330 也是一种三元酚抗氧剂，高效，无污染，低挥发，加工稳定，无毒，可用于食品包装制品。该产品广泛用于 HDPE、PP、PS、POM 及合成橡胶制品中，用量一般为 0.1%～0.5%。

抗氧剂 1010 是一种性能优良的四元酚抗氧剂，挥发性极小，无污染，无毒，可用作无污染性高温抗氧剂，在塑料中有广泛应用。

硫代双酚类抗氧剂具有不变色、无污染的优点，其抗氧性能类似于烷基双酚，但同时它还具有分解过氧化物的功效，从而抗氧效率较高。该产品与紫外线吸收剂炭黑有着良好的协同效应。常用的品种有 4,4′-硫代双(6-叔丁基-3-甲基苯酚)(即抗氧剂 300) 与 2,2′-硫代双(6-叔丁基-4-甲基苯酚)(即抗氧剂 2246-S)。抗氧剂 300 的熔点在 160℃ 以上，耐热性优良，不变色，污染性低，主要用于聚烯烃塑料，用量一般为 0.5%～1%。抗氧剂 2246-S 主要作无污染、不变色的抗氧剂，用于聚烯烃制品中，其用量一般为 1.5%～2%。

② 胺类抗氧剂　胺类抗氧剂是一类具有良好应用效果的抗氧剂。它对氧、臭氧的防护作用很好，对热、光、铜害的防护作用也很突出。主要用于橡胶制品，如电线、电缆、机械零件等。但由于具有较强的变色性和污染性，故在塑料中应用要特别注意。常用的品种有防老剂 A、防老剂 D、防老剂 H 等。

③ 硫代酯类抗氧剂　硫代酯类抗氧剂是优良的辅助抗氧剂，通常可与酚类抗氧剂并用，产生协同效应。主要有抗氧剂 DLTP 和 DSTP（硫代二丙酸双十八酯）两个品种。抗氧剂 DLTP 广泛用于 PP、PE、ABS、橡胶及油脂等材料，用量一般为 0.1%～1%。抗氧剂 DSTP 的抗氧效果较 DLTP 好，与主抗氧剂 1010、1076 等并用有生协同效应，可用于 PP、PE、合成橡胶与油脂等方面。

④ 亚磷酸酯　亚磷酸酯类是一种辅助抗氧剂，通常可与酚类主抗氧剂并用，具有良好的协同效应，在 PVC 中还是常用的辅助热稳定剂。常用品种主要有亚磷酸三壬基苯酯（抗氧剂 TNP）、亚磷酸三(2,4-二叔丁基苯酯)（抗氧剂 168）和亚磷酸二苯一辛酯（DPOP）等。抗氧剂 TNP 无污染，无毒，常与酚类抗氧剂并用。在塑料工业中，可用于 HIPS、PVC、PUR 等材料中，用量一般为 0.1%～0.3%。抗氧剂 168 和亚磷酸二苯一辛酯（DPOP）主要用于聚烯烃、PVC 等塑料中，与酚类抗氧剂、金属皂类稳定剂并用，可显著提高其应用性能。抗氧剂 168 是目前广泛使用的复合抗氧剂的重要组分。

⑤ 金属螯合剂　金属螯合剂是较为重要的辅助抗氧剂，也曾称其为铜抑制剂。常用的品种主要有 N-亚水杨基-N′-水杨酰肼、N,N′-二苯基草酰胺及其衍生物等。N-亚水杨基-N′-水杨酰肼为淡黄色粉末，熔点为 281～283℃，常用作聚烯烃的铜抑制剂，用量一般为 0.1%～1%。N,N′-二乙酰基己二酰基二酰肼为白色粉末，熔点为 252～257℃，主要用作聚烯烃的金属离子钝化剂。常与酚类抗氧剂或过氧化物分解剂（如 DLTP、亚磷酸酯）并用，用量一般为 0.3%～0.5%。

1.2.26　光稳定剂的作用是什么？常用的光稳定剂有哪些类型？

(1) 光稳定剂的作用

光稳定剂的作用主要有以下几个方面。

① 能够反射或吸收高能量的紫外线，在聚合物与光源之间设立了一道屏障，使光在达到聚合物的表面时就被反射或吸收，阻碍了紫外线深入聚合物内部，从而有效地抑制了制品的老化。

② 能强烈地、选择性地吸收紫外线，并以能量转换形式，将吸收的能量以热能或无害的低能辐射释放出来或消耗掉，从而防止聚合物的发色团吸收紫外线能量随之发生激发。

③ 分解氢过氧化物的非自由基，阻止引发分子链降解及产生过氧化物。

④ 转移聚合物分子因吸收紫外线后所产生的激发态能，从而阻止过氧化物的产生。

⑤ 通过捕获自由基、分解过氧化物、传递激发态能量等多种途径，赋予聚合物高度的稳定性。

（2）光稳定剂类型

光稳定剂根据稳定机理的不同，一般可分为光屏蔽剂、紫外线吸收剂、光猝灭剂和自由基捕获剂四大类型。

① 光屏蔽剂　又称为遮光剂，常用品种主要有炭黑、二氧化钛、氧化锌等。其中，炭黑可吸收可见光和部分紫外光；而 TiO_2 与 ZnO 为白色颜料，对光线有反射作用。炭黑的效力最大，如在 PP 中加入 2% 的炭黑，寿命可达 30 年以上。

② 紫外线吸收剂　紫外线吸收剂是目前应用最广的光稳定剂。工业上应用最多的品种主要有二苯甲酮类、水杨酸酯类和苯并三唑类等。二苯甲酮类是目前应用最广的一类紫外线吸收剂，它对整个紫外光区几乎都有较慢的吸收作用，其中应用最为广泛品种是 UV-9 和 UV-531。

UV-9 能有效吸收 290～400nm 的紫外线，但几乎不吸收可见光，故适用于浅色透明制品。本品对光、热稳定性良好，在 200℃ 时不分解，但升华损失较大，可用于涂料和各种塑料。对软 PVC、UPVC、PS、丙烯酸酯类树脂和浅色透明木材家具特别有效，用量为 0.1～0.5 质量份。

UV-531 能强烈吸收 300～375nm 的紫外线，与大多数聚合物相容，特别是与聚烯烃有很好的相容性，挥发性低，几乎无色。主要用于聚烯烃、PS、纤维素塑料、聚酯、PA 等塑料，用量为 0.5 质量份左右。

水杨酸酯类可在分子内形成氢键，其本身对紫外线的吸收能力很低，而且吸收的波长范围极窄，但在吸收一定能量后，由于发生分子重排，形成了吸收紫外线能力很强的二苯甲酮类结构，从而具有光稳定作用，也称为先驱型紫外线吸收剂。主要品种有水杨酸对-叔丁基苯酯（UV-TBS）和双水杨酸双酚 A 酯（UV-BAD）。

苯并三唑类对紫外线的吸收范围较广，可吸收 300～400nm 的光，而对 400nm 以上的可见光几乎不吸收，因此制品不会带色，热稳定性优良，但价格较高，可用于 PE、PP、PS、PC、聚酯、ABS 等制品。常见的苯并三唑类紫外线吸收剂有 UV-P、UV-326 等。

UV-P 能吸收波长为 270～380nm 的紫外线，几乎不吸收可见光，初期着色性小，主要用于 PVC、PS、UP、PC、PMMA、PE、ABS 等制品，特别适用于无色透明和浅色制品。用于薄制品一般添加量为 0.1～0.5 质量份，用于厚制品为 0.05～0.2 质量份。

UV-326 能有效吸收波长为 270～380nm 的紫外线，稳定效果很好。对金属离子不敏感，挥发性小，有抗氧作用，初期易着色。主要用于聚烯烃、PVC、UP、PA、EP、ABS、PUR 等制品。

③ 光猝灭剂　光猝灭剂又称减活剂或消光剂，或称激发态能量猝灭剂。这类稳定剂本身对紫外线的吸收能力很低（只有二苯甲酮类的 1/20～1/10）。在稳定过程中不发生较大的化学变化。光猝灭剂主要是金属络合物，如镍、钴、铁的有机络合物。其代表品种有光稳定剂 AM-101〔硫代双（4-叔辛基酚氧基）镍〕和光稳定剂 1084〔2,2′-硫代双（4-叔辛基酚氧基）镍-正丁胺络合物〕。光猝灭剂大多用于薄膜和纤维，在塑料厚制品中很少用。在实际应用中，常和紫外线吸收剂并用，以起协同作用。

④ 自由基捕获剂　自由基捕获剂是受阻胺类光稳定剂（HALS），几乎不吸收紫外线，但可清除自由基、切断自动氧化链式反应的进行，赋予聚合物高度的稳定性，是目前公认的高效光稳定剂。其主要品种有 LS-744、LS-770、GW-540 等。

LS-744 与聚合物有较好的相容性，不着色，耐水解，毒性低，不污染，耐热加工性良好。其光稳定效率为一般紫外线吸收剂的数倍，与抗氧剂和紫外线吸收剂并用，有良好的协同作用。作为光稳定剂，适用于 PP、PE、PS、PUR、PA 等多种树脂。

　　LS-770 的光稳定效果优于目前常用的光稳定剂。它与抗氧剂并用，能提高耐热性能，与紫外线吸收剂并用，有协同作用，能进一步提高耐光效果；与颜料配合使用，不会降低耐光效果。广泛用于 PP、HDPE、PS、ABS 等中。

　　GW-540 与聚烯烃有良好的相容性，同时具有突出的光防护性能。由于分子中含有亚磷酸酯结构，具有过氧化物分解剂的基团，因而具有一定的抗热氧老化作用。广泛应用于 LDPE、PP 等树脂，用量一般为 0.3～0.5 质量份。

1.2.27 塑料填料有何作用？塑料用的填料应具备哪些性能？

(1) 填料的作用

　　塑料填料是为了降低成本或改善性能等在塑料中所加入的惰性物质。按照其在塑料中的主要功能可分为填充剂和增强材料。

　　填充剂是一类以增加塑料体积、降低制品成本为主要目的填料，常称为增量剂。廉价的填充剂不但降低了塑料制品的生产成本，而且一些填充剂的应用还可赋予或提高制品某些特定的性能，如尺寸稳定性、刚性、遮光性和电气绝缘性等，提高了树脂的利用率，同时也扩大了树脂的应用范围。填充剂经表面处理后不但容易与树脂混合，提高塑料的加工性能，而且具有一定程度的增强作用。

　　增强材料是指加入到塑料中能使塑料制品的力学性能显著提高的填料，一般为纤维状物质或其织物，常称为增强剂。一般情况下，在树脂中配以适量的增强材料能使塑料的机械强度（如冲击强度、弹性模量、刚性等）成倍提高；同时可使制品的尺寸稳定性提高，收缩率降低，热变形减少。

(2) 填料应具备的性能

　　塑料用填料通常应具备的性能主要有以下几种。

　　① 价格低廉；在树脂中容易分散，填充量大，密度小。

　　② 不降低或少降低树脂的成型加工性能和制品的力学性能，最好还能有广泛的改性效果。

　　③ 耐水性、耐热性、耐化学腐蚀性和耐光性优良，不被水和溶剂抽出。

　　④ 化学性质稳定，不与其他助剂发生不利的化学反应，不影响其他助剂的分散性和效能。

　　⑤ 纯度高，不含对树脂有害的杂质。

1.2.28 填充剂的性质对塑料性能有何影响？

　　树脂中加入大量填充剂后，在降低制品成本和提高某些性能的同时，还会使物料在成型加工过程中的摩擦增加，流动性下降，同时也会加速对设备的磨损。但不同的填料对塑料制品性能和成型加工性能的影响有所不同。

(1) 颗粒的形状

　　大多数颗粒状填料是由岩石或矿物用不同的方法制成的粒状无机填料。由于破碎的不均匀性，颗粒的形状一般不规则，甚至有些填料颗粒的形状难以描述。一般情况下，薄片状、纤维状填充剂使加工性能变差，但力学性能优良；而无定形粉状、球状则加工性能优良，力学性能比薄片状和纤维状差。

(2) 颗粒的大小

填充剂颗粒一般以 $0.1\sim10\mu m$ 的粒径为好。细小的填充剂有利于制品的力学性能、尺寸稳定性以及制品的表面光泽和手感。但粒径太小分散困难，若加工设备分散能力不够，则会影响产品质量。因而实际生产中选用什么粒径的填充剂，应据塑料的种类、加工设备分散能力不同而定，不能一概而论。

(3) 颗粒的表面积

颗粒的表面积大小是填料最重要的性能之一，填料的许多效能与其表面积有关。通常填充剂的表面积增大有利于与表面活性剂、分散剂、表面改性剂以及极性聚合物的吸附或与填料表面发生化学反应。

1.2.29 常用无机填充剂有哪类品种？各有何特性？

无机填充剂一般是没有增强作用的矿物性填料。这些填充剂的加入，其主要作用是降低成本，但往往会在一定程度上使复合材料的机械强度降低。这类填充剂品种繁多，用途广泛，也有少数此类填充剂在适当用量范围内具有一定的增强作用。常用的品种主要有碳酸钙（$CaCO_3$）、硫酸钡（$BaSO_4$）、炭黑、白炭黑（$SiO_2 \cdot nH_2O$）、陶土（$Al_2O_3 \cdot SiO_2 \cdot nH_2O$）、滑石粉（$3MgO \cdot 4SiO_2 \cdot H_2O$）、硅藻土和云母粉等。

① $CaCO_3$ 是目前塑料工业中应用最为广泛的无机粉状填充剂，一般可分为三类：重质 $CaCO_3$、轻质 $CaCO_3$ 和活性 $CaCO_3$（也称为胶质）。重质 $CaCO_3$ 由石灰石经选矿、粉碎、分级与表面处理而成。粒子形状不规则，相对密度为 2.71，折射率为 1.65，吸油量为 $5\%\sim25\%$。轻质 $CaCO_3$ 是用化学方法制成的，多呈纺锤形棒状或针状，粒径范围为 $1.0\sim1.6\mu m$，相对密度为 2.65，折射率为 1.65，吸油量为 $20\%\sim65\%$。活性 $CaCO_3$ 是一种白色细腻状软质粉末，与轻质 $CaCO_3$ 的不同之处是颗粒表面吸附一层脂肪酸皂，使其具有胶体活化性能，相对密度小于轻质 $CaCO_3$（为 $1.99\sim2.01$），其生产工艺路线与轻质 $CaCO_3$ 基本相同，只是增加了一道表面处理工序。这种 $CaCO_3$ 用作塑料填料时可使制品具有一定的强度与光滑的外观。

② $BaSO_4$ 为白色无臭无味重质粉末，相对密度为 $4.25\sim4.5$，粒径范围为 $0.2\sim0.5\mu m$，不溶于水和酸。$BaSO_4$ 有天然矿石经过粉碎制得的重晶石粉和经化学反应制得的沉淀硫酸钡两类。作为塑料填料使用的硫酸钡大多为后者。另外，$BaSO_4$ 在塑料中还起着色作用，提高制品的耐化学品性，增加密度，并能减少制品的 X 射线透过率。

③ 炭黑是在控制条件下不完全燃烧烃类化合物而生成的物质，其品种较多，一般按制法来分，有槽法炭黑、炉法炭黑和热裂法炭黑等。

炭黑的细度影响着制品的性能。在塑料中，炭黑的颗粒越细，则黑度越高，紫外线屏蔽作用越强，耐老化性能越好，制品的表面电阻率越低，然而在某种程度上分散较为困难。

作为填料用炭黑，可以使用较大粒径的炉法炭黑，一般为 $25\sim75\mu m$；作为着色剂使用，一般可选用色素炭黑。炭黑在聚合物（尤其是橡胶）中兼有增强作用，因此在一定意义上也可以说炭黑是一种增强材料。

④ 白炭黑，即二氧化硅、微粒硅胶或胶体二氧化硅等，是塑料工业中广泛使用的增强性填料，其增强效果仅次于炭黑，并且成型加工性良好，尤其适用于白色或浅色制品。

用白炭黑制成涂料，涂于人造革表面，可产生消光作用。此外，白炭黑在 UP、PVC 增塑糊、EP 等聚合物溶液中有增黏作用。

⑤ 陶土又名高岭土、白土、黏土、瓷土，主要化学组成是水合硅酸铝，是由岩石中的火成岩、水成岩等母岩经自然风化分解而成。用于塑料的陶土多数是在 $450\sim600℃$ 经煅烧

除去水分的品种，又称煅烧陶土。

⑥ 滑石粉主要成分为水合硅酸镁，由天然滑石粉碎精选而得。化学性质不活泼，粉体极软，有滑腻感。作为塑料用填料可提高制品的刚性，改善尺寸稳定性，防止高温蠕变。与其他填充剂相比具有润滑性，可减少对成型设备和模具的磨损。

⑦ 硅藻土是由单细胞藻类积沉于海底或湖底所形成的一种化石，主要成分为二氧化硅，多孔，质轻，极易研磨成粉，外观为白色或浅黄色粉末，可作为塑料用轻质填料，具有绝热、隔声和电绝缘性。

⑧ 云母粉是由天然云母粉碎而得，其组成非常复杂，是铝、钾、钠、镁、铁等金属的硅酸盐化合物。塑料中常用的云母粉有白云母和金云母两种，尤以白云母应用最多。作为塑料填充剂，可赋予制品优良的电绝缘性、抗冲击性、耐热性和尺寸稳定性，并可提高其耐湿性和抗腐蚀性。

1.2.30　常用润滑剂有哪些品种？各有何特性？

塑料在成型加工时，存在着熔融聚合物分子间的摩擦和聚合物熔体与加工设备表面间的摩擦。前者称为内摩擦，后者称为外摩擦。内摩擦会增大聚合物熔体的黏度，降低其流动性，严重时会导致材料的过热、老化；外摩擦则使聚合物熔体与加工设备及其他接触材料表面间发生黏附，影响制品表面质量，不利于制品从模具中脱出。润滑剂的作用是改进聚合物熔体的流动性，减少熔体对设备、模具的黏附现象，提高塑件脱模作用，改善塑料的加工性能。

(1) 常用润滑剂品种

在塑料工业中，广泛使用的是有机润滑剂，它们按化学结构可分为脂肪烃类化合物、脂肪酸、脂肪酸酯、脂肪酸酰胺、脂肪醇和有机硅化合物等。常用的品种主要有石蜡、微晶石蜡、低分子量的 PE 蜡、一元醇酯、多元醇单酯、月桂酸、硬脂酸锌（ZnSt）、硬脂酸钙（CaSt）、硬脂酸铅（PbSt）和硬脂酸钠（NaSt）、硬脂酸酰胺、油酸酰胺、硬脂醇、软脂醇、聚二甲基硅氧烷、聚甲基苯基硅氧烷和聚四氟乙烯等。

(2) 常用润滑剂的特性

① 石蜡　主要成分为直链烷烃，仅含少量支链，广泛用作各种塑料的润滑剂和脱模剂。其外润滑作用强，能使制品表面具有光泽。缺点是与 PVC 的相容性差，热稳定性低，且易影响制品的透明度。主要用于 UPVC 挤出制品中，用量一般为 0.5～1.5 质量份，用量过多对制品强度有影响。

② 微晶石蜡　主要由支链烷烃、环烷烃和一些直链烷烃组成。分子量为 500～1000，即为 C_{32}～C_{72} 烷烃，可用于 PVC 等塑料的外润滑剂，润滑效果和热稳定性优于一般石蜡，无毒。其缺点是凝胶速度慢，影响制品的透明性。

③ 液体石蜡　俗称"白油"，适用于 PVC、PS 等的内润滑剂，润滑效果较好，无毒，适用于注射、挤出成型等，但与聚合物的相容性差，故用量不宜过多。

④ PE 蜡　即分子量为 1500～5000 的 PE，部分氧化的低分子量 PE 称为氧化 PE 蜡，可作为 PVC 等的润滑剂，用途广泛。它比其他烃类润滑剂的内润滑作用强，适用于挤出和压延成型，能提高加工效率，防止薄膜等黏结，且有利于填料或颜料在聚合物基质中的分散。与 PE 蜡性能相近的还有 PP 蜡。

⑤ 脂肪酸酯　此类润滑剂多数兼具润滑和增塑双重性质，如硬脂酸丁酯便是氯丁橡胶的增塑剂。脂肪酸的多元醇单酯是高效的内润滑剂，可用于 UPVC 的压延硬质片材、注塑制品及型材加工中，特别适合在半硬质 PVC 中用于内润滑剂，并具有抗静电、抗积垢作用。

脂肪酸酯多与其他润滑剂并用或做成复合润滑剂使用。

⑥ 脂肪酸及其金属皂　直链脂肪酸及其相应的金属盐具有多种功能，其中硬脂酸和月桂酸常作为润滑剂使用。它们均为白色固体，无毒，主要由油脂水解而得。由于对金属导线有腐蚀作用，一般不宜用于电线电缆等塑料制品。

常用作润滑剂的脂肪酸金属皂主要是硬脂酸盐，包括 ZnSt、CaSt、PbSt 和 NaSt 等。ZnSt 呈白色粉末状，兼具内、外润滑作用，可保持透明 PVC 制品的透明度和初期色泽，在橡胶中兼具硫化活性剂、润滑剂、脱模剂和软化剂等功能。CaSt 可用于硬质和软质 PVC 混料的挤出、压延和注塑加工，在 PP 的加工中，作为润滑剂和金属清除剂使用。PbSt 常与CaSt 复合使用，作为 UPVC 的润滑剂和热稳定剂。但因铅盐有毒，使用时要加以注意。NaSt 作为 HIPS、PP 和 PC 塑料的润滑剂，具有优良的耐热褪色性能，且软化点较高。

⑦ 脂肪酸酰胺　用作塑料加工用润滑剂的脂肪酸酰胺主要是高级脂肪酸酰胺，此类润滑剂大都兼具外部和内部润滑作用。其中硬脂酸酰胺、油酸酰胺的外部润滑性优良，多用于PE、PP、PVC 等的润滑剂和脱模剂，以及聚烯烃的滑爽剂和薄膜抗黏结剂等。

⑧ 脂肪醇　作为润滑剂使用的硬脂醇（$C_{18}H_{37}OH$）和软脂醇（$C_{16}H_{33}OH$）具有初期和中期润滑效果，与其他润滑剂混合性良好，能改善其他润滑剂的分散性，故经常作为复合润滑剂的基本组成之一。高级醇与 PVC 的相容性好，具有良好的内润滑作用，与金属皂类、硫醇类及有机锡类稳定剂并用效果良好。

⑨ 有机硅氧烷　俗称"硅油"，是低分子量含硅聚合物，因其具有很低的表面张力、较高的沸点和对加工模具的惰性，常作为脱模剂使用。具有代表性的品种有聚二甲基硅氧烷、聚甲基苯基硅氧烷等。

⑩ 聚四氟乙烯（PTFE）　主要适用于各种介质的通用型润滑性粉末，可快速涂覆形成干膜，以用于石墨、钼和其他无机润滑剂的代用品，适用于热塑性和热固性聚合物的脱模剂。

1.2.31　阻燃剂的作用是什么？常用塑料阻燃剂各有何特性？

（1）阻燃剂的作用

通常把能阻止可燃性材料的燃烧，降低其燃烧速率或提高着火点的物质称为阻燃剂。塑料阻燃剂的阻燃通常可起到以下几方面的作用。

① 阻燃剂在燃烧温度下形成了一层不燃烧的保护膜，覆盖在材料上，隔离空气而达到阻燃目的：一方面一些阻燃剂可在燃烧温度下分解成为不挥发、不氧化的玻璃状薄膜，覆盖在材料的表面上，可隔离空气（或氧气），且能使热量反射出去或降低热导率，从而起到阻燃的效果，如卤代磷、硼酸、水合硼酸盐即属于此类；另一方面有些阻燃剂则在燃烧温度下可使材料表面脱水炭化，形成一层多孔性隔热焦炭层，从而阻止热的传导而起阻燃作用，如红磷处理纤维素、铵盐阻燃剂等。

② 有些阻燃剂能在中等温度下立即分解出不燃性气体，稀释可燃性气体，阻止燃烧发生。如机含卤阻燃剂受热后释放出不燃性的卤化氢气体。

③ 一些阻燃剂在高温时剧烈分解吸收大量热能，降低了环境温度，从而阻止燃烧继续进行，如氢氧化铝和氢氧化镁等。

④ 一些阻燃剂的分解产物易与活性自由基反应，降低某些自由基的浓度，使燃烧中起关键作用的连锁反应不能顺利进行。如含卤阻燃剂在燃烧温度下分解产生的不燃性气体HX，能与燃烧过程中的活性自由基 HO· 反应，将燃烧的自由基链式反应切断，达到阻燃的目的。

（2）常用塑料阻燃剂的特性

塑料阻燃剂通常大多是含有氮、磷、锑、铋、氯、溴、硼、铝、硅或钼元素的化合物，其中最常用和最重要的是磷、溴、氯、锑和铝化合物。

① 氢氧化铝 ［Al(OH)₃］ 氢氧化铝习惯上称为水合氧化铝，通常为白色细微结晶粉末，含结晶水 34.4％，200℃以上脱水，可大量吸收热量。另外，氢氧化铝加入塑料中，在燃烧时放出的水蒸气白烟将聚合物燃烧产生的黑烟稀释，起掩蔽作用，因此又具有减少烟雾和有毒气体的作用。

② 氢氧化镁 ［Mg(OH)₂］ 比氢氧化铝阻燃性能稍差，在塑料中添加量大，会影响到机械强度。经偶联剂表面处理后，可改善其与树脂的结合力，使其兼具阻燃和填充双重功能。常用于 EP、PF、UP、ABS、PVC、PE 等。

③ 三氧化二锑 （Sb₂O₃） 它是无机阻燃剂中使用最为广泛的品种。由于它单独使用时效果不佳，常与有机卤化物并用，起到协同作用，称为协效剂。它具有优良的阻燃效果，可广泛用于 PVC 和聚烯烃类及聚酯类等塑料中。但它对鼻、眼、咽喉具有刺激作用，吸入体内会刺激呼吸器官，与皮肤接触可以引起皮炎，使用时应注意防护。

④ 硼化合物 主要品种有硼酸锌和硼酸钡。特别是硼酸锌，可作为氧化锑的替代品，与卤化物有协同作用，阻燃性不及氧化锑，但价格仅为氧化锑的1/3。主要用于 PVC、聚烯烃、UP、EP、PC、ABC 等，最高可取代氧化锑用量的3/4。

⑤ 磷系阻燃剂 主要有赤磷（单质，又称为红磷）、磷酸盐、磷酰胺、磷氮基化合物等。红磷是一种受到高度重视的阻燃剂，可用于许多塑料、橡胶、纤维及织物中，有时需与其他助剂配合，才能发挥其阻燃作用。磷酸很容易与氨反应，从溶液中很快析出两种结晶的磷酸铵盐：NH₂H₂PO₄、(NH₂)₂HPO₄。它们均可作为阻燃剂用于塑料、涂料、织物等方面。

⑥ 氯化石蜡 常用含氯量达 70％ 左右的氯化石蜡。它为白色粉末，与天然树脂、塑料的相容性良好，常与氧化锑并用。氯化石蜡的化学稳定性好，价廉，可作 PE、PS、聚酯、合成橡胶的阻燃剂。但其分解温度较低，在塑料成型时有时会发生热分解，因而有使制品着色和腐蚀金属模具的缺点。

⑦ 全氯戊环癸烷 一般为白色或淡黄色晶体，不溶于水，含氯量为 73.3％。热稳定性及化学稳定性很好，无毒，多用于 PE、PP、PS 及 ABS 树脂。

⑧ PE-C 通常含氯量为 35％～40％ 或 68％，无毒。作为阻燃剂可用于聚烯烃，ABS 树脂。由于 PE-C 本身是聚合材料，所以作为阻燃剂使用时，不会降低塑料的力学性能，耐久性良好。

⑨ 溴代物 溴代物是高效的阻燃剂，一般阻燃性能是氯代烃的 2～4 倍。六溴环十二烷为黄色粉末，可用于 PP、PS 泡沫塑料，是一种优良的阻燃剂。一氯五溴环己烷为白色粉末，溴含量为 77.8％，氯含量为 6.8％，为 PS 及其泡沫塑料的专用阻燃剂。六溴苯的热稳定性好，毒性低，能满足较高要求的树脂成型加工技术要求，用途较广，可用于 PS、ABS、PE、PP、EP 和聚酯等。十溴联苯醚是目前应用最广的芳香族溴化物，热稳定性好，阻燃效率高。可用于 PE、PP、ABS、PET 等制品中，如与氧化锑并用，效果更佳。四溴双酚 A 为多用途阻燃剂可作为添加型阻燃剂，也是目前最有实用价值的反应型阻燃剂之一。作为添加型阻燃剂，可用于 HIPS、ABS、AS 及 PF 等，其产量在国内外有机溴阻燃剂中占首位。

⑩ 有机磷化物 有机磷化物是添加型阻燃剂的重要品种，其阻燃效果优于溴化物。磷酸酯是常用增塑剂，具有增塑和阻燃的双重功效。含卤磷酸酯分子中含有卤和磷，由于两者

具有协同作用，所以阻燃效果较好，是一类优良的添加型阻燃剂。其中三(2,3-二溴丙基)磷酸酯、磷酸三(2,3-二氯丙)酯适用于聚烯烃、聚酯、PVC、PU 等。

1.2.32 消烟剂的作用是什么？常用消烟剂品种有哪些？

消烟剂的作用是在塑料材料燃烧时，能抑制其烟雾及有害气体的产生，以减轻对环境及人体的危害与污染。

在塑料中常用的消烟剂主要是金属氧化物、金属氢氧化物及金属盐类。常用的金属氧化物主要是 Fe_2O_3、MoO_3、BiO、CuO。其中 MoO_3 的消烟效果最好，最常用，而 Fe_2O_3 颜色较深，故通常主要适用于深色制品。为了能起到良好的消烟效果，通常在配方中宜采用两种或两种以上的金属氧化物一起配合使用，如 MoO_3/ZnO、MoO_3/MgO、Sb_2O_3/ZnO 等。

金属氢氧化物常用的是 $Al(OH)_3$、$MgOH$ 及两者的复合物。常用金属盐类消烟剂的品种主要是硼酸锌、磷酸锌、磷酸铜、草酸铬、草酸铜、硫酸锌等。另外，二茂铁及苯酰二茂铁也是良好的消烟剂，其消烟率分别可达 70% 和 60% 等。

在使用时，消烟剂一般应与阻燃剂一起使用，其用量也不宜太多，金属氧化物用量一般在 3～5 质量份，金属氢氧化物的用量在 20 质量份左右。

1.2.33 塑料抗静电剂有何特点？塑料常用抗静电剂有哪些品种？

(1) 塑料抗静电剂的特点

抗静电剂就是能防止或消除高分子材料表面静电的一类物质。通常将其添加到树脂中或涂覆于制品表面，可将聚合物的电阻率降低到 $10^{10}\Omega \cdot cm$ 以下，从而减轻聚合物在成型和使用过程中的静电积累。抗静电剂通常都是表面活性剂，既带有极性基团，又带有非极性基团。常用的极性基团（即亲水基）有羧酸、磺酸、硫酸、磷酸的阴离子、铵盐、季铵盐的阳离子以及—OH、—O—等基团；常用的非极性基团（即亲油基）有烷基、烷芳基等。

(2) 常用塑料抗静电剂的品种

塑料按抗静电剂的结构一般分为阴离子型、阳离子型、非离子型、两性离子型和高分子型等类别。常用的是阳离子型和非离子型抗静电剂。

① 阳离子型抗静电剂　阳离子型抗静电剂主要是一些铵盐、季铵盐及烷基咪唑啉及其盐类，其中以季铵盐在塑料中应用最多，如抗静电剂 SN、抗静电剂 LS 和抗静电剂 SP 等。它静电消除效果好，对塑料具有很强的吸附力。其显著的缺点是耐热性较差，易发生热分解。这类抗静电剂常用于聚酯、PVC、PVA 薄膜及其他塑料制品等中。

② 非离子型抗静电剂　非离子型抗静电剂热稳定性好，耐老化，常用于塑料的内部抗静电剂及纤维外部抗静电剂。主要品种有多元醇、多元醇酯、醇或烷基酚的环氧乙烷加成物、胺和酰胺的环氧乙烷加成物等。环氧乙烷加成物用作抗静电剂，其抗静电效果良好，热稳定性优良，适用于塑料和纤维。如抗静电剂 LDN，即 N,N'-二乙醇基月桂酸酰胺塑料最常用的内部抗静电剂，是多种热塑性塑料的高效抗静电剂，特别适用于聚烯烃、PS 和 UPVC 中，用量为 0.1%～1%。抗静电剂 477，即 N-(3-十二烷氧基-2-羟基丙基)乙醇胺，可作为塑料用内部抗静电剂，可迅速有效地消除静电聚集，加工后可获得无静电制品，并具有良好的热稳定性，在挤出和注塑加工过程中不发生分解变色。对 PE 特别是 HDPE 的抗静电效果最为显著，用量一般为 0.15% 左右。也可用于 PP 和 PS 等。

1.2.34　成核剂的作用是什么？塑料常用的成核剂有哪些？

（1）成核剂的作用

成核剂是用来提高结晶型聚合物的结晶度，加快其结晶速率的一类助剂。由于成核剂的加入提高了结晶度，改变了晶体形态，使晶体变得细微而均匀，可大大提高塑料材料的韧性、尺寸稳定性、耐热性和透明性，从而全面提高结晶塑料的性能和用途。

（2）常用的成核剂

塑料成核剂主要有羧酸类、金属盐类和无机化合物类三类。常用的羧酸类成核剂品种主要是苯甲酸、己二酸、二苯基醋酸等；常用的金属盐类成核剂主要有苯甲酸钠、硬脂酸钙、醋酸钠、对苯酚磺酸钠、对苯酚磺酸钙、苯酚钠等品种；常用的无机化合物类主要品种是氮化硼、碳酸钠、碳酸钾以及粒径在 $0.01\sim1\mu m$ 范围的滑石、云母、二氧化钛等填料。

1.2.35　加工助剂的作用是什么？主要有哪些品种？

（1）加工助剂的作用

加工助剂是指能促进树脂的熔融，改善塑料熔体的流变性，赋予一定的润滑作用，以改善树脂加工性能的一类助剂。目前加工助剂主要用于 PVC 的加工中，特别是硬质 PVC 的加工中。PVC 熔体强度低、延展性差，加工过程中易出现熔体破碎；另外 PVC 熔体松弛慢，易导致制品表面粗糙、无光泽及鲨鱼皮症等，因此，PVC 加工过程中需要加工助剂来改善熔体的这些缺陷。

在加工过程中，通常加工助剂首先熔融并黏附在 PVC 树脂微粒的表面，由于加工助剂与树脂有一定的相容性及较高的分子量，使 PVC 黏度及摩擦增加，从而能有效地将剪切应力和热传递给整个树脂，促进 PVC 树脂的熔融。同时加工助剂也增加了熔体的黏弹性，从而能提高熔体离模膨胀，并且提高熔体强度。另外加工助剂的分子结构中与树脂不相容性的部分能向熔体外部发生迁移，从而能起到一定的润滑作用，可改善塑料的脱模性。

（2）加工助剂的主要品种

加工助剂常用的类型主要有：甲基丙烯酸甲酯-丙烯酸烷基酯的共聚物（ACR）、苯乙烯-丙烯腈的共聚物（SAN）、聚 α-甲基苯乙烯（AMS）以及含氟聚合物加工助剂（PPA）等。另外 ABS、MBS、EVA 等抗冲改性剂对 PVC 也具有一定的改良作用。

目前国产加工助剂的品种主要有：ACR-201、ACR-401、ACR-301、M-80、P83、820-G 等。ACR-201 主要用于硬质 PVC 型材、管材、PVC 瓶及片材等，其用量一般 $0.5\sim2$ 质量份。ACR-401 主要用于 PVC 板材、地板、型材及 PVC 低发泡制品等。M-80（AMS）无毒、透明性好，可以改善 PVC 的加工流动性及制品光泽。可用于 PVC 透明制品及管材、地板等，还可用于 PU、PS 及 ABS 中。820-G 可改善 PVC 的加工流动性，以及制品的光泽及手感等，一般用量可达 $5\sim10$ 质量份。

1.2.36　生产中应如何选用着色剂？选用着色剂时应注意哪些问题？

（1）着色剂的选用

生产中选用着色剂时首先应确定基本的色调、明度、饱和度等要素，再考虑着色剂的着色力、遮盖力、耐热性、耐迁移性、耐候性、耐溶剂性等方面的性能，以及着色剂与聚合物或添加剂的相互作用。

① 着色力大　着色剂的着色力是指得到某一定颜色制品所需的颜料量，用标准样品着色力的百分数来表示，它与颜料性质及其分散程度有关。在选用着色剂时，一般要求尽量选

用着色力大的着色剂，以降低着色剂的用量。

② 遮盖力强　遮盖力是指颜料涂于物体表面时，遮盖该物体表面底色的能力。遮盖力可以用数值表示，它等于底色完全被遮盖时单位表面积所需的颜料质量（g）。一般无机颜料的遮盖力强，而有机染料透明，无遮盖力。但与钛白粉并用时即可具有遮盖作用。

③ 耐热性好　颜料的耐热性是指在加工温度下颜料的颜色或性能的变化。一般要求颜料的耐热时间为 4~10min。一般无机颜料的耐热性好，在塑料加工温度下不易发分解，而有机颜料的耐热性较差。

④ 耐迁移性好　颜料的迁移性是指着色塑料制品经常与其他固、液、气等物质接触时颜料从塑料内部迁移到制品的自由表面上，或迁移到与其接触的物质上的现象。着色剂在塑料中迁移性大，则说明着色剂与树脂的相容性差。一般染料与有机颜料的迁移性大，而颜料的迁移性较小。

⑤ 耐光性和耐气候性好　耐光性和耐气候性是指在光和大自然条件下的颜色稳定性。耐光性与着色剂的分子结构有关，不同着色剂其分子结构不同，耐光性也不同。

⑥ 耐酸、碱、溶剂、化学品性能好　工业用塑料制品常用于贮存化学品及用作输送酸、碱等化学物质，因此要考虑颜料的耐酸、碱等性质。

⑦ 卫生性好，毒性小　日常生活中使用的塑料制品越来越多，例如包装糖果、各种饮料瓶、油脂类容器及塑料玩具等，因此就越要重视着色制品的毒性问题。在无机颜料中，铅系、镉系和铬系一般认为毒性大，而铁系、钙系和铝系毒性小。

（2）选用着色剂应注意的问题

着色剂在塑料制品中用量一般较少，但选用不合理也会对制品性能产生一定的影响，因此在选用着色剂时应注意以下几方面的问题。

① 着色剂颗粒应较细且颗粒均匀，分散性好，且用量要尽量少。

② 颜料中的某些金属离子会促进树脂热氧分解。含铜、铁、钴等金属的着色剂对塑料热氧老化有较强的促进作用，如 PP 分子结构中含有大量的叔碳原子，对铜离子极为敏感，一旦颜料中存在铜离子则会加速其分解。

③ 有些颜料够产生对光的屏蔽作用，可大大提高塑料制品的光稳定性和耐候性，如炭黑，既是主要的黑色颜料，又是光稳定剂，对紫外线具有良好的屏蔽作用。

④ 无机颜料的电性能一般较差，作为 PVC 和 PE 电缆材料用的着色剂应该考虑其电性能，尤其是 PVC 因其本身电绝缘性较 PE 差，故颜料的影响就更大，必须选择电性能好的着色剂。

1.2.37　常用塑料着色剂主要有哪些类型？各有何特点？

（1）着色剂的类型

塑料着色剂的类型有很多，一般可分为颜料和染料两大类型，颜料又可分为无机颜料、有机颜料和特殊颜料大三类型。颜料是不溶于水和溶剂的一类着色剂，耐光、热、溶剂及耐气候性好，是塑料中应用最广泛的一种着色剂。染料是有机物质，能溶于水、油和有机溶剂。染色能力强、透明，但迁移性大，耐光、热、溶剂及耐气候性较差，在塑料中一般应用较少。

（2）常用着色剂的特点

无机颜料通常是金属氧化物、硫化物，硫酸盐、铬酸盐、钼酸盐等盐类，以及炭黑。与有机颜料相比，它们的热稳定性和光稳定性优良，但其着色力则较差，密度较大，一般为 $3.5~5.0g/cm^3$。

有机颜料具有着色力强、分散性好、色泽鲜艳等优点，同时在耐热性、耐光性等方面也得到了突破性进展，因此在塑料工业界受到广泛的重视。同时，由于无机颜料往往因含重金属，对人体带来一定的毒害，有机颜料在应用方面逐步代替无机颜料是必然的发展趋势。各种颜料的特点如下。

① 白色颜料　常用白色颜料主要有钛白粉、氧化锌等，它们都属于无机颜料。钛白粉的化学名称为二氧化钛（TiO_2），有金红石型（简称 R 型）和锐钛型（简称为 A 型）两种晶型。R 型钛白粉着色力高，遮盖力强，耐候性好，而 A 型钛白粉的白度较好。塑料着色中多使用 R 型钛白粉。钛白粉的牌号众多，性能各异，用于着色的主要性能是着色力、色泽和遮盖力。

氧化锌又称为锌白，常用于橡胶着色，也可用于 ABS、PS 等塑料的着色。

锌钡白又称为立德粉，是硫化锌与硫酸钡的混合物。锌钡白遮盖力比较强，但由于性能优越的二氧化钛在塑料着色中的广泛使用，使得锌钡白的应用受到了很大的限制。

② 炭黑　炭黑除了具有着色功能外，还具有提高耐候性、导电性等作用，是一种重要的高分子材料加工助剂，在橡胶工业中使用较多。炭黑主要由碳组成。工业上用完全燃烧和烃的裂解方法生产炭黑，其品种极其繁多，性能相差较大。着色常用的品种有炉法炭黑、热裂炭黑和槽法炭黑。

③ 硫化物　硫化镉和硫化汞是硫化物颜料系列中最重要的两种。它们的色调范围从嫩黄色到栗色。常用品种有镉黄、镉红与镉橙等。

④ 铬酸盐类颜料　铬酸盐类颜料主要指铬黄、铬橙、橙等。该类颜料耐热性较差，一般仅用作软质 PVC 塑料着色。常用的有铬黄和铅铬黄等。

⑤ 群青　群青是硅酸铝的含硫复合物，其特点是色调纯净（纯蓝色调偏红光），具有优良的耐热、耐光和耐候性，并且能承受大多数化学药剂的侵蚀，分散性也佳。但着色力和遮光性均较差，并由于分子中含有多种硫化物，遇酸易起反应，较少用于 PVC 制品，一般常用酞菁蓝代替它。

⑥ 偶氮颜料　有单偶氮颜料、双偶氮颜料与偶氮缩合型三类，用于聚烯烃等塑料的着色。单偶氮颜料耐热性、耐迁移性能差。典型的单偶氮颜料有耐晒黄，又称为汉沙黄，耐热温度为 160℃，可用于软 PVCT 和 LDPE 中。

双偶氮颜料主要有联苯胺黄系颜料，常用的永固黄 HR 即属此类。由于其分子中有双偶氮，故其耐热性可提高到 200℃，并且着色力强，耐有机溶剂。

偶氮缩合型是指用缩合方法制得分子量较大的双偶氮颜料，其分子量为 $10^3 \sim 10^4$，具有较好的耐热、耐溶剂、耐迁移性、耐晒牢度等。

⑦ 酞菁颜料　酞菁颜料具有优异而全面的性能，特别是耐晒、耐热性能好。同时不溶于任何溶剂，具有极其鲜艳的颜色，是当前高级颜料中成本最低的一类。酞菁可与铜、钴、镍等金属生成水溶性的稳定络合物。其与铜生成的酮酞菁具有非常鲜艳的蓝色，称为酞菁蓝。在铜酞菁的四个苯环上引入 16 个氯原子则生成铜酞菁的多氯化物，称酞菁绿。

⑧ 杂环颜料　杂环颜料主要有喹吖啶酮类颜料和二噁嗪紫颜料。喹吖啶酮类颜料具有三种同质异晶型结构，即 α、β、γ。其中 β、γ 型的混合物适合作颜料，是优良的红色颜料之一。它不仅色泽艳丽，而且耐溶剂性、耐热性都优良。如颜料紫 19，其中 α 型呈蓝光红色，对溶剂不稳定；β 型呈红光紫色，称为酞菁紫；γ 型呈红色，称酞菁红。

永固紫 RL 是二噁嗪紫颜料，具有咔唑二噁嗪紫结构。其耐晒牢度高，着色力强，但是耐溶剂性稍差。永固紫 R 与酞菁蓝共混可得到藏青色。

⑨ 色淀颜料　色淀颜料是由一些水溶性染料与重金属无机盐（钡或钙盐）作用而生成的不溶性沉淀物。色淀颜料主要有：立索尔大红、立索尔紫红 2R、永固红 F5R 等。

⑩ 染料　塑料着色用的染料，按结构分有蒽醌、靛类和偶氮染料等。例如黄、橙、红色染料都具有双偶氮发色团；紫、蓝、绿色染料都含有蒽醌和酞菁类发色团。重要的塑料用染料有硫靛红、还原黄 4GF、士林蓝 RSN、盐基性玫瑰精、油溶黄等。

⑪ 金属颜料　金属颜料主要包括银粉、金粉等。银粉实际上是铝粉。由于铝表面能强烈地反射包括蓝色光在内的整个可见光谱，因此，铝颜料可产生亮蓝-白镜面反射光。铝粉粒子呈鳞片状，其遮盖力取决于比表面积的大小。铝粉在研磨过程中延展，其厚度下降，表面积增加，遮盖力也随之增加。铝粉的熔点为 660℃，但在高温下直接与空气接触时，表面被氧化成灰白色，因此着色铝粉表面有氧化硅保护膜，具有耐热、耐候、耐酸性能。

金粉实际上是铜粉和青铜粉（铜锌合金粉）的混合物。铜粉中含锌量提高，色泽从红光到青光。采用金粉着色可得到酷似黄金般的金属光泽。用量为 1%～2%。要使金粉着色产生良好的金属效果，其所着色的塑料透明性要好，因此，应尽量避免与钛白粉等配用，也不宜用于 PP 着色。

⑫ 珠光颜料　云母-钛珠光颜料是一种高折射率、高光泽度的片状无机颜料。它采用云母为基材，表面涂覆一层或多层高折射率的金属氧化物透明薄膜。通过光的干涉作用，使其具有天然珍珠般的柔和光泽或金属的闪烁效果。同时珠光颜料具有耐光、耐高温（800℃）、耐酸碱、不导电、易分散、不褪色、不迁移的特性，加之安全无毒，因此被广泛应用于塑料工业中。根据色光不同，珠光颜料一般分为银白系列、幻彩系列、金色系列、金属系列。

⑬ 荧光增白剂　白色塑料一般对可见光中短波一侧的蓝光有轻微吸收，故带有微黄光，影响白度，给人以陈旧不洁之感。消除塑料微黄光的方法之一就是添加荧光增白剂，它能吸收波长为 300～400nm 的紫外线，将吸收的能量转换，并辐射出 400～500nm 的紫色或蓝色荧光，从而可弥补所吸收的蓝光，提高了白度。

常用品种有荧光增白剂 PEB 和荧光增白剂 DBS。前者在透明 PVC 中的用量一般为 0.05%～0.1%，在不透明制品中为 0.01%～0.1%。后者适用于 PP、PS、ABS、PVC 等。被增白物泛蓝光色调荧光，白度高，耐高温。

⑭ 荧光颜料　荧光颜料是指在自然光照射下能够发射荧光并作为颜料使用的化合物。它具有柔和、明亮、鲜艳的色调。与普通颜料相比，其明度大约要高一倍，但它的耐日晒牢度较差，可应用于 PP、PE、ABS、PS、PVC、PMMA 等塑料中。

荧光颜料用量一般仅为着色物重量的 0.015% 左右。由于荧光颜料的耐光性较差，故一般着色时，常常将其与色调相同的有机或无机颜料配合使用，这样塑料着色制品在使用过程中荧光着色剂褪色，制品光亮度下降，而色调不致发生大的变化。

1.2.38　塑料配色应注意哪些方面的问题？

塑料的配色是塑料着色中的关键。在进行塑料配色时，首先要弄清制品的应用要求，并根据塑料材料的着色性能，考虑着色剂的颜色、着色力、分散性、性能、加工均衡稳定性、混合性和成本等方面，选择合适的着色剂。其次是进行配色，确定着色剂的品种与用量。在配色过程中，应注意以下几方面的问题。

① 尽可能选用红、黄、蓝、白、黑五种基本颜色进行配色。

② 尽可能选用性质相近的着色剂相互拼用，如相近的耐热性和相近的耐光性等，以免

在制品使用时，耐热、耐光性差的着色剂先发生结构或组成变化，造成色泽变化不一。

③ 在配色时，尽可能选择明度有差别的同色彩着色剂相拼，这样可以形成有主有次、明 暗协调的颜色。

④ 着色剂之间的密度不能相差太大，最好相近，以使不同着色剂在树脂中的分散程度相接近。

⑤ 着色剂之间不应相互产生某种反应。如含铅、铜、汞类颜料（如铅铬黄等）与含硫的颜料（如立德粉、镉红、群青等）拼用时，色泽变暗；色淀红C与铬黄拼用时，红色易褪。

⑥ 注意不同着色剂之间的相互遮盖性。

⑦ 为提高色泽鲜艳度，拼色时可加入适量染料。

⑧ 为提高色彩纯正度，拼色时可加入适量遮盖力大的白色，以遮盖其中少量杂色。

⑨ 同一配方中，着色剂的品种应尽可能少，以免带入补色，使色泽灰暗。

第2章

挤出中空吹塑实例疑难解答

2.1 挤出中空吹塑设备实例疑难解答

2.1.1 挤出中空吹塑成型过程如何？挤出吹塑成型有何特点？

(1) 挤出中空吹塑成型过程

挤出吹塑是将塑料在挤出机中熔融塑化后，经管状机头挤出成型管状型坯，当型坯达到一定长度时，趁热将型坯送入吹塑模中，再通入压缩空气进行吹胀，使型坯紧贴模腔壁面而获得模腔形状，并在保持一定压力的情况下，经冷却定型、脱模即得到吹塑制品。

挤出中空吹塑成型过程为：

塑料 → 塑化挤出 → 管状型坯 → 模具闭模 → 吹胀成型 → 冷却 → 开模 → 取出制品

一般可分为下列五个步骤，如图 2-1 所示。

① 通过挤出机使聚合物熔融，并使熔体通过机头成型为管状型坯。

② 型坯达到预定长度时，吹塑模具闭合，将型坯夹持在两半模具之间，并切断后移至另一工位。

③ 把压缩空气注入型坯内，吹胀型坯，使其贴紧模具型腔成型。

④ 冷却。

⑤ 开模，取出成型制品。

(2) 挤出吹塑成型的特点

挤出吹塑成型是制造塑料容器使用最早、最多的一种工艺，目前 $80\%\sim90\%$ 的中空容器是采用挤出吹塑成型的。其主要优点是生产的产品成本低、工艺简单、效益高，但制品的壁厚不好控制，制品壁厚均匀性差。挤出吹塑可成型容量最小为几毫升，最大可达几万毫升的容器。挤出吹塑中空制品主要用于牛奶瓶、饮料瓶、洗涤剂瓶等瓶类容器；化学试剂桶、农用化学品桶、饮料桶、矿泉水桶等桶类容器；以及 200L、1000L 的大容量包装桶和贮槽。

按出料方式不同，挤出-吹塑可分为直接挤出-吹塑和挤出-贮料-压出-吹塑两大类。直接挤出-吹塑的优点是：设备简单，投资少，容易操作，适用于多种塑料的吹塑。挤出-贮料-压出-吹塑的工艺特点是：可以用小设备生产大容器；在较短的时间内获得所需要的型坯长度，保证了制品壁厚的均匀性。其缺点是：设备复杂，液压系统的设计和维护困难，投资大。

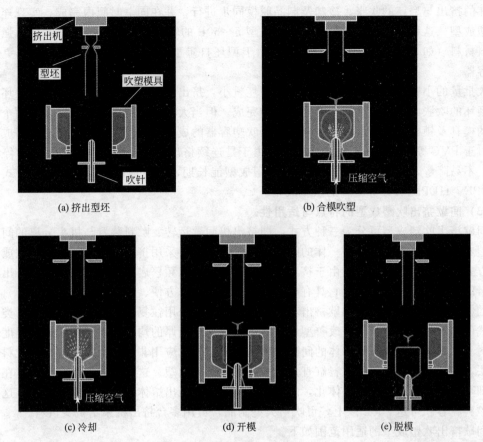

图 2-1 挤出吹塑工艺流程示意

目前挤出吹塑用的塑料品种主要有：低密度聚乙烯（LDPE）、高密度聚乙烯（HDPE）、聚氯乙烯（PVC）、聚丙烯（PP）、乙烯-乙酸乙烯酯共聚物（EVA）、聚碳酸（PC）等聚合物、尼龙类（PA）。

2.1.2 挤出吹塑成型方式有哪些？各有何特点和适用性？

（1）挤出吹塑成型方式

挤出吹塑成型按型坯成型的方式可分为连续挤出吹塑成型和间歇挤出吹塑成型。连续挤出吹塑主要是指塑料的塑化、挤出及型坯的形成是不间断地进行的；与此同时，型坯的吹胀、冷却及制品脱模，仍在周期性地间断进行。因此，从整个成型过程来看，制品的制造是连续进行的。为保证连续挤出吹塑的正常运作，型坯的挤出时间必须等于或略大于型坯吹胀、冷却时间以及非生产时间（机械手进出、升降、模具等）之和。间歇挤出吹塑主要是指型坯的形成是间断地进行的，而物料的塑化、挤出可以是连续式或间断式。

（2）连续挤出吹塑成型的特点与适用性

连续挤出吹塑成型的成型设备简单，投资少，容易操作，是目前国内中、小型企业普遍采用的成型方法。连续挤出吹塑，可以采用多种设备和运转方式实现，它包括一个或多个型坯的挤出；使用两个以上的模具；使用一个以上的锁模装置；使用往复式、平面转盘式、垂直转盘式的锁模装置等。连续挤出吹塑成型适用于中等容量的容器或中空制品、大批量的小容器、PVC 等热敏性塑料瓶及中空制品等。

中等容量的容器或中空制品需要较大挤出型坯，其型坯的挤出时间也较长，这样有利于使型坯的挤出与型坯的吹胀、冷却及制品脱模同步进行，并在同一时间内完成，实现连续挤出吹塑成型。这种成型方式，可连续吹塑成型 5～50L 的容器。若选用熔体黏度高、强度高的塑料材料（如 HDPE、HMWHDPE），由于型坯自重下垂现象的改善，则可成型更大容积的容器。

大批量的小容器，如瓶类容器，由于型坯量小，挤出型坯所需的时间少，通常型坯的挤出与型坯的吹胀成型不能在同一时间内同步完成。但当大批量生产小容器时，采用两个甚至更多的模具及锁模装置，就可以相对地延迟吹塑容器的成型周期，实现连续挤出吹塑成型。

对于 PVC 等热敏性塑料的中空制品，由于是连续挤出型坯，物料在挤出过程的停留时间短，不易降解，因此使 PVC 等塑料的吹塑成型能长期、稳定地进行。这种成型方式也适于 LDPE、HDPE、PP 等塑料的吹塑成型。

(3) 间歇挤出吹塑成型的特点与适用性

间歇挤出吹塑成型可分为三种方式，即挤出间歇运转、贮料装置与机头分离的间歇挤出吹塑成型、贮料装置与机头一体的间歇挤出吹塑成型。采用挤出机间歇运转、间歇成型型坯的方式，生产效率低，而且由于挤出机在较短的时间内频繁启动，能源消耗大，挤出机易损坏，因此目前很少采用。但它具有成型设备简单、维修方便、售价低的特点。

贮料装置与机头分离的间歇挤出吹塑成型方式主要采用往复螺杆及柱塞贮料腔两类，这类方式的型坯挤出速度快，可改善型坯自重下垂及型坯壁厚的均匀度，可使用熔体强度较低的材料。贮料装置与机头成一体的间歇挤出吹塑成型方式应用非常广泛，它包括带贮料缸直角机头，带程序控制装置的贮料缸直角机头的间歇挤出吹塑。这种方式把贮料腔设置在机头内，即贮料腔与机头流道成一体化，向下移动环形活塞压出熔体即可快速成型型坯。这种机头的贮料腔容积可达 250L 以上，可吹塑大型制品，可用多台挤出机来给机头供料。

间歇挤出吹塑成型的适用范围如下。

① 型坯的熔体强度较低，连续挤出时型坯会因自重而下垂过量，使制品壁厚变薄。

② 对于大型吹塑制品，需要挤出较大容量的熔体。

③ 连续缓慢挤出时型坯会冷却过量。间歇挤出吹塑成型的周期时间一般比连续挤出吹塑成型长，它不适宜 PVC 等热敏性塑料的吹塑成型。主要用于聚烯烃、工程塑料等非热敏性的塑料，主要用于生产大型制品及工业制件的生产，是工业制件吹塑所普遍采用，也是优先采用的方法。

2.1.3 挤出中空吹塑成型机有哪些类型？主要由哪些部分组成？

(1) 挤出中空吹塑成型机的类型

挤出中空吹塑成型机的类型较多，按工位数来分可分为单工位和双工位挤出中空吹塑机；按模头的数目分可分为单模头、双模头和多模头挤出中空吹塑机，如图 2-2 所示为挤出中空吹塑机的分类。

(2) 挤出中空吹塑成型机的主要组成

挤出中空吹塑成型机主要由挤出机、模头（机头）、合模装置、吹气装置、液压传动装置、电气控制装置和加热冷却系统等的组成。如图 2-3 所示为挤出吹瓶机。

挤出机主要完成物料的塑化挤出。模头是成型型坯的主要部件，熔融塑料通过它获得管状的几何截面和一定的尺寸。合模装置是对吹塑模的开、合动作进行控制的装置，通常是通过液压或气压与机械肘杆机构通过合模板来使模具开启与闭合。吹气装置是在机头口模挤出的型坯进行模具开闭合后，将压缩空气吹入型坯内，使型坯吹胀成模腔所具有的精确形状的装置。根据吹气嘴不同的位置分为针管吹气、型芯顶吹和型芯底吹三种形式。

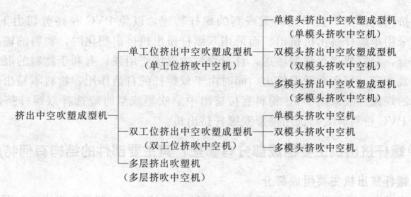

图 2-2 挤出中空吹塑机的分类

图 2-3 挤出吹瓶机

2.1.4 挤出中空吹塑成型用的挤出机主要有哪些类型？生产中应如何选择挤出机类型？

挤出中空吹塑成型用的挤出机主要有单螺杆挤出机和双螺杆挤出机两种类型。

在中空吹塑制品的生产中对于挤出机类型的选用，通常是根据物料的性质来选择。当采用 PE、PP、PC、PET、PVC 粒料等中空吹塑制品时，一般选用单螺杆挤出机；而采用 PVC 粉料直接中空吹塑成型时，则大都选用双螺杆挤出机。这主要是由于单螺杆挤出机挤出时，固体粒子或粉末状的物料自料斗进入机筒后，在旋转着的螺杆的作用下，通过机筒内壁和螺杆表面的摩擦作用向前输送，摩擦力越大，越有利于固体物料的输送；反之摩擦力小，不利于物料的前移输送。在加工过程中，PP、PE 等颗粒料与机筒内壁的摩擦较大，有利于物料的向前输送，而在螺杆的压缩比的作用下逐渐被压实；同时，由于机筒外部加热器的加热、螺杆和机筒对物料产生的剪切热以及物料之间产生的摩擦热，使物料前移的过程中温度逐渐升高而熔融，最后形成密实的熔体被挤出机头并成型。因此 PP、PE 等颗粒料一般可选用单螺杆挤出机。

而采用 PVC 粉末状树脂直接中空吹塑时，粉末状树脂与挤出机机筒内壁的摩擦系数小，摩擦力小，不利于物料在加料段的向前输送。另外，由于 PVC 的热稳定性差，熔体黏度大，流动性差，挤出过程中不宜采用高温或高的螺杆转速，以免 PVC 在高剪切力下出现降解，因此不利于采用单螺杆挤出机挤出。而采用双螺杆挤出机挤出塑化时，物料的输送是通过两根螺杆的啮合，对物料进行强制输送，且对物料的混炼作用强，有利于物料的混合均匀，对物料的塑化效率高，可实现低温挤出。同时由于双螺杆的自洁作用，物料不易出现积存而引起过热分解的现象。故采用 PVC 粉料直接挤出中空吹塑成型时应选择双螺杆挤出机，特别是挤出硬质 PVC 粉料时大都选用锥形双螺杆挤出机。

2.1.5 单螺杆挤出机主要组成部分有哪些？其主要部件的结构有何特点？

(1) 单螺杆挤出机主要组成部分

单螺杆挤出机由挤压系统、传动系统、加热冷却系统和加料装置所组成，如图 2-4 所示。

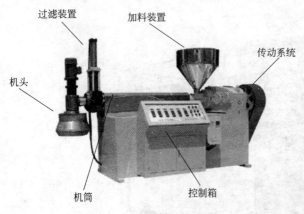

图 2-4 单螺杆挤出机组成

① 挤压系统 主要由机筒、螺杆、分流板和过滤网等组成。其作用是将粒状、粉状或其他形状的塑料原料在温度和压力的作用下塑化成均匀的熔体，然后被螺杆定温、定压、定量、连续地挤入机头。

② 传动系统 主要由电机、齿轮减速箱和轴承等组成。其作用是驱动螺杆，并使螺杆在给定的工艺条件（如温度、压力和转速等）下获得所必需的扭矩和转速并能均匀地旋转，完成挤塑过程。

③ 加热冷却系统 主要由机筒外部所设置的加热器、冷却装置等组成。其作用是通过对机筒、螺杆等部件进行加热或冷却，保证成型过程在工艺要求的温度范围内完成。

④ 加料装置 主要由料斗和自动上料装置等组成，其作用是向挤压系统稳定且连续不断地提供所需的物料。

(2) 主要部件的结构特点

① 螺杆 螺杆是挤出机的关键部件，挤出机螺杆的结构形式比较多，包括普通螺杆和新型螺杆。普通螺杆与机筒如图 2-5 所示，螺杆的主要参数包括螺杆直径、螺杆的有效工作长度、长径比、螺槽深度、螺距、螺旋角、螺棱宽度、螺杆（外径）与机筒（内壁）的间隙等，其基本参数的表示如图 2-6 所示。

螺杆直径（D）是指螺杆外径，单位用 mm表示。

螺杆的有效工作长度（L）是指螺杆工作部分的长度，单位为 mm。对普通螺杆人们常常把螺杆的有效工作长度 L 分为加料段（L_1）、熔融段（L_2）、均化段（L_3）三段。

图 2-5 普通螺杆与机筒

a. 加料段 L_1 其作用是将松散的物料逐渐压实并送入下一段；减小压力和产量的波动，从而稳定地输送物料；对物料进行预热。

b. 熔融段 L_2 又称为压缩段，其作用是把物料进一步压实；将物料中的空气推向加料

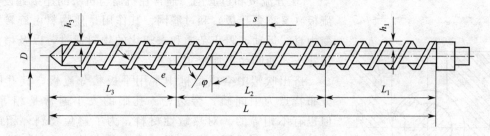

图 2-6　普通螺杆的基本参数

段排出；使物料全部熔融并送入下一段。

c. 均化段 L_3　又称计量段，其作用是将已熔融物料进一步均匀塑化，并使其定温、定压、定量、连续地挤入机头。

螺杆长径比是指螺杆有效工作长度（L）与螺杆直径 D 之比，通常用 L/D 表示。

螺槽深度是一个变化值，用 h 表示，单位为 mm。对普通螺杆来说，加料段的螺槽深度用 h_1 表示，一般是一个定值；均化段的螺槽深度用 h_3 表示，一般也是一个定值；熔融段的螺槽深度是变化的，用 h_2 表示。

螺距是指相邻两个螺纹之间的距离，一般用 s 表示，单位为 mm。

螺旋角是指在中径圆柱面上，螺旋线的切线与螺纹轴线的夹角，一般用 φ 表示，单位为（°）。

螺棱宽度是指螺棱法向宽度，用 e 表示，单位为 mm。

螺杆（外径）与机筒（内壁）的间隙一般用 δ 表示，单位为 mm。

普通螺杆按其螺纹升程和螺槽深度不同，分为等距变深螺杆、等深变距螺杆和变深变距螺杆。其中等距变深螺杆按其螺槽深度变化快慢，又分为等距渐变螺杆和等距突变螺杆。而新型螺杆则包括分离型螺杆、屏障型螺杆、分流型螺杆和波状螺杆等。

目前挤出吹塑中空成型机中常用的螺杆是等距渐变螺杆和等距突变螺杆。等距渐变螺杆又有两种主要的结构形式：一种是从加料段的第一个螺槽开始直至均化段的最后一个螺槽的深度逐渐变浅；另一种是加料段和均化段是等深螺槽，在比较长的熔融段上，螺槽深度逐渐变浅。在挤出吹塑中空成型机中，后者较前者用得更为普遍，因为它加工容易，且能很好地满足非结晶型高聚物（如 PVC、PS）的工艺要求。对于结晶型高聚物（如 PE、PP、PET），在温度升高至它的熔点之前，没有明显的高弹态，或者说它的软化温度范围较窄（如 LDPE、PA），因此一般选用等距变深型螺杆。

② 机筒　机筒是仅次于螺杆的重要零件，机筒也是在高压、高温、严重的磨损、一定的腐蚀条件下工作的。在挤塑过程中，机筒还有将热量传给物料或将热量从物料中传走的作用。机筒上还要设置加热冷却系统，安装机头。此外，机筒上要开加料口，而加料口的几何形状及其位置的选定对加料性能的影响很大。机筒内表面的粗糙度、加料段内壁开设沟槽等，对挤塑过程有很大影响。

机筒分为整体式机筒、分段式机筒和双金属机筒。在挤出吹塑中空成型机中常用的是整体式机筒。为了提高输送能力，机筒的加料段内壁需开槽。开槽的方式有直槽、斜槽和螺旋槽。挤出中空吹塑成型机中，小型中空机的机筒不开槽（光槽），大中型中空机的机筒中通常开直槽，并带有一定锥度，锥度一般控制在 $3°20'$ 以内。为了方便料斗中的物料能自由地流入螺槽中，机筒上的加料口断面形状如图 2-7 所示，即右壁面下部与机筒内圆相切。其特点是进料断面大，物料进入顺畅。

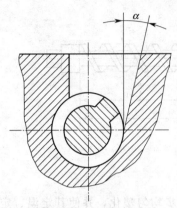

图 2-7 机筒上的加料口断面形状

③ 分流板和过滤网　通常在机筒与机头的连接处设有分流板（又称多孔板）和过滤网，其作用是使物料由旋转运动变为直线运动，阻止杂质和未塑化的物料通过，以及增加料流背压，使制品更加密实。

挤出吹塑中空成型机中常用平板状分流板，其孔眼的分布特点为中间疏、旁边密。孔眼的大小通常是相等的，但也有不相等的。对热敏性材料，为了避免物料停留时间过长而分解，采用中间孔眼疏且直径大的分流板。孔眼直径一般为 2～7mm，孔眼的总面积通常为分流板总面积的 30%～70%。

过滤网的更换目前均采用不停机换网和自动换网两种方式，网的细度为 20～80 目（孔径 0.9～0.18mm）。

2.1.6　螺杆头部的结构形式有哪些？各有何特点？

(1) 螺杆头部的结构形式

在挤出过程中，随着螺杆的旋转，熔体被挤压进入机头流道时，料流形式急剧改变，由螺旋带状的流动变成直线流动。为了得到较好的挤塑质量，要求物料尽可能平稳地从螺杆进入机头，尽可能避免物料产生滞流和局部受热时间过长而产生热分解现象。这与螺杆头部的结构形式、螺杆末端螺棱的形状等密切相关。常见螺杆头部的结构形式主要有钝形螺杆头、锥形螺杆头、锥部带螺纹的螺杆头及鱼雷头形的螺杆头等，如图 2-8 和图 2-9 所示。

(2) 螺杆头部的结构特点

钝头螺杆头部有三种形式，如图 2-9 中的 (a)～(c) 所示，图 (a) 和 (b) 两种螺杆头部的锥角一般为 140°左右。这种形式的螺杆头前面有较大的空间，容易使物料在螺杆头前面停滞而产生热分解，故一般用于加工热稳定性较好的（如聚烯烃类）塑料，挤出过程中挤出波动较大，采用这些形式的螺杆头时，一

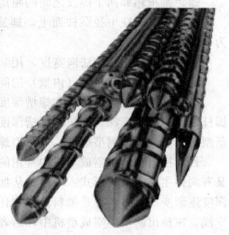

图 2-8　螺杆头部的结构

般要求前面安装分流板和过滤网（即图 2-9 中的部件Ⅰ），以增加熔体的压力，减少挤出的波动，提高挤出的稳定性。

锥形螺杆头如图 2-9(d) 所示，为普通螺杆头的形式，螺杆头的锥角一般在 90°～140°，带有较长的锥面，主要用于加工热稳定性较差的（如 PVC）塑料，但仍会出现少量物料停滞而被烧焦的现象；如图 2-9(e) 所示的螺杆头是斜切截锥体式，其端部有一个椭圆平面，当螺杆转动时，它能使料流搅动，物料不易因滞流而分解。

锥部带螺纹的螺杆头如图 2-9(f) 所示，这种螺杆头能使物料借助锥部螺纹的作用而运动，较好地防止物料的滞流烧焦，主要用于产品质量要求较高的成型及电缆行业等。

鱼雷头式的螺杆头如图 2-9(g) 所示，这种形式的螺杆头呈光滑的鱼雷头式，其全长 l 为 $(2～5)D$，它与机筒的间隙通常为均化段螺槽深度 h_3 的 40%～50%。有的鱼雷头表面还开有沟槽或其他表面几何形状。带有这种螺杆头的螺杆，具有良好的混合剪切作用，能增大流体的压力和消除波动现象，常用来挤出黏度较大、导热性不良或有较为明显熔点的物料，

如纤维素、聚苯乙烯、聚酰胺、有机玻璃等，也适用于聚烯烃造粒。

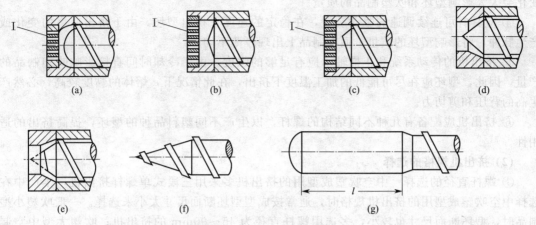

图 2-9 螺杆头的结构形式

2.1.7 挤出中空吹塑 HDPE 产品时为何选用槽型进料机筒会比较好？

挤出中空吹塑 HDPE 产品时一般选用槽型进料机筒会比较好，这主要是由于挤出中空吹塑 HDPE 通常采用单螺杆挤出机挤出塑化物料，而采用单螺杆挤出时，固体物料的输送一般要求物料与机筒内壁的摩擦系数要大，与机筒内壁作用力大，而与螺杆的摩擦系数尽量小，与螺杆作用力小，这样有利于物料在机筒内壁与螺杆螺槽间产生相对向前的滑动。如果颗粒与机筒内壁摩擦力小，物料在机筒内只会随螺杆在螺槽内转动而不向前移动，造成挤出机挤不出物料。HDPE 物料的摩擦系数小，与机筒内壁作用力小，故单螺杆挤出时物料的输送量小，挤出的产量就小，生产效率低。当采用槽型进料机筒时，物料在进料段与槽齿产生啮合，增大了物料与机筒内壁的摩擦，从而可以增大物料的输送量，提高产量与生产效率，降低成本。在生产中单螺杆挤出机机筒加料段采用长方形沟槽的结构尺寸，见表 2-1。

表 2-1 挤出机机筒内长方形沟槽的结构尺寸

螺杆直径 D/mm	沟槽数目/个	槽宽 h/mm	槽深 b/mm
45	4	8	3
65	6	8	3
90	8	10	4
120	12	10	4
150	16	10	4

2.1.8 中空吹塑成型用的挤出机应满足哪些要求？生产中应如何选择挤出机规格？

(1) 中空吹塑成型用的挤出机应满足的要求

挤出机的类型较多，中空吹塑时不论采用哪种类型的挤出机，为生产出合乎质量要求的产品，选用的挤出机必须满足以下几方面的要求。

① 型坯的挤出必须与合模、吹胀、冷却所要求的时间一样快，挤出机应有足够的生产率，不使生产受限制。

② 挤出机混炼塑化效果好，型坯的外观质量要好，因为型坯存在缺陷，吹胀后缺陷会更加显著。型坯的外观质量和挤出机的混合程度有关，在着色吹塑制品的情况下尤其重要。

③ 挤出机对温度和挤出速率应有精确的测定与控制，控制温差小于±2℃。挤出成型型

坯的尺寸大小、熔体黏度和温度应均匀一致，以利于提高产品质量。否则温度和挤出速率的变化会大大影响型坯和吹塑制品的质量。

④ 应具有可连续调速的驱动装置，在稳定的速度下挤出型坯。由于挤出速率的变化或产生脉冲，将影响型坯的质量，而在制品上出现厚薄不均。

⑤ 挤出机的传动系统和止推轴承应有足够的强度。由于冷却时间直接影响吹塑制品的产量，因此，型坯应在尽可能低的加工温度下挤出，在此情况下，熔体的黏度较高，必然产生高的背压和剪切力。

⑥ 挤出机应配备有几种不同结构的螺杆，以生产不同塑料品种的型坯，提高挤出的适用性。

(2) 挤出机规格的选择

① 螺杆直径的选择　中空吹塑成型用的挤出机多采用三段式单螺杆挤出机，生产中在选择中空吹塑成型用的挤出机规格时，通常按成型型坯断面尺寸大小来选择。一般吹塑小型制品时，型坯断面尺寸也较小，多选用螺杆直径为 45~90mm 的挤出机；吹塑大型中空制品时，型坯断面尺寸较大，多选用螺杆直径为 120~150mm 的挤出机。也可采用两台中小型挤出机组合来吹塑大型制品的。

② 杆长径比的选择　中空吹塑成型用的挤出机螺杆形式一般选用等距不等深的渐变形螺杆。对聚烯烃和尼龙类塑料则可选用突变形螺杆。挤出机螺杆长径比的选取要根据被加工物料的性能和对产品质量的要求来考虑，螺杆的长径比的选取应适宜。一般长径比太小，物料塑化不均匀，供料能力差，型坯的温度不均匀；长径比大些，分段向物料进行热和能的传递较充分，料温波动小，料筒加热温度较低，能制得温度均匀的型坯，可提高产品的精度及均匀性，并适用于热敏性塑料的生产。

对于热敏性物料的加工，如 PVC 等宜选用较小的螺杆长径比，因过大的螺杆长径比易于造成停留时间过长而产生分解；对于要求较高温度和压力的物料，如含氟塑料等，就需要用较大长径比的螺杆来加工；对于产品质量要求不太高（如废旧料回收造粒）时，可选用较小的螺杆长径比，否则应选用较大的螺杆长径比；对于不同几何形状的物料，螺杆长径比要求也不一样，如对于粒状料，由于经过塑化造粒，螺杆长径比可选小些，而对于未经塑化造粒的粉状料，则要求螺杆长径比大些，一般螺杆长径比为 20~30。生产中部分塑料要求螺杆的长径比见表 2-2。

表 2-2　生产中部分塑料要求螺杆的长径比

塑料名称	长径比	塑料名称	长径比
PVC-U	16~22	ABS	20~24
软 PVC	12~18	PS	16~22
PE	22~25	PA	16~22
PP	22~25		

③ 螺杆的压缩比　螺杆的压缩比是由于螺杆压缩段螺槽的容积变小使物料获得压实作用大小的表征。螺杆设计一定的压缩比的作用是将物料压缩、排除气体、建立必要的压力，保证物料到达螺杆末端时有足够的致密度，故螺杆的压缩比对塑料挤出成型的工艺控制有重要影响。

在选择螺杆的压缩比时应根据塑料的物理性质，如物料熔融前后的密度变化、在压力下熔融物料的压缩性、挤塑过程中物料的回流及制品性能要求等进行选择。一般密度大的物料压缩比宜较小些，密度小的物料压缩比要较大些。目前大都是根据经验加以选择，对聚烯烃塑料，压缩比选 (3~4):1，对 PVC 粒料常选 (2~2.5):1，常用中空吹塑成型的压缩比见表 2-3。

表 2-3　常用中空吹塑成型的压缩比

塑　料	压缩比	塑　料	压缩比
硬聚氯乙烯粒料	2.5	ABS	1.8
硬聚氯乙烯粉料	3～4	聚碳酸酯	2.5～3
软聚氯乙烯粒料	3.2～3.5	尼龙6	3.5
软聚氯乙烯粉料	3～5	尼龙66	3.7
聚乙烯	3～4	尼龙11	2.8
聚丙烯	3.7～4	尼龙1010	3
PET	3.5～3.7	聚苯乙烯	2～2.5

2.1.9　采用单螺杆挤出机中空吹塑成型时，螺杆为什么要冷却？应如何控制？

单螺杆挤出机挤出过程中对螺杆冷却的目的如下。

① 控制螺杆和物料的摩擦系数，使其与机筒和物料之间的摩擦系数差值最大，以利于固体物料的输送。

② 控制制品质量，实现低温挤出熔料。对于熔体黏度大的塑料，如硬聚氯乙烯，其流动性差，与螺杆表面之间摩擦较大，易产生较大的摩擦热，为防止螺杆因摩擦热过大而升温，造成螺杆表面黏附熔料而引起分解、烧焦，必须降低螺杆温度。

螺杆一般可采用冷却水进行冷却，螺杆温度应控制适当，若温度过低会造成机筒内熔料的反压力增加，产量下降，甚至会发生物料挤不出来而损坏螺杆轴承的事故。

生产中螺杆温度一般控制在 80～100℃ 之间。螺杆的冷却速率可用冷却水的流量来控制，冷却水流量越大，冷却越快。螺杆冷却的强度可根据冷却水的出水温度来判断。如果出水温度低，则说明冷却程度大。螺杆冷却应控制出水温度不低于 70℃。

2.1.10　采用单螺杆挤出机时螺杆的形式应如何选用？

单螺杆挤出机的普通螺杆通常按螺槽深度变化快慢可分为渐变型螺杆和突变型螺杆两种形式。生产过程中螺杆形式通常应根据所加工物料的性质来选择。突变型螺杆由于具有较短的压缩段，有的甚至只有 $(1\sim2)D$，对物料能产生巨大的剪切。故适用于黏度低、具有突变熔点的结晶性塑料，如 HDPE、PP、尼龙等。因结晶性塑料的熔融温度范围较窄，熔融时体积会发生突变，由颗粒变成低黏度的熔体，为保证熔体处于压实状态，以排出熔体中的气体挥发分，此时螺杆的螺槽容积则也应发生变化，由大容积的螺槽变成小容积螺槽。因此结晶性塑料选择突变型螺杆比较合适。但对于熔体黏度高的塑料来说，突变的螺槽容积则容易引起局部过热，故不太适合。

渐变型螺杆由于螺槽容积变化较缓，对大多数物料能够提供较好的热传导，同时对物料的剪切作用也较小，而且可以控制。因此可适用于熔程较长的无定形塑料及热敏性塑料的加工，也可用于结晶性塑料。

2.1.11　分离型螺杆、屏障型螺杆、分流型螺杆及波型螺杆各有何特点？

(1) 分离型螺杆

分离型螺杆是指在挤出塑化过程中能将螺槽中固体颗粒和塑料熔体相分离的一类螺杆。根据塑料熔体与固体颗粒分离的方式不同，分离型螺杆又分为 BM 螺杆、Barr 螺杆和熔体槽螺杆等。分离型螺杆的基本结构如图 2-10 所示，这种螺杆的加料段和均化段与普通螺杆的结构相似，不同的是在熔融段增加了一条起屏障作用的附加螺棱（简称副螺棱），其外径小于主螺棱，这两条螺棱把原来一条螺棱形成的螺槽分成两个螺槽以达到固液分离的目的。

一条螺槽与加料段相通，称为固相槽，其螺槽深度由加料段螺槽深度变化至均化段螺槽深度；另一条螺槽与均化段相通，称为液相槽，其螺槽深度与均化段螺槽深度相等。副螺棱与主螺棱的相交始于加料段末，终于均化段初。

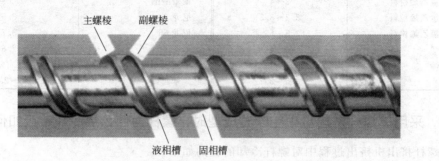

图 2-10　分离型螺杆的基本结构

当固体床形成并在输送过程中开始熔融时，因副螺棱与机筒的间隙大于主螺棱与机筒的间隙，使固相槽中已熔的物料越过副螺棱与机筒的间隙而进入液相槽，未熔的固体物料不能通过该间隙而留在固相槽中，这样就形成了固、液相的分离。由于副螺棱与主螺棱的螺距不等，在熔融段形成了固相槽由宽变窄至均化段消失，而液相槽则逐渐变宽直至均化段整个螺槽的宽度。

分离型螺杆具有塑化效率高，塑化质量好，由于附加螺棱形成的固、液相分离而没有固体床破碎，温度、压力和产量的波动都比较小，排气性能好，单耗低，适应性强，能实现低温挤出等特点。

（2）屏障型螺杆

所谓屏障型螺杆就是在普通螺杆的某一位置设置屏障段，使未熔的固相物料不能通过，并促使固相物料彻底熔融和均化的一类螺杆，如图 2-11 所示。典型的屏障段有直槽形、斜槽形、三角形等。如图 2-12 所示为直槽屏障段的结构，它是在一段外径等于螺杆直径的圆柱上交替开出数量相等的进、出料槽，按螺杆转动方向，进入出料槽前面的凸棱比螺杆外半径小一个径向间隙值 C，C 称为屏障间隙，这是每一对进、出料槽的唯一通道，这条凸棱称为屏障棱。当物料从熔融段进入均化段后，含有未熔物料的熔体流到屏障段时，被分成若干股料流进入屏障段的进料槽，熔体和粒度小于屏障间隙 C 的固态小颗粒料越过屏障棱进入出料槽。塑化不良的小颗粒料在屏障间隙中受到剪切作用，大量的机械能转变为热能，使小颗粒物料熔融。另外，由于在进、出料槽中的物料一方面做轴向运动；另一方面由于螺杆的旋转作用又使这些物料做圆周运动，两种运动使物料在进、出料槽中做涡状环流运动，其结果在进料槽中的熔融物料和塑化不良的固体物料进行热交换，促使固体物料熔融；在出料槽

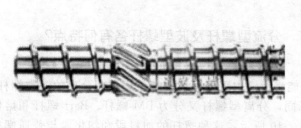

（a）　　　　　　　　　　　　　　　　（b）

图 2-11　屏障型螺杆

中物料的环流运动也同样使熔融物料进
一步混合和均化。物料进入进料槽，被
若干条进料槽分成小料流（视进料槽数
量），越过屏障间隙进入出料槽之后又
汇合在一起，加上在进、出料槽中的环
流运动，物料在屏障段得到进一步的混
合作用。

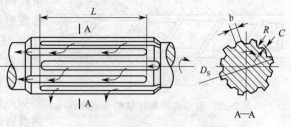

图 2-12　直槽屏障段的结构

　　屏障段是以剪切作用为主，混合作
用为辅的元件。屏障段通常是用螺纹连接于螺杆主体上，替换方便，屏障段可以是一段，也
可以将两个屏障段串接起来，形成双屏障段，可以得到最佳匹配来改造普通螺杆。它适于加
工聚烯烃类物料。屏障型螺杆的产量、质量、单耗等项指标都优于普通螺杆。

（3）分流型螺杆

　　所谓分流型螺杆是指在普通螺杆的某一位置上设置分流元件，将螺槽内的料流分割，以
改变物料的流动状况，促进熔融、增强混炼和均化的一类新型螺杆。其中利用销钉起分流作
用的简称为销钉型螺杆，如图 2-13 所示；利用通孔起分流作用的则称为 DIS 螺杆。

　　销钉型螺杆是在普通螺杆的熔融段或均化段的螺槽中设置一定数量的销钉，且按照一定
的相隔间距或方式排列。销钉可以是圆柱形的，也可以是方形或菱形；可以是装上去的，也
可以是铣出来的。由于在螺杆的螺槽中设置了一些销钉，故易将固体床打碎，破坏熔池，打
乱两相流动，并将料流反复地分割，改变螺槽中料流的方向和速度分布，如图 2-14 所示，
使固相物料和液相物料充分混合，增大固体床碎片与熔体之间的传热面积，对料流产生一定
阻力和摩擦剪切，从而增加对物料的混炼、均化。

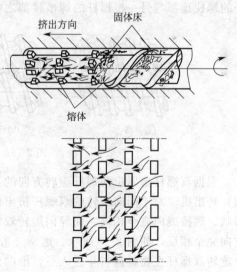

图 2-13　销钉型螺杆　　　　　　　　图 2-14　销钉型螺杆的分流示意

　　销钉型螺杆是以混合作用为主，剪切作用为辅。这种形式的螺杆在挤出过程中不仅温度
低、波动小，而且在高速下这个特点更为明显。可以提高产量，改善塑化质量，提高混合均
匀性和填料分散性，获得低温挤出。

（4）波型螺杆

　　波型螺杆是螺杆螺棱呈波浪状的一类螺杆。常见的是偏心波型螺杆。如图 2-15 所示是
偏心波型螺杆结构示意。它一般设置在普通螺杆原来的熔融段后半部至均化段上。波型段螺

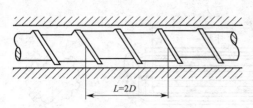

图 2-15　偏心波型螺杆结构示意

槽底圆的圆心不完全在螺杆轴线上，是偏心地按螺旋形移动，因此，螺槽深度沿螺杆轴向改变，并以 2D 的轴向周期出现，槽底呈波浪形，所以称为偏心波状螺杆。物料在螺槽深度呈周期性变化的流道中流动，通过波峰时受到强烈的挤压和剪切，得到由机械功转换来的能量（包括热能），到波谷时，物料又膨胀，使其得到松弛和能量平衡。其结果加速了固体床破碎，促进了物料的熔融和均化。

由于物料在螺槽较深之处停留时间长，受到剪切作用小，而在螺槽较浅处受到剪切作用虽强烈，但停留时间短。因此，物料温升不大，可以达到低温挤出。另外，波状螺杆物料流道没有死角，不会引起物料的停滞而分解，因此，可以实现高速挤塑，提高挤塑机的产量。

2.1.12　双螺杆挤出机有哪些类型？各有何特点？

（1）双螺杆挤出机的类型

根据两根螺杆相对的位置不同以及两根螺杆间相对旋转方向的不同，形成了多种类型。双螺杆挤出机按两根螺杆中心距的大小分为啮合型和非啮合型两种，如图 2-16 所示。非啮合型双螺杆挤出机也称外径接触式或外径相切式双螺杆挤出机，其特点是两根螺杆轴线间的距离 I 不小于两根螺杆的外圆半径之和。啮合型双螺杆挤出机的螺杆轴线间距小于两根螺杆外圆半径之和。根据一根螺杆的螺棱插到另一根螺杆螺槽中的深浅程度，亦即啮合程度，又分为全啮合型（紧密啮合型）和部分啮合型（不完全啮合型）。所谓全啮合型是指啮合时一根螺杆螺棱顶部与另一根螺杆螺槽根部之间不留任何间隙；所谓部分啮合是指啮合时一根螺杆的螺棱顶部与另一根螺杆的螺槽腰部之间留有间隙。

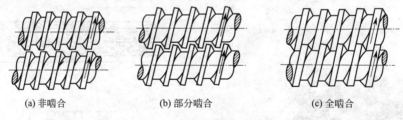

(a) 非啮合　　　　(b) 部分啮合　　　　(c) 全啮合

图 2-16　双螺杆的啮合类型

根据双螺杆挤出机两螺杆旋转方向的不同，可分为同向旋转双螺杆挤出机和异向旋转双螺杆挤出机。对于同向旋转的双螺杆挤出机，因其螺杆旋转方向一致，因此两根螺杆的几何形状、螺棱旋向完全相同。而异向旋转双螺杆挤出机的两根螺杆的几何形状对称，螺棱旋转方向完全相反，如图 2-17 所示。通常一般螺杆的旋转方向为向外异向旋转较多见，因为向外旋转双螺杆在物料自料斗进入后，沿向外旋转的螺杆向两边迅速自然分开并充满螺槽，不易出现"架桥"现象，有利于物料的输送，且随着螺杆的输送，物料很快与机筒内壁接触，有利于充分吸收外热，提高了塑化效率。同时，由于物料由下方进入螺杆间隙，产生一个向上的推力，与螺杆的重力方向相反，可以减少螺杆与机筒的磨损。

根据两根螺杆轴线的相对位置，双螺杆挤出机可分为平行（圆柱体）双螺杆挤出机和锥形双螺杆挤出机。平行双螺杆的螺棱顶径面分布在圆柱面上，轴线平行；锥形双螺杆的螺纹分布在圆锥面上，螺杆头端直径较小。两根螺杆安装好后，其轴线呈相交状态，如图 2-18 所示。一般情况下，锥形双螺杆属于啮合向外异向旋转型双螺杆。双螺杆挤出机的类型如图 2-19 所示。

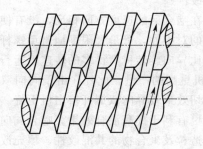

(a) 同向旋转的双螺杆　　　　　　(b) 异向旋转的双螺杆

图 2-17　同向和异向旋转的双螺杆

(a) 平行双螺杆　　　　　　　　　(b) 锥形双螺杆

图 2-18　平行和锥形双螺杆

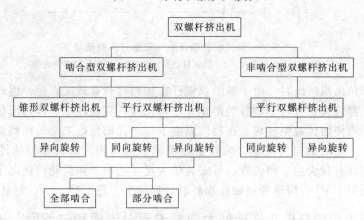

图 2-19　双螺杆挤出机的类型

(2) 常用类型双螺杆挤出机的特点

双螺杆挤出机挤出时物料在熔融塑化前必须压实，以利于排气、传热、加速熔融塑化及获得密实的制品，而物料的压实主要通过双螺杆压缩比、在螺杆上设置反向螺棱元件或反向捏合块等方法实现。

对于啮合型异向旋转双螺杆挤出机，当物料随螺杆的旋转，在压力梯度作用下通过啮合区的间隙时，对螺杆产生巨大的分离力，即螺杆的横压力对进入间隙的物料产生辊压和剪切摩擦作用。这样，一方面提高了物料的塑化、混合质量；另一方面又容易加剧螺杆与机筒的磨损，且螺杆转速越高，磨损越严重。通常把这种效应称为"压延效应"。因此，该类挤塑机的螺杆转速较低，一般低于 60r/min。啮合异向双螺杆挤出机主要用于粉料聚氯乙烯直接挤出制品或造粒，也可用于聚合物的物理、化学改性。

在同向平行双螺杆挤出机中，由于两根螺杆在啮合区的速度方向相反，没有使螺杆向两边推开的分离力，不存在压延效应，保证了螺杆的对中性，可最大限度地避免螺杆与机筒间产生磨损，这就使同向旋转双螺杆挤出机可以在比异向旋转机高得多的转速下运行，一般可达300~500r/min，从而获得比异向双螺杆挤出机更高的产量。此外，由于同向双螺杆螺槽中，剪应力大且分布均匀，剪切速率快，因此剪切效果较异向双螺杆挤出机更好。在同向双螺杆挤出机上还可配置捏合盘等混炼元件，这样更有利于提高混合效果。啮合同向双螺杆挤出机主要用于聚合物合成时的脱水、脱挥发物、造粒及聚合物的共混改性、填充改性、增强改性和反应挤出等。

非啮合双螺杆挤出机由于物料有多种复杂流动，如图2-20所示，故其混合性能优于单螺杆挤出机。通常非啮合型双螺杆挤出机具有长径比大（可达120）、单位长度上的自由体积大（比相同直径啮合型双螺杆大25%）、物料在螺杆中停留时间长、良好的分布混合能力、良好的排气性能和建压能力低（因漏流比较大）等特点，主要用于聚合物合成中的脱水、脱挥发物、反应挤出和塑料回收等。

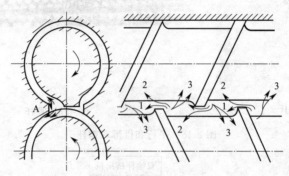

图2-20 物料在非啮合平行双螺杆中的流动
1—螺杆啮合间隙流动；2—沿螺杆轴向流动；3—螺杆径向方向流动

锥形双螺杆挤出机挤出时，由于锥形双螺杆在加料段具有较大直径，因此对物料的传热面积及剪切速率都较大，有利于物料的塑化；在均化段，直径减小，传热面积和对熔体的剪切速率均减小，能使熔体避免过热而在较低温度下挤出；均化段末端螺杆截面积小，因此在同等机头压力下，它的轴向力减小，减轻了止推轴承的负担；两根螺杆的轴线交叉成一夹角，使螺杆尾部具有较大的空间位置，可安装较大尺寸的轴承和齿轮，提高了传动箱的承载能力。它主要适用于PVC粉料和热敏性物料的成型加工，特别是SPVC制品的挤塑成型。

2.1.13 挤出机机筒与机头连接处为何要设置分流板和过滤网？挤出过程中设置分流板和过滤网有何要求？

(1) 设置分流板和过滤网的目的

在机筒和机头连接处安装分流板及过滤网的分流板（又称多孔板）与过滤网的目的是使物料由旋转运动变为直线运动，阻止金属等杂质和未塑化的物料进入机头，改变熔体压力，以控制塑化质量。

(2) 设置分流板和过滤网的要求

分流板有各种形式，目前使用较多的是结构简单、制造方便的平板式分流板，如图2-21所示。为使物料通过分流板之后的流速均匀，常使孔的分布为中间疏，边缘密，孔的大小通常是相等的，其直径一般为2~7mm，并随螺杆直径的增大而增大。孔的布置多按

同心圆排列，也有按六角形排列的孔的总面积为分流板
有效面积的 30%～70%。分流板的厚度由挤出机的尺寸
及其承受压力的大小而定，一般为机筒内径的 20%～
30%。为了有利于物料的流动和分流板的清理，孔道应
光滑无死角，并在孔道进料端要倒出斜角。分流板多用
不锈钢制成。

图 2-21 平板式分流板

　　安放分流板时，分流板至螺杆头的距离不宜过大，
否则易积存物料，使热敏性的塑料分解，但也不宜过小，
否则使料流不稳定，对制品质量不利。通常使螺杆头部
与分流板之间的容积小于或等于均化段一个螺槽的容积，
其距离约为 $0.1D$（D 为螺杆直径）。

　　过滤网通常用于对制品质量要求较高或需要较高塑
化压力的场合，例如透明的中空制品、表观质量要求高的中空制品等，而对于挤出 UPVC
等黏度大而热稳定性差的物料，一般不用过滤网，甚至也不用分流板。过滤网的细度和层数
取决于物料的性能、挤出机的形式、制品的形状和要求等。网的细度为 20～120 目，层数为
1～5 层。如果用多层过滤网，可将细的放在中间，两边放粗的，若只有两层，应将粗的靠
分流板放，这样细的可以得到支承，以防止被料流冲破。

　　为了保证制品的质量，应当定期地更换过滤网。其换网方式有非连续性换网和连续性换
网。非连续性换网方式的换网器有多种，如图 2-22 所示的手动快速换网器是最简单的一种，
这种换网器在换网时挤塑生产线必须中断，因而影响挤塑机的工作效率。连续性换网是由液
压油缸的活塞推动，在更换滤网时，滑板通过油缸的活塞推力而挤过熔体的流道，同时把新
的滤网组换入。这一动作过程在 1s 内完成，挤塑机不需要停车，因此，可充分发挥挤塑机
的工作效率，连续滑动式换网器如图 2-23 所示。

图 2-22 手动快速换网器

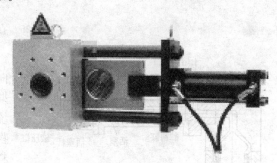

图 2-23 连续滑动式换网器

2.1.14 机头的结构形式有哪些？各有何特点和适用性？

　　挤出吹塑机头结构形式通常分为转角机头、直通式机头和带贮料缸式机头三种类型。转
角机头由于熔体流动方向由水平转向垂直，熔体在流通中容易产生滞留，加之连接管到机头
口模的长度有差别，机头内部的压力平衡受到干扰，会造成机头内熔体性能差异，型坯表面
易出现熔接线。一般对于转角机头，内流道应有较大的压缩比，口模部分有较长的定型段，
如图 2-24 所示为出口向下的转角机头。目前绝大多数吹塑成型是采用出口向下的转角机头。

　　直通式机头与挤出机呈一字形配置，如图 2-25 所示，从而避免塑料熔体流动方向的改
变，可防止塑料熔体过热而分解。直通式机头的结构能适应热敏性塑料的吹塑成型，常用于
硬 PVC 透明瓶的制造。

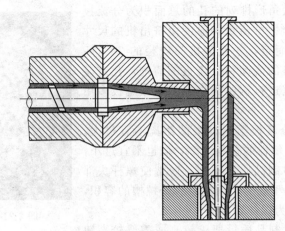

图 2-24 出口向下的转角机头

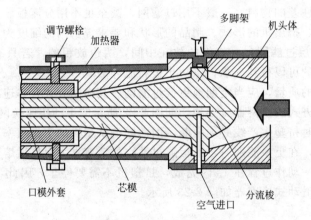

图 2-25 直通式机头

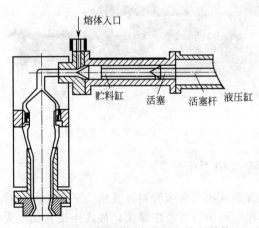

图 2-26 活塞式带贮料缸式机头的结构

带贮料缸式机头在挤出过程中，由挤出机向贮料缸提供塑化均匀的熔体，按照一定的周期所需熔体数量贮存于贮料缸内。在贮料缸系统中由柱塞（或螺杆）定时、间歇地将所贮的物料迅速推出，形成大型的型坯。高速推出物料可减轻大型型坯的下坠和缩径，克服型坯由于自重下垂产生的变形而造成的制品壁厚的不一致性，同时挤出机可保持连续运转，为下一个型坯备料，该机头既能发挥挤出机能力，又能提高型坯的挤出速率，缩短成型周期。主要用于成型大型中空制品如垃圾箱等。带贮料缸式机头的结构形式有多种，如图 2-26 所示为活塞式带贮料缸式机头的结构。

2.1.15 挤出吹塑模具有哪些特点？

挤出吹塑模具主要赋予制品形状与尺寸，并使其冷却。其特点如下。

① 吹塑模具一般只有阴模，如图 2-27 所示。由于模颈圈与各夹坯块较易磨损，一般做

成单独的嵌块便于修复或更换，也可与模体做成一体。

② 吹塑模具型腔受到的型坯吹胀压力较小，一般为0.2～1.0MPa。因此，挤出吹塑用模具对材料的要求较低，选择范围较宽，选择材料时应综合考虑导热性能、强度、耐磨性、耐腐蚀性、抛光性、成本以及所用塑料与生产批量等因素。常用的材料有铝、铜铍合金、钢、锌镍铜合金及合成树脂等。吹塑模具型腔一般不需经硬化处理，除非要求长期生产。

③ 吹塑模腔内，型坯通过膨胀来成型，可减小制品上的流痕与接合线及模腔的磨损等问题。

④ 由于没有阳模，吹塑制品上有较深的凹陷也能脱模（尤其对硬度较低的塑料），一般不需要滑动嵌块。

图2-27 吹塑模具

⑤ 能有效地夹断型坯，保证制品接合线的强度。

⑥ 能快速、均匀地冷却制品，并减小模具壁内的温度梯度以减少成型时间与制品翘曲。

⑦ 能有效排气，可成型形状复杂的制品。

2.1.16 挤出吹塑模具的结构设计有何要求？

挤出吹塑模主要由两半阴模构成，一般由模体、模颈、模腔、切坯套、截坯口、导柱等组成，如图2-28所示。对于模具结构设计主要有如下要求

图2-28 吹塑模具结构组成

(1) 模具分型面设计的要求

挤出吹塑模具的结构设计时模具分型面位置的选择应使模具对称，减小吹胀比，易于制品脱模。因此，分型面的位置通常由吹塑制品的形状确定。大多数吹塑模具是设计成以分型面为界相配合的两个半模，对于形状不规则的瓶类和容器，分型面位置的确定特别重要，如位置不当将导致产品无法脱模或造成瓶体划伤。这时，需要用不规则分型面的模具，有时甚至要使用三个或更多的可移动部件组成的多分型面模具，利于产品脱模。对横截面为圆形的容器，分型面通过直径设置；对椭圆形容器，分型面应通过椭圆形的长轴；矩形容积的分型面可通过中心线或对角线，其中后者可减小吹胀比，但与分型面相对的拐角部位壁厚较小。对有些制品，则需要设置多个分型面。容器把手应沿分模面设置。把手的横截面应呈方形，拐角用圆弧过渡，优化壁厚分布。把手孔一般采用嵌块来成型。还可用注射法单独成型把手。

(2) 型腔的设计要求

吹塑模具型腔直接确定制品的形状、尺寸与外观性能。用于PE吹塑的模具型腔表面应稍微有点粗糙。否则，会造成模具型腔排气不良，夹留有气泡，使制品出现"橘皮纹"的表面缺陷。还会导致制品的冷却速率低且不均匀，使制品各处的收缩率不一样。由于PE吹塑模具的温度较低，加上型坯吹胀压力较小，吹胀的型坯不会楔入粗糙型腔表面的波谷，而是位于或跨过波峰，这样，可保证制品有光滑的表面，并提供微小的网状通道，使模腔易于排气。对模腔做喷砂处理可形成粗糙的表面。喷砂粒度要适当，对HDPE的吹塑模具，可采用较粗的粒度，LDPE要采用较细的粒度。蚀刻模腔也可形成粗糙的表面，还可在制品表面

形成花纹。吹塑高透明或高光泽性容器（尤其采用 PET、PVC 或 PP）时，要抛光模腔。对工程塑料的吹塑，模具型腔一般不能喷砂，除可蚀刻出花纹外，还可经抛光或消光处理。

模具型腔的尺寸主要由制品的外形尺寸并同时考虑制品的收缩率来确定。收缩率一般是指室温（22℃）下模腔尺寸与成型 24h 后制品尺寸之间的差异。如 HDPE 瓶的吹塑成型，其收缩率的 80%～90% 是在成型后的 24h 内发生的。

（3）模具切口

吹塑模具的模口部分应是锋利的切口，以利切断型坯。切断型坯的夹口的最小纵向长度为 0.5～2.5mm，过小会减小容器接合缝的厚度，降低其接合强度，甚至容易切破型坯而不易吹胀，过大则无法切断尾料，甚至无法使模具完全闭合。切口的形状，一般为三角形或梯形。为防止切口磨损，常用硬质合金材料制成镶块嵌紧在模具上，切口尽头向模具表面扩大的角度随塑料品种而异，LDPE 可取 30°～50°，HDPE 取 12°～15°。模具的启闭通常用压缩空气来操纵，闭模速度最好能调节，以适应不同材料的要求。如加工 PE 时，模具闭合速度过快，切口容易切穿型坯，使型坯无法得到完好的熔接。这就要在速度和锁模作用之间建立平衡，使得夹料部分既能充分熔接，又不致飞边难去除。

在夹坯口刃下方开设尾料槽，位于模具分型面上。尾料槽深度对吹塑的成型与制品自动修整有很大影响，尤其对直径大、壁厚小的型坯。槽深过小会使尾料受到过大压力的挤压，使模具尤其是夹坯口刃受到过高的应变，甚至模具不能完全闭合，难以切断尾料；若槽深过大，尾料则不能与槽壁接触，无法快速冷却，热量会传至容器接合处，使其软化，修整时会对接合处产生拉伸。每半边模具的尾料槽深度最好取型坯壁厚的 80%～90%。尾料槽夹角的选取也应适当，常取 30°～90°。夹坯口刃宽度较大时，一般取大值。

（4）模具中的嵌块

吹塑模具底部一般设置单独的嵌块，以挤压封接型坯的一端，并切去尾料。设计模底嵌块时应主要考虑夹坯口刃与尾料槽，它们对吹塑制品的成型与性能有重要影响。因此，应满足以下几方面的要求。

① 要有足够的强度、刚性与耐磨性，在反复的合模过程中承受挤压型坯熔体产生的压力。

② 夹坯区的厚度一般比制品壁的厚度大些，积聚的热量较多。因此，夹坯嵌块要选用导热性能高的材料来制造。同时考虑夹坯嵌块耐用性，铜铍合金是一种理想的材料。对软质塑料来说，夹坯嵌块一般可用铝制成，并可与模体做成一体。

③ 接合缝通常是吹塑容器最薄弱的部位，要在合模后但未切断尾料前把少量熔体挤入接合缝，适当增加其厚度与强度。

④ 应能切断尾料，形成整齐的切口。

成型容器颈部的嵌块主要有模颈圈与剪切块，剪切块位于模颈圈之上，有助于切去颈部余料，减小模颈圈的磨损。剪切块开口为锥形的，夹角一般取 60°，模颈圈与剪切块由工具钢制成，并硬化至 56～58HRC。

（5）模具的排气

成型容积相同的容器时，吹塑模具内排出的空气量比注射成型模具的大许多，要排除的空气体积等于模腔容积减去完全合模瞬时型坯已被吹胀后的体积，其中后者占较大比例，但仍有一定的空气夹留在型坯与模腔之间，尤其对大容积吹塑制品。另外，吹塑模具内的压力很小。因此，对吹塑模具的排气性能要求较高（尤其是型腔抛光的模具）。若夹留在模腔与型坯之间的空气无法完全或尽快排出，型坯就不能快速地吹胀，吹胀后不能与模腔良好地接触，会使制品表面出现粗糙、凹痕等缺陷，表面文字、图案不够清晰，影响制品的外观性能与外部形状，尤其当型坯挤出时出现条痕或发生熔体破裂时。排气不良还会延长制品的冷却时间，降低其力学性能，造成其壁厚分布不均匀。因此，要设法提高吹塑模具的排气性能。

(6) 模具加热与冷却

在吹塑时，塑料熔体的热量将不断传给模具，模具的温度过高会严重影响生产率。为了使模温保持在适当的范围，一般情况下，模具应设冷却装置，合理设计和布置冷却系统很重要。一般原则是：冷却水道与型腔的距离各处应保持一致，保证制品各处冷却收缩均匀。对于大型模具，为了改进冷却介质的循环，提高冷却效应，应直接在吹塑模的后面设置密封的水箱，箱上开设一个入水口和一个出水口。对于较小的模具，可直接在模板上设置冷却水通道，冷却水从模具底部进去，出水口设在模具的顶部，这样做一方面可避免产生空气泡；另一方面可使冷却水按自然升温的方向流动。模面较大的冷却水通道内，可安装折流板来引导水的流向，还可促进湍流的作用，避免冷却水流动过程中出现死角。

对于一些工程塑料，如 PC、POM 等，模具不仅不需要冷却，有时甚至要求在一定程度上升高模温，以保证型坯的吹胀和花纹的清晰，可在模具的冷却通道内通入加热介质或者采用电热板加热。

2.1.17 挤出吹塑模具的排气形式有哪些？各有何特点？

(1) 挤出吹塑模具的排气形式

吹塑模具采用的排气方法主要有分型面上的排气、模腔内的排气、模颈螺纹槽内的排气和抽真空排气。

(2) 各排气形式的特点

① 分型面上的排气　分型面是吹塑模具主要的排气部位，合模后应尽可能多、快地排出空气。否则，会在制品上对应分型面部位出现纵向凹痕。这是因为制品上分型面附近部位与模腔贴合而固化，产生体积收缩与应力，这对分型面处因夹留空气而无法快速冷却、温度尚较高的部位产生了拉力。为此，要在分型面上开设排气槽，如在分型面上的肩部与底部拐角处开设有锥形的排气槽。排气槽深度的选取要恰当，不应在制品上留下痕迹，尤其对外观要求高的制品（例如化妆品瓶），排气槽宽度可取 5~25mm 或更大。

② 模腔内的排气　为尽快地排出吹塑模具内的空气，要在模腔壁内开设排气系统。随着型坯的不断吹胀，模腔内夹留的空气会聚积在凹陷、沟槽与拐角等处，为此，要在这些部位开设排气孔。排气孔的直径应适当，过大会在制品表面上产生凸台，过小又会造成凹陷，一般取 0.1~0.3mm。排气孔的长度应尽可能小些（0.5~1.5mm）。排气孔与截面较大的通道相连，以减小气流阻力。另一种途径是在模腔壁内钻出直径较大（如 10mm）的孔，并把一根磨成有排气间隙（0.1~0.2mm）的嵌棒塞入该孔中。还可采用开设三角形槽或圆弧形槽的排气嵌棒。这类嵌棒的排气间隙比排气孔的直径小，但排气通道截面较大，机械加工时可准确地保证排气间隙。嵌棒排气用于大容积容器的吹塑效果好。还可在模腔壁内嵌入由粉末烧结制成的多孔性金属块作为排气塞，可能会有微量的塑料熔体渗入多孔性金属块内，在吹塑制品上留下痕迹。因此，可考虑在金属块上雕刻花纹或文字。

③ 模颈螺纹槽内的排气　夹留在模颈螺纹槽内的空气难以排除，可以通过开设排气孔来解决，在模颈圈钻出若干个轴向孔，孔与螺纹槽底相距 0.5~1.0mm，直径为 3mm，并从螺纹槽底钻出 0.2~0.3mm 的颈向小孔，与轴向孔相通。

④ 抽真空排气　如果模腔内夹留空气的排出速率小于型坯的吹胀速率，模腔与型坯之间会产生大于型坯吹胀气压的空气压力，使吹胀的型坯难以与模腔接触。在模壁内钻出小孔与抽真空系统相连，可快速抽走模腔内的空气，使制品与模腔紧密贴合，改善传热速率，缩

短成型时间（一般为10%），降低型坯吹胀气压与合模力，减小吹塑制品的收缩率（25%）。抽真空排气较常用于工程塑料的挤出吹塑。

2.1.18 挤出吹瓶时，瓶底"飞边"自动裁切机构有何要求？

挤出吹瓶时，瓶底"飞边"的清理有多种类型的自动裁切机构，但不管采用什么类型的机构，对自动裁切机构都有如下要求。

① 底部模块必须采用硬质材料（45#钢等）来制造，另外还必须慎重考虑底部模块的形状与强度的关系。由于在底部模块上切除了一部分金属以容纳"飞边"裁切拉杆，因此裁切边缝部分必须有较高的强度。

② 为了使"飞边"充分得到冷却，裁切深度要浅一点（以型坯壁厚的50%为宜）。另外，由于施加在底部溢料上的锁模力相当大，故用以剪切"飞边"的刃口部分宜设$20°\sim30°$互相咬合的锥角，咬合面和裁切拉杆表面的表面粗糙度不得低于$Ra3.2\mu m$。

③ 裁切刃的宽度为$0.3\sim0.5mm$，若担心制品接缝部位壁厚不足时，可以通过减小裁切深度的方法进行弥补。

④ 裁切拉杆内应设冷却回路。如遇瓶底溢料冷却不足时，飞边裁切断面会出现拉丝现象，甚至只能使飞边伸长而无法切断。

⑤ 裁切边缝与裁切拉杆在型腔工作表面一侧不得有高度差和间隙，否则会引起飞边裁切不净的现象。

⑥ 裁切拉杆的有效行程必须足够，吹塑高密度聚乙烯制品时应大于$10\sim15mm$。如图2-29所示为瓶底"飞边"自动裁切机构。

图2-29 瓶底"飞边"自动裁切机构

2.1.19 挤出吹瓶时的后冲切工艺是怎样的？有何适用性？

挤出吹瓶时的后冲切是指利用吹塑喷嘴（吹针）在模具内对瓶颈端面、内孔同时进行精加工的工艺方法，或称为冲模裁切。后冲切工艺是将吹针的吹塑喷嘴前端伸入制品瓶口内，以此使瓶口内径保持规定的尺寸，与此同时，套在喷嘴外面的冲切套的端面使制品口部上端面保持规则的形状。冲切套与冲切嵌件互相剪切，"飞边"被切断。冲切套外面的滑套的回转作用使受到冲切作用的"飞边"与制品互相分离，如图2-30所示。模具上口端面部分有一个单独制作的零件，称为冲切嵌件，开口部分设有 60°～90°的锥面，锥角的选择应根据型坯壁厚确定。冲切嵌件多采用合金工具钢来制造，工作面应淬硬至 52～58HRC。吹针体常用 45#钢（吹塑聚氯乙烯制品时有时也采用不锈钢）制作。为了避免瓶口部分变形，便于"飞边"冲切，吹针内部最好能设置冷却回路。与冲切嵌件相对应的冲切套用轴承钢制作，热处理后硬度为 42～48HRC，其侧面钻 1～2 个小孔（小孔直径为 1.5～2mm）以用于排气。冲切套外径 D 与冲切嵌件内径 d 的间隙一般为 0.2mm 左右。但是，在吹塑饮料瓶一类容器时，不允许瓶口出现径向"飞边"，有时也让 d 略大于 D。

图 2-30 后冲切装置

后冲切工艺主要用于吹瓶以及吹塑 20L 药品罐、煤油桶一类制品的下吹式模具。在吹瓶时，能把型坯全部收入模具的颈部，再配上瓶底"飞边"裁切装置，则瓶子的所有"飞边"可在模具内被全部清除。

2.1.20 挤出吹塑中型容器的模具结构有何要求？

对于中型容器（20L 左右）的模具结构主要有以下要求。

① 一般分为颈部、筒体部、底部三截来制造，这样型腔的加工工艺性可明显改善。颈部模块上固定着一个单独加工的带有螺纹接口形状的零件（镶块），吹塑空气从此处引入。若制品带有把手，一般安装在制品把手的相对侧，即采用下吹工艺方法。带有桶口冲切功能的吹塑模具的螺纹接口端面部分应设有冲切嵌件。

② 为了缩短成型周期，模具应采取强化冷却方式。

③ 为了提高桶底和把手周边部分的跌落强度，这些部分的裁切边缝采用双层裁切方式。

④ 型腔的适当部位应植入排气销，各模块间结合面应开设 0.05mm 左右的排气缝，以提高模具的排气能力。另外，为了确保螺纹部分的几何形状，在模具螺纹的牙尖部位还可开设几个直径为 0.4～0.5mm 的排气孔。

⑤ 为了便于进行飞边的裁切，裁切刀必须十分锋利。

2.1.21 分型面为曲面时，分型面的位置应如何选择？

吹塑模具的分型面（简称 PL）又叫模具分割面，当吹塑制品为不对称或凹凸状或颈部倾斜，以及带有法兰连接结构的复杂制品时，必须把分型面设计成曲面或包括斜面在内的锥面，即曲面分型吹塑模。采用曲面分型时，其分型面位置的设定应考虑以下几个方面的问题。

① 避免制品上的下陷部分给制品取出造成困难。

② 为了使制品各部壁厚均匀，PL 的设置应力图使吹胀比较大部位的壁厚减薄的趋势有所改善。

③ 制品上用来组合的法兰及颈部，都有一定强度上的要求，PL 应通过这些部位，否则成型时会发生困难。

④ 应考虑模具型腔的颈部及其他各部有良好的工艺性。

⑤ 为了防止在合模时型坯破裂，并且使其有足够的强度，PL 的凹凸应尽可能地减小，应避免出现锐角及过小的圆角。如果 PL 的凹凸程度很大，应确保开模时有足够行程，以便于影响制品的取出。

⑥ 应保证吹塑过程得以顺利进行。曲面分型面确定以后，还要进一步考虑模具的开合方向尽可能地减少由锁模力引起的作用在导向销和导向套上的切应力；为了便于模具的加工与检测，在可能条件下，尽可能地不要使型腔加工的基准面发生倾斜。在确定成型的方向（模具内制品是正置还是倒置），即在型坯挤出方向上，型腔是正置或倒置时应注意：

a. 为了降低成型作业成本，在允许的情况下，型坯的直径应尽可能的小；

b. 考虑到垂伸会对型坯壁厚的分布有影响，应把吹胀比较大的部位、接缝处壁厚不易保证的部位设置在模具的下侧。

模具的开合方向与成型方向的确定必须保证：合模→吹针前进→刺透型腔外壁→吹气→吹针后退→模具开启→制品取出等一系列工艺过程能顺利进行。

2.1.22 挤出吹塑表面凹陷的制品时，制品的脱模可采取哪些措施？

挤出吹塑成型一些柔软而富有弹性的制品时，在模内因冷却收缩，会使制品表面产生凹陷。当制品表面的凹陷不太严重时，一般不影响制品的顺利脱模。除用气芯吹塑成型的制品受气芯的制约外，在模具开启的同时，一般底部内陷的小型瓶类制品只要稍稍向上提起，制品就能顺利脱模。但是，有些制品尽管凹陷不太严重，但是制品在脱模时无法变更位置，如制品两个对称的端面同时向内凹陷或凹陷很深时，制品的脱模就会变得很困难，甚至在模具开启的同时就被拉破。在这种情况下，通常的办法就是使模具局部能够运动，在开模和取出制品时让出空间，保证制品取出不受影响。其驱动机构一般都采用液压缸或汽缸（推动凹陷部位的模块做退让运动），如用液压缸驱动四分型模。但对汽车零件来说，凹陷部分的形状各异，因此模具上必须设置各种各样的液压缸驱动的模块退让动作机构。

当模具内、外受空间限制，无法装设动作缸时，可将模具上凹陷部分的模块做成可分离的结合形式，也就是抽芯式结构，在脱模时可与制品同时脱落，然后再放回到模具中去。

内孔带螺纹制品的模具可以理解为带凹陷部位制品的特殊形式。这类中、小型容器的模具可在吹塑喷嘴上设置带螺纹的凸缘环，成型脱模后再将凸缘环旋出。另外，有些汽车部件在分型面以外的部位设有螺纹结构，这类制品的模具中就应该设置具有转角控制功能的汽缸，使螺纹部分的模块按螺距的要求一边旋转一边向外退出。

2.1.23 挤出吹塑成型时，如何控制型坯的壁厚？

挤出吹型时，对型坯壁厚进行控制，不仅可以节省原料、缩短冷却时间、提高生产率，还可以减少制品飞边，提高制品的质量。在挤出过程中型坯壁厚可以通过工艺控制参数和调整机头口模间隙大小来进行控制。挤出吹塑过程中同，对于型坯厚度的控制方法主要有以下几种。

(1) 调节口模间隙

一般设计圆锥形的口模，其调节结构如图 2-31 所示。通过液压缸驱动芯轴上下运动，调节口模间隙，作为型坯壁厚控制的变量。

(2) 改变挤出速率

挤出速率越快，由于离模膨胀，型坯的直径和壁厚也就越大。利用这种原理挤出，使型坯外径恒定，壁厚分级变化，不仅能适应型坯的下垂和离模膨胀，并赋予制品一定的壁厚，又称为差动挤出型坯法。

（3）改变型坯牵引速率

通过周期性改变型坯牵引速率来控制型坯的壁厚。

（4）预吹塑法

当型坯挤出时，通过特殊刀具切断型坯使其封底，在型坯进入模具之前吹入空气的方法称为预吹塑法。在型坯挤出的同时自动地改变预吹塑的空气量，可控制有底型坯的壁厚。

（5）型坯厚度的程序控制

这是通过改变挤出型坯横截面的壁厚来达到控制吹塑制品壁厚和重量的一种先进控制方法。型坯壁厚的程序控制器可以根据吹塑容器轴向各处的吹胀比的差异产生型坯轮廓，设定型坯控制点控制型坯壁厚。壁厚控制点有 10 点、20 点、40 点、60 点、120 点等多种，控制的点数越多，则壁厚越均匀。程序控制器输出的信号通

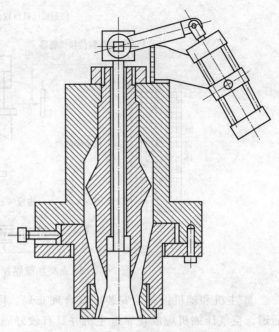

图 2-31 圆锥形口模间隙调节机构

过电液伺服阀驱动液压缸使机头芯棒上下移动，以调节机头口模的间隙，实现型坯轴向壁厚分配要求，达到既保证制品质量要求又实现原材料节省的目的。调整时，根据机头套、模芯形状的不同，模唇间隙的调节方法也不同，模芯下降，模唇间隙变大，称为倒锥调节方式；反之，模芯下降，模唇间隙变小，称为正锥调节方式。模芯上下运动一般采用液压缸驱动。除通过模芯的上下移动实现型坯的壁厚变化之外，还可以借助薄壁钢圈的弹性变形来改变模唇间隙，模唇间隙通过薄壁钢圈的弹性形变局部地环绕口模圆周而改变，形变可通过螺钉来固定，或在出料过程中通过程序控制器来自动改变。

如某企业采用美国摩根（MOOG）公司的 24 点型坯壁厚控制器（图 2-32），它是由电子控制器～电液伺服阀、位移传感器及用来调整机头口模开口间隙大小的伺服液压缸等所组成的位移反馈电液伺服系统。工作时，电子控制器发出规律性变化的电信号，经比例放大器放大后输入到带位移反馈的电液伺服系统。伺服液压缸和电信号成正比地位移，带动机头芯棒上下运动以改变模口部分开口缝隙大小，来实现改变型坯壁厚的目的。通常不同规格的中空成型机根据其加工对象的不同，为保证壁厚变化平缓，电子控制器可以把型坯长度均匀地按 24 或 32 等分来控制其开口间隙。这样，只要操作者根据工艺要求设定好各等分型坯厚度的预选值，就可以很容易地控制长度方向的壁厚，得到壁厚均匀理想的中空制品。

2.1.24 挤出吹塑机的安装应注意哪些问题？应如何进行调试？

（1）挤出吹塑机的安装

挤出吹塑机的安装时应注意以下几方面的问题。

① 机器应安装在干净、通风的车间。安装机器的地基应按地基平面图的要求施工，要求具有足够的承载能力，并留有地脚螺栓的安装孔。

② 机器安装时，应用水平仪调整好水平，以确保机器工作时运行平稳。同时，必须注意到机器与墙壁、机器顶部与屋顶天花板有足够的距离。前者通常要求≥1.5m，后者要求≥2m。

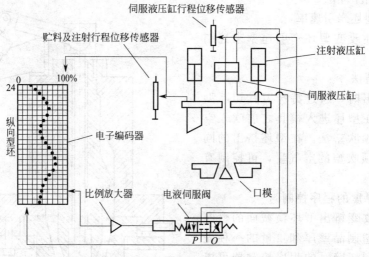

图 2-32　24 点型坯壁厚控制器的工作原理示意

③ 主机和辅机设备的安装应有合理布局，同时应考虑留有成型制品的堆放空间或输送通道。空气压缩机应放在靠近主机并具有较好隔声效果的专用房间。

④ 电、水、气等管线应布置在地下，地面上留出多个电源线、水管、气管接口（接头），冷却水要有一定压力与流量，并考虑循环使用。电气控制柜安装在操作方便、视线广的位置。

（2）挤出吹塑机的调试

挤出吹塑机的调试步骤如下。

① 接通电气控制柜上的电源开关，将操作的选择开关调到点动或手动位置。

② 检查机器各部位的连接情况是否正常。

③ 机器润滑部位加好润滑油；液压系统油箱内加好工作油。

④ 将气泵（或空气压缩机）启动，运转至所需压力。

⑤ 检查主机电动机与液压泵电动机的转向是否正确；机器不工作时，液压系统应在卸压状态下运转。

⑥ 检查吹气杆的动作是否同步。

⑦ 接通加热与温度控制调节系统；接通冷却水系统，进行循环冷却。

⑧ 调整好所有行程开关（或电子比例尺）；关闭安全门。

⑨ 清洗料筒，进行加料试车。

2.1.25　挤出中空吹塑成型机的操作步骤如何？

挤出中空吹塑成型过程是一个较为复杂的成型过程，为了保证制品获得高合格率和成型设备能够长期正常使用，操作人员必须熟悉挤出中空吹塑成型机性能和操作规范，了解挤出中空吹塑成型原理和塑料及添加剂的性能，掌握设备的日常维护与保养要求，以保证能安全规范的操作。挤出中空吹塑成型机的操作步骤如下。

（1）开机前的准备工作

① 熟悉成型设备的使用手册，要能够严格地按照设备使用手册的要求操作。

② 检查电气配线是否符合要求，有无松动现象，检查各地脚螺栓是否旋紧。

③ 检查电动机、电加热器的绝缘电阻是否达到规定的要求值，接地的电气件的绝缘电

阻值不得低于 1MΩ。

④ 对各润滑点按要求加足润滑油（或润滑脂）。

⑤ 检查加料、冷却系统是否正常。

⑥ 用于挤出吹塑生产的物料应达到所需的干燥要求，必要时还需进一步干燥。

⑦ 根据产品的品种、尺寸，选择好机头规格，按下列顺序将机头装好：机头法兰、模体、口模、多孔板及过滤网。

⑧ 接好压缩空气管，装上芯模电热棒及机头加热圈，检查用水系统。

⑨ 调整口模各处间隙均匀，检查主机与辅机中心线是否对准。

⑩ 启动挤出机、锁模装置、机械手等各运转设备，进行无负荷运转，检查各个安全紧急装置运转是否正常，发现故障及时排除。

⑪ 按工艺条件的规定，设定挤出机机头及各加热段温度并进行加热，待各部分温度达到设定温度后恒温 0.5～1h。

⑫ 在可编程序控制器上，按工艺规定，设定各点型坯壁的厚度。

(2) 空运转

① 用手动盘车，盘车时应感觉轻快。

② 热升温。启动加热系统前，应认真检查各段温控仪表的设定值是否与工艺要求相符合；启动加热系统后，应检查各段加热器的电流指示值，当挤出机、型坯机头达到工艺设定的温度后，保温 2～3h。

③ 启动润滑冷却系统；低速启动主电动机，3～5min 后停机，空运转结束。检查螺杆有无异常及电机电流表有无超负荷现象，压力表是否正常（机器空转时间不宜过长）。

(3) 开机

① 启动上料、冷却、润滑系统。

② 将主电动机调速旋钮调至零位，然后启动主电动机，再均匀缓慢地使转速逐步升高。通常在 10～20r/min 转速下转动几分钟，待有熔融的物料从机头挤出后，再继续提高主电动机转速，直到正常使用规定的转速为止。

③ 逐渐少量加料，待型坯挤出正常，各控制装置显示的数值符合工艺要求时，逐步提高挤出机转速至工艺要求的转速。在塑料挤出之前，任何人不得处于口模的正前方。

④ 大量加入物料，调节型坯厚度。

⑤ 当型坯挤出达到稳定状态后，开始合模，进入正常操作。在成型加工过程中，为了保证生产的正常进行和产品质量，应适时地进行工艺参数的调整；控制好挤出机的温度、转速及熔体的压力，控制好型坯的壁厚和质量；为减少型坯的自重下垂，在允许的条件下，加快型坯的挤出速率，缩短模具的等候时间；吹胀压力要足够，吹气速率以快为好；要保证型坯吹胀时排气充分；在保证制品充分冷却的前提下尽量缩短成型周期。

(4) 运转中检查

① 主电动机电流是否平稳，若出现大的波动或骤然升高应及时调整，必要时应停机。

② 注意齿轮减速箱、主机体内及各转动部件有无异常声响，当齿轮磨损和啮合不良，或物料中混入坚硬物质，或轴承损坏时，运转过程中有可能出现异常声响。

③ 检查温度控制、冷却、润滑和型坯控制等系统工作是否正常。

④ 检查出料是否稳定均匀。

(5) 停机

① 正常停机。首先关闭上料系统，关闭料斗的下料闸板。

② 将主电动机降速，尽量排尽机筒中的物料。待物料基本排空后，将主电动机的调速

按钮调至零，并关机。

③ 关闭加热器、冷却泵、润滑液压泵的电源，最后切断总电源。

④ 关闭各进水阀门。

(6) 临时停机

临时停止挤出吹塑时，应按停机时间不同，进行不同步骤的操作。

① 停机 1h 以内　机筒与机头的各加热段温度，应保持根据成型工艺所设定的温度，仅停止螺杆的转动。如果加工制品所用的材料是聚氯乙烯（PVC），则应挤完机筒内的余料并适当降低机筒与机头的加热温度，以避免 PVC 等热敏性材料的过热分解。

② 停机 8h 以内　首先应停止螺杆转动，同时将各加热段设定温度降低 15～25℃。

③ 停机 8h 以上　应完全停止螺杆转动及机头与机筒的加热。为了防止残留在机筒内的熔体氧化、降解，在停机前，应先降低机筒均化段的温度，利用螺杆的低速转动，尽量把机筒内的余料排出，最后停止螺杆的转动和机筒、机头的加热。

(7) 紧急停机

目前生产的挤出吹塑中空成型机均有紧急停机按钮，遇有紧急情况可按此开关。

2.1.26　挤出中空吹塑机应如何进行日常维护与保养？

定期清理挤出机的机筒、螺杆、型坯机头和成型模具，定时润滑各运动部件，认真维护机械，保持原料干净和工作场地清洁，有助于挤出吹塑中空成型机的长期、正常运转。

(1) 挤出机的维护保养

① 所用的塑料原料及添加剂中不允许有杂质，严禁金属和砂石类等坚硬的物质进入料斗机筒中。

② 要有足够的预热升温时间。达到工艺设定温度后需保温 2～3h。开机之前应能用手动盘车。

③ 螺杆只允许在低速下启动，空转时间不能超过 2min。

④ 新机器运转跑合后，齿轮箱应更换新润滑油，其后每运转 4000h 应更换一次润滑油。

⑤ 主电动机为直流电动机的，应每月检查一次电动机电刷的工作状况，若有问题应及时更换。

⑥ 长时间停机时，应对机器采取防锈、防污措施。

⑦ 对各润滑点的润滑情况及油位显示，各转动部位轴承的温升及噪声，电动机电流、电压的显示，润滑油和冷却水的温度，压力显示及液压管路的泄漏情况等，做到每日巡检。

(2) 型坯机头的清洗

在成型过程中，当加工工艺温度较高或进行间歇吹塑时，若熔体在贮料室中滞留时间较长，一些聚合物可能会产生一定程度的降解。而若聚合物中的添加剂太多，则在物料熔融过程中会形成副产物。这些降解物或副产物将会积聚在机头流道内，使型坯表面出现条纹，影响制品的性能及外观。因此，保持型坯机头的洁净和控制良好是保证吹塑制品性能的重要一环。

在生产实践中，机头的清理主要有手工清洗法、溶剂清洗法及超声波溶剂清洗法等几种。

① 手工清洗法是在拆卸机头前将机头温度加热到残料的熔点（T_m）之上，待机头内物料熔融后停止加热，迅速除去加热器，拆开机头。用铜片或铜制刮片去除黏附在机头流道内多余的熔体，然后用黄铜棉进行仔细清理。如果有条件，也可采用高速气流来除去机头上的熔体，而后再用黄铜棉擦去氧化的熔体。此外，还可采用磨轮或高热除去熔体。应注意的是

加热机头时不能用喷灯火焰来加热，以免造成机头局部过热，影响口模与芯棒的尺寸形状。

手工清理不仅工作量较大，还会对机头的流道壁面造成物理损伤。故清理机头时，应注意避免刮伤流道，尤其是模口区。

② 溶剂清洗法是通过酸性或碱性化学制剂、有机或无机溶剂来清洗机头。采用溶剂清洗法清洗机头流道，可以避免刮伤流道表面。但采用酸性或碱性化学制剂清洗机头时或多或少会腐蚀流道表面，且清洗的效率不如有机溶剂清洗效率高。使用溶剂清洗法清洗机头后，应设置回收装置，以降低成本消耗，并可避免污染环境。

③ 超声波溶剂清洗法是将超声波发声器及化学试剂并用清洗机头，用清水冲洗，除去机头表面的无机残余物，以避免对流道的腐蚀。此方法清洗效果好，但要附加超声波发声器，故清洗成本较高。

(3) 模具的维护保养

模具的维护保养直接关系到制品的外观质量及模具的使用寿命，必须引起重视。挤出吹塑模具的维护保养通常包括以下内容。

① 型腔内表面整修　型腔内表面的表面粗糙度，是保证制品外观质量的关键。对于透明容器（如 PVC 和 PET 容器），要求型腔内表面具有很高的表面粗糙度质量（通常为 $Ra0.4\mu m$）。在生产过程中，应定期抛光维护，抛光时应用力摩擦，使少量抛光剂渗入模腔表面，然后用干净的棉布反复打磨，到型腔表面再次达到镜面为止。抛光操作时，应经常更换棉布，以免划伤型腔。

② 夹坯口的维护　经过一定时间的挤出吹塑生产后，模具夹坯口的刃口将会磨损，故应定期修复。修复工作应由有经验的制模人员承担。

③ 模颈的保护　挤出吹塑模具颈部的剪切块及进气杆的剪切套，是保护制品颈部形状的重要部件。剪切块与剪切套的刃口被不均匀磨损后，成型容器在使用时颈部会产生泄漏现象，故应经常检查，使其处于良好状态，必要时应及时修理或更换。

④ 模具冷却孔道的清洗　当模具冷却孔道发生堵塞或因锈蚀而影响冷却介质流动时，会导致制品因冷却不均而产生翘曲变形，故应定时对冷却孔道进行清洗。清洗时可采用专用除垢剂进行清洗，再用清水冲洗的清洗方法。

⑤ 模具运动件的润滑　合模装置导杆、导轨以及模具导柱、导套应定期进行润滑，以保证合模动作的平稳性。导套磨损后应及时更换，以确保模具的对中性。

⑥ 模具的存放　当停止生产一段时间或将模具入库时，应用压缩空气吹净模具的冷却孔道。模具表面应涂上防护剂并合拢放置，避免锈蚀和损伤。

2.1.27　挤出中空吹塑机定期检修包括哪些内容？

定期检修是挤出中空吹塑机维护保养中的一个重要环节，包括 3～6 个月、12 个月以及 36 个月的定期检修，一般分别称为小修、中修和大修。

(1) 小修的主要内容

① 清理上料系统的上料管，更换密封件。

② 抽真空系统的清理。

③ 机头漏料处理以及对滤网更换装置进行检修、清理。

④ 检查并处理冷却水、润滑油等管路、管件的泄漏。

⑤ 应及时补充液压系统的工作油，保证油位处于油标的中间位置。为保证工作油具有合适的黏度，建议环境温度低时采用 32# 抗磨液压油，环境温度高时采用 46# 抗磨液压油。

⑥ 每半个月至一个月，应观察减速器的油位视窗，若油位低于规定值，应及时补充适

量的 220 中级液压齿轮油（LCKC220）。新机启用后，应在 300～600h 内更换一次润滑油，更换时间需在减速器停止至润滑油尚未冷却时，箱体也应用同品质的润滑油冲洗干净。

（2）中修的主要内容

对挤出吹塑机进行中修时，除包括小修的内容外，还主要有以下几方面的内容。

① 检查螺杆表面、螺杆花键（或平键）并清洗。

② 检查或更换多孔板、滤网更换装置，修理托板表面，调整夹紧力。

③ 检查减速箱中齿轮的齿面状况及接触情况，测量齿隙，清理减速箱底污油，消除油封等密封部位的漏油现象并换油。

④ 检查减速器输出轴与螺杆的连接套（或花键套）的同轴度及磨损情况。

⑤ 检查主电动机轴承并加注润滑脂。

⑥ 检查电加热器及电控部分。

⑦ 液压系统检查，包括：按规定更换工作油；清洗滤油过滤装置或进行更换；检查各阀的性能，必要时予以更换；按要求检查伺服系统，保证型坯质量。

（3）大修的主要内容

大修的内容除包括中修的内容外，还有以下几方面的内容。

① 拆卸并抽出挤出机螺杆。拆卸挤出机螺杆时应注意必须是在确定机筒内物料完全熔融，并挤净机筒内熔料后，再拆卸。在抽出螺杆的过程中，应防止螺杆变形和碰伤，所用钢丝绳应套胶管。清理螺杆表面物料、积炭，所用工具为铜棒、铜板及铜刷。测量并记录螺杆各段外径，测量螺杆的直线度，必要时进行校直。测量螺杆花键或平键的配合间隙，记录磨损情况，清除毛刺。螺杆外径，一般磨损量允许极限≤2mm。螺杆轴线的直线度偏差应不低于 GB/T 1184 规定的 8 级精度，否则应予以校正。镀铬层脱落部位可用刷镀法或喷镀法修复。

② 检修机筒内表面的刮伤部位。

③ 检查调整机筒对减速器输出轴的同轴度，以及机筒体、减速器的水平度，测量并记录螺杆与机筒的间隙值。机筒前、后端水平度偏差≤0.05mm/m，且倾斜方向一致。

④ 解体检查轴承、润滑油泵、油分配器、密封及运动部件。

⑤ 解体检查主减速器，修理齿轮齿面，调整各部件的间隙，检查或更换轴承、油封等易损件，清理油箱并换油。

⑥ 解体检查或修理喂料机及喂料电动机。

⑦ 检修液压系统，全面清洗、检查、测试各液压元器件（特别是泵和阀），凡达不到要求的必须进行更换。

2.1.28 挤出吹塑机应如何选用上料装置？

目前挤出吹塑机的上料装置主要采用鼓风上料装置、弹簧上料装置、真空上料装置等。生产中挤出机的上料装置的选用一般应根据物料的性质和输送距离的远近进行选用。鼓风上料装置是利用风力将料吹入输料管，再经过旋风分离器进入料斗，这种上料方法适于输送粒料。粉料经过旋风分离器也很难彻底分离，需要将回风循环使用，用于输送粉料时一定要注意输送管道的密封，否则不仅易造成粉尘飞扬，导致环境污染，而且导致输送效率降低。因此，它适宜于大量粉料需要输送的场合，而不适于粉料的挤出机上料。

弹簧上料装置由电动机、弹簧夹头、进料口、软管及料箱组成。电动机带动弹簧高速旋转，物料被弹簧推动沿软管上移，到达进料口时，在离心力的作用下，被甩至出料口而进入料斗。它适于输送粉料、粒料、块状料，其结构简单、轻巧、效率高、可靠，故在国内得到广泛应用，缺点是弹簧选用不当易坏，软管易磨损，弹簧露出部分安放不当易烧坏电动机。弹簧上料由于弹簧的限制，一般主要用于短距离输送粉状、粒状和块状物料。

真空上料装置是通过真空泵使料斗内形成真空，使物料通过进料管进入料斗。由于真空泵有除去物料中的空气和湿气的作用，可以保证管材质量。可适用于粉料和粒料的上料，特别适用于 PA 类等吸湿性较大的物料的上料。

2.1.29　单采用螺杆挤出中空吹塑机为何会出现机头不出物料的现象？应如何解决？

单螺杆挤出机在挤出过程中出现机头挤不出物料现象的原因主要有以下几方面。

① 机筒、螺杆的温度控制不合理。机筒温度过高，螺杆温度较低。当机筒温度过高时，与机筒接触的物料发生熔融，使物料与机筒内壁的摩擦系数达到最小值，而当螺杆温度较低时，与螺杆接触的物料未发生熔融，此时与螺杆表面的摩擦系数较大，而发生黏附，造成物料包覆在螺杆的表面，随螺杆旋转，在机筒内壁打滑，因而挤不出料，易造成物料出现过热分解。

② 机头前的分流板和过滤网出现堵塞，而使物料向前输送的运动阻力过大，使物料在螺槽中的轴向运动速度大大降低，造成挤不出料的现象。

解决办法：①降低机筒温度；②减小螺杆冷却水的流量，提高冷却水温度；③及时清理分流板和清理或更换过滤网。

2.1.30　单螺杆挤出机螺杆应如何拆卸？螺杆应如何清理和保养？

(1) 螺杆的拆卸
单螺杆挤出机螺杆拆卸步骤如下。
① 先加热机筒至机筒内残余物料的成型温度。
② 开机把机筒内的残余物料尽可能排净。
③ 升温至成型温度后，趁热拆下机头。
④ 排净机筒内的物料后，停机，并闭电源。
⑤ 松开螺杆冷却装置，取出冷却水管。
⑥ 在螺杆与减速箱连接处，松开螺杆与传动轴连接，采用专用螺杆拆卸装置从后面顶出螺杆。
⑦ 待螺杆伸出机筒后，用石棉布等垫片垫在螺杆上，再用钢丝绳套在螺杆垫片处，然后采用前面拉、后面顶的方法，趁热拔螺杆。注意当螺杆拖出至根部时，应采用钢环套住螺杆，再将螺杆全部拖出。

(2) 螺杆的清理与保养
螺杆从挤出机拆卸并取出后，应平放在平板上，立即趁热清理，清理时应采用铜丝刷清除附着的物料，同时也可配合使用脱模剂或矿物油，使清理更快捷和彻底，再用干净软布擦净螺杆。待螺杆冷却后，用非易燃溶剂擦去螺杆上的油迹，观察螺杆表面的磨损情况。对于螺杆表面上小的伤痕，可用细砂布或油石等打磨抛光。如果是磨损严重，可采用堆焊等办法补救。清理好的螺杆应抹上防锈油，如果长时间不用，应用软布包好，并垂直吊放，防止变形。

2.1.31　双螺杆挤出机螺杆的拆卸步骤如何？

双螺杆挤出机螺杆的拆卸时，一般可按如下的步骤进行。

① 拆卸前应尽量排尽主机内的物料，若物料为聚碳酸酯（PC）等高黏性塑料或丙烯腈-丁二烯-苯乙烯三元共聚物（ABS）、聚甲醛（POM）等中黏性物料，停车前可加聚丙烯（PP）或聚乙烯（PE）料清膛。

② 先停主机，再停各辅机，断开机头电加热器电源开关，机身各段电加热仍可维持正常工作。

③ 拆下机头测压、测温元件和铸铝（铸铜、铸铁）加热器，戴好加厚石棉手套（防止烫伤），拆下机头组件，趁热清理机头孔内及机头螺杆端部物料。

④ 趁热拆下机头，清理机筒孔端及螺杆端部的物料。

⑤ 松开两套筒联轴器，根据螺杆轴端的紧固螺钉，观察并记住两螺杆尾部花键与标记。

⑥ 拆下两螺杆头部压紧螺钉（左旋螺纹），换装抽螺杆专用螺栓。注意螺栓的受力面应保持在同一水平面上，以防止螺纹损坏。拉动此螺栓，若螺杆抽出费力，应适当提高温度。抽出螺杆的过程中，应有辅助支撑装置或起吊装置来始终保持螺杆处于水平，以防止螺杆变形。在抽螺杆的过程中可同时在花键联轴器处撬动螺杆，把两螺杆同步缓缓外抽一段后，马上用钢丝刷、铜铲趁热迅速清理这一段螺杆表面上的物料，直至将全部螺杆清理干净。

⑦ 将螺杆抽出，平放在一块木板或两根木枕上，卸下抽螺杆工具分别趁热拆卸螺杆元件，拆卸螺杆元件时，可采用木槌、铜棒沿螺杆元件四周轴向轻轻敲击以方便取出。若有物料渗入芯轴表面以致拆卸困难，可将其重新放入料筒中加热，待缝隙中物料软化后即可趁热拆下。

⑧ 拆下螺杆元件后，应及时清理螺杆元件、内孔键槽、芯轴表面、机筒内壁等的残余物料，并整齐排放，严禁互相碰撞，对暂时不用的螺杆元件应涂抹防锈油脂。若暂时不组装时应将其垂直吊置，以防变形。

2.1.32 螺杆挤出机应如何进行空载试机操作？

① 先启动润滑油泵，检查润滑系统有无泄漏，各部位是否有足够的润滑油到位，润滑系统应运转 4~5min 以上。

② 低速启动主电动机，检查电流、电压表是否超过额定值，螺杆转动与机筒有无刮擦，传动系统有无不正常噪声和振动。

③ 如果一切正常，缓慢提高螺杆转速，并注意噪声的变化，整个过程不超过 3min，如果有异常应立即停机，检查并排除故障。

④ 启动加料系统，检查送料螺杆是否正常工作，送料螺杆转速调整是否正常，电动机电流是否在额定值范围内，检查送料螺杆拖动电机与主电动机之间的联锁是否可靠。

⑤ 启动真空泵，检查真空系统工作是否正常，有无泄漏。

⑥ 设定各段加热温度，开始加热机筒，测定各加热段达到设定温度的时间，待各加热段达到设定温度并稳定后，用温度计测量实际温度，与仪表示值应不超过±3℃。

⑦ 关闭加热电源，单独启动冷却装置，检查冷却系统的工作状况，观察有无泄漏。

⑧ 试验紧急停车按钮，检查动作是否准确右靠。

2.1.33 挤出中空吹塑机在生产过程中为何会发出"叽叽"的噪声？如何解决？

(1) 产生的原因

挤出中空吹塑机在生产过程中发出"叽叽"的噪声，可能是螺杆旋转与机筒内壁产生了刮擦，而发出的异常响声，引起的原因主要有以下几方面。

① 挤出中空吹塑机中无料或加料太少，造成螺杆与机筒内壁相接触，而出现大的摩

擦声。

　　② 螺杆与机筒装配不好，两零件不同心，误差大。

　　③ 机筒端面与机筒连接法兰端面和机筒中心线的垂直度误差大。

　　④ 螺杆弯曲变形，中心线的直线度误差大。

　　⑤ 螺杆与其支撑传动轴的装配间隙过大，旋转工作时两轴心线同轴度误差过大。

　　(2) 解决办法

　　① 检查挤出中空吹塑机的加料状况，防止料斗缺料、下料口出现架桥、下料不均等现象。

　　② 检查螺杆与机筒的装配情况，调整螺杆与机筒装配的同心度。

　　③ 检查螺杆与其支撑传动轴的装配间隙，以调整合适的装配间隙。

　　④ 检查标准化下螺杆的直线度，防止螺杆的弯曲变形。

2.1.34　挤出吹塑时为何挤出机有一区段的温度突然偏低？应如何解决？

　　(1) 产生原因

　　在挤出过程中挤出某一区段温度突然偏低的原因主要如下。

　　① 温控表或 PLC 调节失灵。

　　② 加热器或热电偶损坏。

　　③ 冷却系统冷却水温偏低。

　　④ 挤出机的冷却系统的电磁阀卡住或水阀开度太大，造成冷却水流量太大。

　　⑤ 螺杆组合剪切不够。

　　⑥ 主机螺杆转速偏低等。

　　(2) 解决办法

　　① 检查或更换温控表或 PLC 模块。

　　② 检查或更换加热器。

　　③ 检查或更换热电偶。

　　④ 提高冷却水温。

　　⑤ 调整螺杆转速。

　　⑥ 修改温度表或 PLC 调节参数。

　　⑦ 检查电磁阀线路或线圈。

　　⑧ 调整螺杆的组合。

2.1.35　在挤出吹塑过程中为何出现突然自动停机？有何解决办法？

　　(1) 产生原因

　　① 冷却风机停转。

　　② 熔体压力太大，超出挤出机的限定值。

　　③ 调速器有故障，出现过流、过载、缺相、欠压或过热等。

　　④ 润滑油泵停止工作。

　　⑤ 润滑油泵油压过高或过低。

　　⑥ 与主机系统联锁的辅机故障。

　　(2) 解决办法

　　① 检查风机，并重新启动风机。

　　② 检查熔体压力报警设定值是否合适，并重新调整合适报警设定值。

　　③ 清理或更换机头过滤网。

④ 检查机头和主机温度是否过低，适当升高机头和主机温度，以提高熔体的温度，降低其黏度，防止螺杆负荷过大而出现过载。

⑤ 检查机头流道是否被堵塞，并清理流道，降低熔体的压力。

⑥ 检查加料量是否过大，物料颗粒是否过大。

⑦ 检查机筒是否有硬质异物。

⑧ 检查调速器、减速箱齿轮或轴承是否损坏。

⑨ 检查润滑油泵及油压。

⑩ 检查与主机系统联锁的辅机是否出现故障。

2.1.36 采用双螺杆挤出吹塑 PVC 瓶时主机为何会出现有一区温度偏高的现象？应如何处理？

(1) 产生原因

① 挤出机的冷却系统的电磁阀未工作、水阀没有打开或可能是冷却水管路堵塞等。

② 挤出机冷却系统的风机未工作，或转向不对，或小型空气开关关闭。

③ 温度表或 PLC 调节失灵。

④ 固态继电器或双向晶闸管损坏。

⑤ 螺杆组合剪切过强。

(2) 解决办法

① 检查电磁阀线路或线圈。

② 打开水阀，并调节至合适的流量，疏通冷却水管路。

③ 检查风机线路或更换风机，打开小型空气开关。

④ 检查温度表或 PLC 调节参数，更换温度表或 PLC 模块。

⑤ 检查并更换固态继电器或双向晶闸管。

⑥ 调整螺杆的组合，降低螺杆对物料的剪切作用。

2.1.37 用双螺杆挤出吹塑 PVC 中空制品时，喂料机为何自动停车？应如何解决？

导致双螺杆挤出过程中喂料机突然停机的原因主要有以下几种。

① 主机的联锁控制线路出现故障。

② 喂料机的调速器故障。

③ 喂料机螺杆被卡死。

解决的措施如下。

① 检查并修复主机联锁控制线路。

② 检查或更换喂料机的调速器。

③ 检查喂料机中是否有异物或物料中是否有过大的颗粒存在，清理喂料螺杆。

2.1.38 在挤出中空吹塑过程中为何机头总是出现出料不畅现象？应如何解决？

在挤出中空吹塑过程中机头总是出现堵塞，而出料不畅，其导致的原因主要有以下几种。

① 挤出机的某段加热器可能没有正常工作，使物料塑化不良，熔料中未塑化的颗粒卡在机头狭窄的流道内，而导致流道堵塞。

② 挤出温度设定偏低，或塑料的分子量分布宽，造成物料塑化不良。

③ 物料中可能有不容易熔化的金属或杂质等异物。

④ 加料口出现"搭桥"现象，引起下料不均。

⑤ 主电动机转速波动大，造成挤出不稳定。

⑥ 加热、冷却系统匹配不合理或热电偶误差太大。

解决的措施主要有以下几种。

① 检查加热器及加热控制线路，必要时更换。

② 核实各段设定温度，必要时与工艺员协商，提高温度设定值。

③ 清理、检查挤压系统及机头。

④ 选择好树脂，去除物料中的杂质等异物。

⑤ 清理料斗下加料口"搭桥"，加强对下口处的冷却。

⑥ 检查主电动机及控制系统。

⑦ 调整加热功率，更换热电偶。

2.1.39 采用双螺杆挤出中空吹塑时，真空表为何无指示？应如何解决？

(1) 产生原因

① 真空泵未工作。

② 真空表已损坏。

④ 冷凝罐真空管路阀门未打开。

⑤ 真空泵进水阀门未打开，或开度过大或过小。

⑥ 真空泵排放口堵塞。

(2) 解决办法

① 检查真空泵是否过载。

② 检查真空泵控制线路。

③ 检查或更换真空表。

④ 打开冷凝罐真空管路阀门。

⑤ 开启和调节好真空泵进水阀门。

⑥清理真空泵排放口。

2.1.40 挤出中空吹塑时，挤出主机电流为何波动大？应如何解决？

(1) 产生原因

① 喂料系统的喂料不均匀，造成螺杆的扭矩变化较大，而使消耗功率变化不稳定。

② 主电机轴承损坏或润滑不良，使主机螺杆运转不平稳。

③ 某段加热器失灵，不加热，使物料塑化不稳定，造成螺杆的扭矩变化。

④ 螺杆调整垫不对，或相位不对，元件干涉。

(2) 解决办法

① 检查喂料机是否堵塞或卡住，清理通畅，排除故障，使其加料均匀。

② 检修主电机轴承和润滑状况，必要时更换轴承。

③ 检查各加热线路及加热器是否正常工作，必要时更换加热器。

④ 检查调整垫，拉出螺杆检查螺杆有无干涉现象，消除螺杆元件的干涉现象。

2.1.41 挤出吹塑过程中为何会出现主机的启动电流偏高？应如何解决？

(1) 产生原因

① 加热时间不足，或某段加热器不工作，物料塑化不良，黏度大，流动性差，使螺杆

转动时的扭矩大。

② 螺杆可能被异物卡住，使得旋转时的阻力大，而产生较大的扭矩。

③ 加料量过多，造成螺杆的螺槽过分填充，使螺杆的负荷过大，而产生较大的扭矩。

（2）解决办法

① 开车时应用手盘车，如不能轻松转动螺杆，则说明物料还没完全塑化好或可能有异物卡住螺杆，此时需要延长加热时间或适当提高加热温度。当时间足够长、温度足够高，在盘动螺杆时，螺杆转动还是比较困难，则需对螺杆、机筒进行检查、清理。

② 检查各段加热器及加热控制线路是否损坏，并加以修复或更换。

③ 减少机筒的加料量。

2.1.42　挤出中空吹塑过程中挤出主电机的轴承温度为何偏高？如何处理？

（1）产生原因

① 挤出机润滑系统出现故障，使轴承润滑不良，产生干摩擦。

② 轴承磨损严重，润滑状态不好。

③ 润滑油型号不对，黏度太低。

④ 螺杆负荷太大，产生了过大的扭矩。

（2）解决办法

① 检查挤出机润滑系统是否正常工作。

② 检查润滑油箱的油量是否足够，并加入足够的润滑油。

③ 检查电机轴承是否损坏，必要时进行更换。

④ 润滑油型号是否正确，黏度是否合适，必要时更换合适的润滑油。

⑤ 检查挤出的加料及物料的塑化状态是否良好，适当减少加料量或提高挤出温度，改进物料的塑化状态。

2.1.43　挤出吹塑过程中机头压力为何会出现不稳现象？应如何解决？

（1）产生原因

① 外部电源电压不稳定或主电机轴承状态不好，使挤出机的主电机转速不均匀，使物料的塑化和物料的输送出现不均匀，从而使挤出量不稳定，而造成机头压力不稳定。

② 喂料电机转速不均匀，喂料量有波动，导致挤出量有波动。

③ 挤出辅机的牵引速度不稳定，引起挤出物料量的不稳定，而造成机头压力的不稳定。

（2）解决办法

① 检查外部电源电压是否稳定，电源电压不稳定时，可以增加稳定器。

② 检查主电机轴承状态是否良好，必要时更换主电机轴承。

③ 检查喂料系统电机及控制系统，调整喂料的速度。

④ 调整挤出辅机的牵引速度，使其保持稳定。

2.1.44　在挤出型坯过程中为何突然出现型坯缺料现象？应如何解决？

（1）产生原因

① 挤出机的喂料系统发生故障或下料口堵塞，使机筒内物料不足。

② 挤出机料斗中缺料或料量不足。

③ 挤压系统进入坚硬杂质或异物卡住螺杆，使物料向前输送受阻。

(2) 解决办法

① 检查喂料系统是否正常工作，检查喂料机的控制线路是否有故障，检查喂料螺杆是否被卡。

② 检查并清理下料口，使下料口保持畅通。

③ 检查料斗中的物料量是否足够，并加入适量的物料。

④ 检查清理挤出机筒和螺杆。

2.1.45 挤出吹塑过程中为何模具不能完全闭合或有胀模现象？应如何解决？

(1) 产生原因

① 合模压力不足。

② 合模到位触动器过早碰到行程开关，或合模到位接近开关损坏。

③ 电磁阀线圈已坏，或电磁阀不动作、卡死。

④ 液控单向阀有泄漏现象。

(2) 解决办法

① 提高合模压力。

② 检查触动器并调至适当位置。

③ 检查或更换接近开关。

④ 检查或更换电磁阀。

⑤ 检查液控单向阀，并清洗或更换液控单向阀。

2.1.46 吹塑模具合模时为何发出较大的撞击声？应如何解决？

(1) 产生原因

① 慢速合模的节流阀调节不当。

② 慢速合模触动器位置不当，触动器未碰到接近开关，或合模慢速、合模终点接近开关已坏。

③ 合模压力太大。

④ 合模到位后触动器未碰到接近开关。

(2) 解决办法

① 按顺时针方向调整慢速合模的节流阀。

② 调节触动器位置，使其慢速合模时能碰到接近开关。

③ 适当降低合模压力。

④ 检查或更换接近开关。

2.1.47 挤出中空吹塑过程中液压泵有较大噪声，是何原因？应如何解决？

(1) 产生原因

① 液压泵可能已经损坏。

② 油箱内过滤网杂质太多，堵塞严重。

③ 油箱至液压泵之间的球阀关闭。

④ 液压油的质量不好，油温过高。

⑤ 油箱至液压泵的管路有空气进入。

(2) 解决办法

① 检查液压泵，必要时更换液压泵。

② 清洗或更换过滤网。

③ 打开油箱至液压泵之间的球阀。

④ 更换液压油，检查冷却水进入情况。

⑤ 紧固该管路各接头，加强各连接部分的密封。

2.1.48 挤出吹塑时螺杆变频调速电机的变频器突然不工作，是何原因？应如何解决？

(1) 产生原因

① 变频器已烧坏。

② 变频器内控线或主控制线接触不良。

③ 变频器散热不良。

④ 接触器线圈失电工作。

⑤ 电压太低。

(2) 解决办法

① 检查或更换变频器。

② 检查变频器内控线或主控制线，紧固接线。

③ 检查变频器散热情况，并清理散热口。

④ 检查接触器，必要时更换接触器。

⑤ 检查并调节变频器的进线电压。

2.1.49 挤出中空吹塑机为何不升温或出现升温报警现象？应如何解决？

(1) 产生原因

① 加热按钮未打开，或某一段加温控制键未打开。

② 热电偶接触不良，或损坏。

③ 温控模块已坏。

④ 当前温度值低于下限设定温度值，或温控值未设定。

(2) 解决办法

① 打开加热按钮，或打开该段控制键。

② 检查热电偶接线情况，必要时更换热电偶。

③ 更换新的温控模块。

④ 检查报警加热段工作是否正常，设定合适的下限温度及温控值。

2.2 挤出吹塑中空成型工艺实例疑难解答

2.2.1 挤出吹塑过程中主要控制的工艺因素有哪些？这些因素对成型过程有何影响？

(1) 主要控制的工艺因素

挤出吹塑过程中主要控制的因素有：挤出机的温度、螺杆转速、吹气速率、吹气压力、吹胀比、模具温度、冷却时间和冷却速率等。

(2) 工艺因素对成型过程的影响

① 挤出机的温度　在挤出型坯过程中，挤出机的温度控制直接影响型坯的成型过程及

型坯质量。提高挤出机机筒的温度，可降低熔体的黏度，改善熔体的流动性，降低挤出机的功率消耗，同时还有利于改善制品的强度、表面光泽度及制品的透明度。但是熔体温度过高，不仅使冷却时间延长，加大制品的收缩率，还会使挤出的型坯产生自重下垂现象，引起型坯纵向壁厚不均，同时也易使热稳定性差的塑料出现降解，如 PVC 等，也易造成工程塑料（如 PC 等）型坯强度明显降低。若温度太低，物料塑化不好，型坯表面粗糙不光亮，内应力增加，易造成制品在使用时破裂。因此综合多方面考虑，机筒温度应在保证挤出的型坯表面光泽性好、塑化均匀，具有较高的熔体强度，且不会使传动系统过载的前提下，应尽可能采用较低的温度。

② 螺杆转速　挤出过程中，螺杆的转速高，挤出速率快，可以提高挤出机的产量，同时减少型坯的下垂，但是易造成制品表面质量下降，还会由于剪切速率的增大，引起 PE 类塑料的熔体破裂，以及 PVC 等热稳定性差的塑料的降解等。通常在挤出吹塑过程中，对于螺杆的转速的控制应在既能够挤出光滑而均匀的型坯，又不会使挤出传动系统超负荷的前提下，尽可能采用较快的螺杆转速，但一般控制在 70r/min 以下。为了使螺杆转速控制在 70r/min 以下，一般中空吹塑机都应选择大一点的挤出装置。

③ 吹气速率　吹塑时引进空气的容积速率应越大越好，以缩短吹胀时间，使制品得到较均匀的厚度和较好的表面质量；空气的速度不能过大，否则可能在空气进口处形成低压，使这部分型坯内陷，或可能把型坯在模口处冲断，以致不能吹胀。

④ 吹气压力　吹塑的空气应有足够的压力，否则型坯吹胀困难或制品表面的花纹不清晰。一般厚壁制品的压力可小些，薄壁制品和熔体黏度大的物料则需采用较高的压力，一般吹塑压力为 0.2～1.0MPa。

⑤ 吹胀比　吹胀比是指容器最大直径与型坯的最大直径之比，是型坯吹胀的倍数。型坯的尺寸、吹胀比的大小直接影响容器的尺寸。在型坯尺寸和质量一定时，型坯的吹胀比越大则容器尺寸就越大。型坯的吹胀比大，容器壁厚度变薄，虽然可以节省原材料，但是吹胀变得困难，容器的强度和刚度降低。吹胀比过小，原料消耗增加，制品壁厚，有效容积减小，制品冷却时间延长，成本升高。成型时一般应根据塑料的品种、特性、制品的形状尺寸和型坯的尺寸等确定。通常大型薄壁制品吹胀比较小，取 1.2～1.5 倍；小型厚壁制品吹胀比较大，取 2～4 倍。

⑥ 模具温度　吹塑模具温度通常应根据物料的性质和制件的壁厚大小来确定，对于通用塑料一般在 20～50℃。对于工程塑料，由于玻璃化温度较高，可在较高模温下脱模而不影响制品的质量，高模温还有助于提高制品的表面光滑程度。一般吹塑模温控制在低于塑料软化温度 40℃左右为宜。

在吹塑过程中模具温度过低时，夹口处所夹的塑料延伸性就会变低，吹胀后这部分就比较厚，过低的温度常使制品表面出现斑点或橘皮状。模具温度过高时，在夹口处所出现的现象恰与过低时相反，并且还会延长成型周期和增加制品的收缩率。

⑦ 冷却时间和冷却速率　型坯吹胀后就进行冷却定型，一般多用水作为冷却介质。通过模具的冷却水道将热量带出，冷却时间控制着制品的外观质量、性能和生产效率。增加冷却时间，可防止塑料因弹性回复作用而引起的形变，制品外形规整，表面图纹清晰，质量优良，但生产周期延长，生产效率降低。并因制品的结晶化而降低强度和透明度。冷却时间太短，制品会产生应力而出现孔隙。

通常在保证制品充分冷却定型的前提下加快冷却速率，来提高生产效率；加快冷却速率的方法有：扩大模具的冷却面积，采用冷冻水或冷冻气体在模具内进行冷却，利用液态氮或二氧化碳进行型坯的吹胀和内冷却。

模具的冷却速率取决于冷却方式、冷却介质的选择和冷却时间，也与型坯的温度和厚度有关。一般随制品壁厚增加，冷却时间延长。但不同的塑料品种，由于热传导率不同，冷却时间也有差异，在相同厚度下，HDPE 比 PP 冷却时间长。对于一般厚度的 PE 制品通常冷却 1.5s 后，制品壁两侧的温差已接近相等，不需要延长过多的冷却时间。

对于大型、壁厚和特殊构形的制品采用平衡冷却，对其颈部和切料部位选用冷却效能高的冷却介质，对制品主体较薄部分选用一般冷却介质冷却。对特殊制品还需要进行第二次冷却，即在制品脱模后采用风冷或水冷，使制品充分冷却定型，以防止收缩和变形。

2.2.2 挤出吹塑过程中机筒的温度应如何控制？温度控制是否合适应如何来判断？

(1) 机筒的温度控制

挤出中空吹塑时机筒的温度应根据所加工塑料的特性来确定。一般对于结晶性塑料，通常机筒温度控制在塑料熔点至分解温度之间。而对于无定型塑料，机筒温度应控制在塑料的黏流温度（T_f）至分解温度（T_d）之间。对于 $T_f \sim T_d$ 的范围较窄的塑料，机筒温度应偏低些，稍高于 T_f 即可；而对于 $T_f \sim T_d$ 的范围较宽的塑料，机筒温度可适当高些，即可高出 T_f 多一些。如对热敏性塑料 PVC、POM 等，受热后易分解，因此机筒温度应设定低一些；而 PS 塑料的 $T_f \sim T_d$ 范围较宽，机筒温度则可设定稍高些。

另外应注意的是：同一种塑料，由于生产厂家不同、牌号不一样，其流动温度及分解温度也有差别。一般平均分子量高、分子量分布窄的塑料，熔体的黏度都偏高，流动性也较差，加工时，机筒温度应适当提高；反之则降低。塑料添加剂的存在，对成型温度也有影响。若添加剂为玻璃纤维或无机填料时，由于熔体流动性变差，因此，应适当提高机筒温度；若加有增塑剂或其他增韧剂时，机筒温度则应适当低。常见几种塑料挤出中空吹塑成型时的温度控制见表 2-4。

表 2-4 常见几种塑料挤出中空吹塑成型时的温度控制

塑料名称	机筒温度/℃	机头温度/℃
LDPE	110～180	165～175
HDPE	150～280	240～260
软质 PVC	150～180	180～185
硬质 PVC	160～190	195～200
PP	210～240	210～220
PET	260～280	260～280

在成型过程中机筒温度应分段进行控制，通常可分 3～6 段，一般大都为三段控制。进行温度控制时，一般机筒的温度应从料斗到喷嘴前依次由低到高，使塑料材料逐步熔融、塑化。第一段是靠近料斗下料口处的固体输送段，温度要低一些，料斗座还需用冷却水冷却，以防止物料"架桥"并保证较高的固体输送效率；但如果物料中水分含量较高时，可使接近料斗口处的料筒温度略高，以利于水分的排除。第二段为压缩段，是物料处于压缩状态并逐渐熔融，该段温度控制，对于无定型塑料应高于塑料的黏流温度（T_f）；而对于结晶型塑料应高于塑料材料的熔点（T_m），但都必须低于塑料的分解温度（T_d）。一般应比所用塑料的熔点或黏流温度高出 20～25℃。第三段为计量段，物料在该段处于全熔融状态，在预塑终止后形成计量室，贮存塑化好的物料。该段温度设定一般要比第二段高出 20～25℃，以保证物料处于熔融状态。某企业采用 HDPE 中空吹塑成型塑料桶时的机筒温度和机头温度控制见表 2-5。

表 2-5 某企业采用 HDPE 中空吹塑成型塑料桶时的机筒温度和机头温度控制

温度控制	1 区	2 区	3 区	4 区	5 区	6 区
机筒温度/℃	140～145	175	185	190	195	195
法兰温度/℃	200					
机头温度/℃	195	195	195	195	200	

（2）机筒的温度的判断

挤出吹塑过程中机筒温度的控制是否合适通常可根据挤出的型坯情况来加以判断。若挤出机挤出的型坯表面光亮且色泽均匀，断面细腻而密实、无气孔，则说明所设定的温度较为适宜；若型坯物料较稀，呈水样或者表面粗糙无光泽，断面有气孔，则说明设定的机筒温度或机头温度过高；若挤出的型坯表面暗淡，无光泽，流动性不好，断面粗糙，则说明所设定的机筒温度或机头温度过低。

2.2.3 挤出吹塑的型坯厚度和长度应如何控制？型坯质量有何要求？

（1）型坯厚度和长度的控制

型坯从机头口模挤出时，会产生膨胀现象，使型坯直径和壁厚大于口模间隙，悬挂在口模上的型坯由于自重会产生下垂，引起伸长和挤出端壁厚变薄，在挤出过程中通常控制的型坯尺寸的方式主要有以下几种。

① 调节口模间隙 一般设计圆锥形的口模，通过液压缸驱动芯轴上下运动，调节口模间隙，作为型坯壁厚控制的变量。

② 改变挤出速率 挤出速率越快，由于离模膨胀，型坯的直径和壁厚也就越大。

③ 改变型坯牵引速率 周期性改变型坯牵引速率来控制型坯的壁厚。

④ 预吹塑法 当型坯挤出时，通过特殊刀具切断型坯使其封底，在型坯进入模具之前吹入空气的方法称为预吹塑法。在型坯挤出的同时自动地改变预吹塑的空气量，可控制有底型坯的壁厚。

⑤ 型坯厚度的程序控制 这是通过改变挤出型坯横截面的壁厚来达到控制吹塑制品壁厚和重量的控制方法。

（2）对型坯质量的要求

挤出吹塑生产中对型坯质量的要求主要有以下几种。

① 各批型坯的尺寸、熔体黏度和温度均匀一致。

② 型坯的外观质量要好，因为型坯存在缺陷，吹胀后缺陷会更加显著。

③ 型坯的挤出必须与合模、吹胀、冷却所需时间同步。

④ 型坯必须在稳定的速度下挤出，厚薄均匀。

⑤ 型坯应尽可能在低温度下挤出，且温度稳定。

2.2.4 挤出吹塑型坯吹胀的方法有哪些？各有何特点和适用性？

（1）型坯吹胀的方法

挤出吹塑时，型坯吹胀的方法有针吹法、顶吹法、底吹法、横吹、背吹和斜吹等几种形式。广泛应用的主要是针吹法、顶吹法和底吹法三种形式。

（2）型坯吹胀方法的特点和适用性

针吹法的吹气针管安装在半模中，当模具闭合时，针管向前穿破型坯壁，压缩空气通过针管吹胀型坯，然后吹针缩回，熔融物料封闭吹针遗留的针孔。主要适合于不切断型坯连续生产的旋转吹塑成型，吹塑成型颈尾相连的小型容器，不适宜大型容器的吹塑。

顶吹法是通过型芯吹气，模具的颈部向上，当模具闭合时，型坯底部夹住，顶部开口，压缩空气从型芯通入，型芯直接进入开口的型坯内并确定颈部内径，在型芯和模具顶部之间切断型坯。较先进的顶吹法是型芯可以定瓶颈的内径，并在型芯上常有滑动的旋转刀具，吹气后，滑动的旋转刀具下降，切除余料。

底吹法是挤出的型坯落到模具底部的型芯上，通过型芯对型坯吹胀。易出现制品吹胀不充分，容器底部的厚度较薄的现象，主要适用于吹塑颈部开口偏离制品中心线的大型容器，有异形开口或有多个开口的容器。

由于吹塑制品成型后在吹气口处总要留下一个空洞，又因为吹气口的布置有一定的限制，有些形状特殊的制品采用顶吹或底吹工艺都会引起制品壁厚分布不均，此时吹气方式可采用横吹，即从模具侧面吹气，或采用背吹，即从模具背面吹气，曲面分型面模由于受到形状的制约，不少情况下必须是吹气口呈倾斜角度设置，即斜吹。

2.2.5 什么是离模膨胀？型坯挤出过程中影响离模膨胀的因素主要有哪些？

(1) 离模膨胀

所谓离模膨胀是指在挤出过程中，当塑料熔体由小口径流道流出时，由于脱离了流道的约束，料流的压缩和拉伸形变产生弹性恢复，使料流直径有先收缩后膨胀的现象，称为离模膨胀。离模膨胀的产生主要是由于塑料熔体在流道进口区的收敛流动使大分子因受拉伸而伸展，沿着拉伸变形，在稳流区的一维剪切流动使大分子因受剪切而取向产生剪切弹性变形。在塑料流体从流道（或浇口）流出时，随着引起速度梯度的应力消除，伸展和取向的大分子将恢复其蜷曲构象，产生弹性恢复使流体在管口发生垂直于流动方向的膨胀。

经挤出机熔融混炼的熔体，流经机头，并由机头挤出形成型坯。当熔融的物料从口模挤出时，由于离模膨胀，使型坯的壁厚大于口模的间隙。因此在确定口模尺寸时，还要考虑离模膨胀现象，同时在挤出型坯时还要控制好吹塑工艺，以提高产品质量。通常用离模膨胀比来衡量离模膨胀的大小，膨胀比显示出了塑料材料熔体的黏弹性。膨胀比的大小理论上可以根据下式进行计算。

$$膨胀比 = \frac{型坯实际直径 - 口模外径}{口模外径} \times 100\%$$

(2) 影响挤出物离模膨胀的主要因素

① 挤出速率　在挤出机长径比一定时，膨胀比随挤出速率的增加而增大，当剪切速率刚低于出现熔体破裂的临界值时，膨胀比最大。

② 分子量和分子量分布　分子量不同时，其离模膨胀比的差异很大。分子量相同时，分子量分布较宽的聚合物的膨胀也比较大。密度不同，离模膨胀比也是不同的，不同密度聚乙烯离模膨胀比见表2-6。

③ 机头参数　机头参数包括口模形状、间隙定型段长度等。膨胀比随口模直径变小及口模间隙的增加而减少。

表 2-6　不同密度聚乙烯离模膨胀比

材料名称	低密度聚乙烯	中密度聚乙烯	高密度聚乙烯	高、低密度聚乙烯共混(1∶1)
膨胀比/%	30~65	15~40	25~65	25 左右

2.2.6 在挤出型坯时影响型坯下垂的因素有哪些？应如何控制型坯下垂？

(1) 影响型坯的下垂的因素

在型坯挤出过程中型坯易由于自重的作用而产生下垂，致使型坯壁厚不均匀。下垂越严重，型坯壁厚的不均匀性就越大。因此，在成型过程中，要严格控制型坯的下垂。

在挤出型坯过程中影响型坯下垂的因素很多，如型坯的质量、挤出时间、熔体黏度等，从而也在不同程度上影响型坯厚度的均匀性。

① 型坯的重量。型坯的重量增加，型坯产生自重下垂，使型坯壁厚变薄。

② 熔体黏度。随着熔体黏度的下降，型坯的下垂增加，但对于熔体黏度较大的材料，型坯的下垂较小（下垂受挤出时间的影响较小）。

③ 挤出时间。挤出时间增长，下垂增大。

④ 型坯的重量、挤出时间相同时，型坯的下垂随熔体流动速率的增加而加大。

(2) 型坯下垂的控制

在挤出吹塑过程中，影响型坯下垂的因素往往不是单一存在的，而是相互影响的。因此，在生产时，应根据材料的不同牌号进行试验，确定最佳成型工艺条件，以减少型坯的自重下垂，改善型坯的均匀性。型坯下垂严重时，可以根据情况采用如下措施。

① 选择熔体流动速率比较小的树脂，充分干燥物料，降低熔体的流动性。

② 可以适当降低机头及口模温度，以降低熔体的黏度。

③ 提高挤出速率，以减少挤出型坯，从而可减少型坯自重下垂的时间。

④ 加快闭模速度，减少型坯自重下垂的时间。

⑤ 适当加大口模间隙宽度，增加型坯壁厚。

2.2.7　什么是预吹塑？预吹塑的目的是什么？

(1) 预吹塑

在模具闭合之前，型坯挤出的同时，向型坯内吹入适当空气，使型坯有一定程度的膨胀，即为预吹塑。下吹法型坯的预吹塑过程如图 2-33 所示。

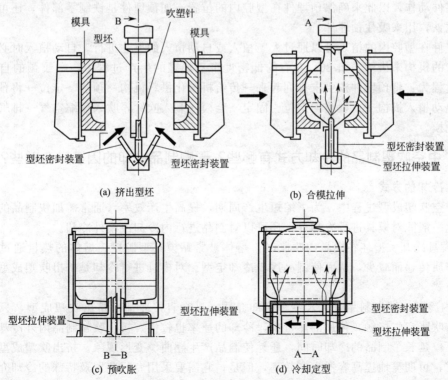

图 2-33　下吹法型坯的预吹塑过程

（2）预吹塑的目的

① 减少容器壁厚不均匀的现象减少。由于预吹塑，不受下垂影响的型坯下部从开始就吹胀；由下垂引起薄壁型坯的上部，也因为预吹塑而使得膨胀少一些。这样就可以减弱由于下垂而带来的壁厚不均匀的影响。

② 节型坯的形状和大小。使用一个口模成型不同容器的范围扩大了，通过预吹塑可以调节型坯的形状和大小，因此，可以根据所限范围针对口模直径来选择容器的长径比。

③ 提高型坯切口部分的融合强度。对于型坯下部要用特殊的刀具切断并进行扇形或半圆形的切断熔融，特殊的刀具可以用加热器控制温度，能够得到比较结实的融合强度。

④ 避免容器底部的毛边。

⑤ 能够使用三瓣模具，型坯放入模具内，不需要夹断，容器底部可使用三瓣模具。使用简单的嵌件就可以增加容器底部的强度。

2.2.8 挤出吹塑过程中的预埋件是什么？预埋件自动植入的工艺过程如何？

挤出吹塑过程中的预埋件是指对带螺纹的瓶颈以及各种桶类容器的排放口、连接法兰等先用注射成型方法把它们制造好，然后再把它们固定到吹塑模具内进行成型，这样它们就能够与型坯熔接，黏合成一个整体。通常把这种植入部件称为预埋件。预埋件主要是针对由于受成型条件的限制，无法将预埋件的部位布置在分型面内，使这些部位的厚度得到保证，而常采用的成型这些微细部分的方法。使用预埋件时，为了使预埋件与本体能很好地热熔合，预埋件的材质多与制品的材质相同。为了防止脱落，有时也预埋一些表面适当凹陷的金属件（例如带粗牙螺纹的螺母等）。预埋件在型腔内部固定，当合模时，预埋件不会脱落，就可以在型腔内加工出与预埋件形状吻合的空间，然后将其镶嵌在其中；当合模时预埋件可能脱落，就必须在型腔内设置定位及固定机构。其固定方法可以利用汽缸使型腔内的某一部分或柱销等零件动作，以此来确保预埋件在型腔内的位置。如预埋件是铁制零部件，还可在模具内植入磁铁，用来吸住预埋件。

预埋件在型腔内的植入可以通过人工植入或自动植入的方法进行。自动植入时必须要有自动植入的机构来执行。如 20L 左右的低密度聚乙烯罐的生产过程中，螺纹颈的自动植入的工艺过程为：将预埋件按要求排列起来→传给机械化供料机构→预热→定位→将预埋件传给汽缸驱动植入机构→在型腔内定位、固定→合模→刺入吹针，吹入压缩空气→排气→开模并自动脱模。

2.2.9 中空吹塑制品的冷却方式有哪些？影响制品冷却的因素又有哪些？

（1）冷却的方式

在中空吹塑成型过程中，为了缩短生产周期，提高生产效率，通常需加快制品的冷却速率，因此一般除对模具进行冷却外，还可以对制品进行内冷却或模外冷却。

① 模具冷却　型坯在模具内吹胀时，熔体被紧贴模具型腔壁，熔体的热量通过模具壁向冷却介质传递而减少，从而使制品逐步冷却定型。对模具进行冷却是挤出吹塑成型最常用的冷却方式。

② 内冷却　即向制品内通入各种冷却介质，进行直接冷却。挤出吹塑成型，只有容器的外壁与吹胀空气接触，传递的热量少，冷却的速率也较慢。挤出吹塑制品内外冷却速率的差异，不仅延长了制品的冷却时间，还易使制品产生翘曲、变形现象。挤出吹塑成型采用内冷却方式，可明显地提高容器生产效率，但是，它需要采用专门装置及特殊的冷却介质。

目前吹塑制品的内冷却方式主要有：

a. 将型坯吹胀用的压缩空气，进行制冷处理，利用吹胀气体进行冷却；

b. 型坯经预吹胀后，注入液态 N_2 或液态 CO_2；

c. 型坯内循环注入压缩空气；

d. 采用空气/水混合介质或制冷空气/水混合介质，进行型坯吹胀冷却。

③ 模外冷却　模外冷却是将初步冷却定型的制品取出，放在模外冷却装置中继续冷却。这种冷却方式，可以减少制品在模具内的冷却时间，缩短成型周期，提高生产效率。这种方法主要用于大型制品的吹塑成型。

(2) 影响制品冷却的因素

在挤出吹塑成型过程中，型坯的吹胀与制品的冷却是同步进行的；除极短的放气时间外，型坯的吹胀时间几乎等于制品的冷却时间。冷却时间的长短，直接影响着制品的性能及生产效率。冷却不均匀会使制品各部位的收缩率有差异，引起制品翘曲、瓶颈歪斜等现象。

为了防止塑料因产生弹性回复而引起的制品变形，吹塑成型制品的冷却时间一般较长。通常为成型周期的 $1/3\sim2/3$。成型过程中影响制品冷却的因素主要有以下几种。

① 塑料的品种。不同的塑料材料熔融温度不同，挤出型坯的温度也不同，且不同材料的热导率也不同。型坯温度越高，则冷却时间越长；热导率较低的（例如聚乙烯），冷却慢，在相同的情况下比同厚度的聚丙烯需要较长的冷却时间。

② 成型制品的体积、形状、壁厚大小。一般成型制品的形状越复杂、体积较大、制品壁厚大时，冷却时间也越长。

③ 吹塑模具所选用的材料的导热性、夹坯口刃结构、模具的排气。模具材料的导热性越好，夹坯口刃结构简单，模具的排气好，则冷却越快，冷却时间较短。

④ 吹塑模具冷却通道的设计。

⑤ 吹塑模具温度。模具温度越高，制品冷却越慢，冷却时间越长。

⑥ 冷却水的入口温度及流量。冷却水的入口温度高、流量小，冷却时间长。

⑦ 吹胀气压及气量。吹胀气压及气量越大，冷却要快，冷却时间较短。

⑧ 内冷却的类型、内冷却介质的温度、压力。

2.2.10　中空吹塑模具的温度应如何控制？

从挤出机口模挤出的型坯进入模具后的吹胀与冷却，与模具温度有直接的关系。模具温度要适当且分布均匀，才能保证制品的冷却均匀。模具温度的设定一般应根据塑料的品种及制品的结构等方面来确定。模具温度控制原则是保证制品的性能较高、尺寸稳定性好、成型周期较短、能耗较低、废品较少。

为保证制品的质量，在冷却过程中要使制品受到均匀的冷却，模温一般保持在 $20\sim50℃$。模温过低，会使夹口处塑料的延伸性降低，不宜吹胀，并使制品在此部分加厚，同时使成型困难，制品的轮廓和花纹等也不清楚。模温过高，冷却时间延长，生产周期加长（表2-7）。此时，如果冷却不够，还会引起制品脱模变形，收缩增大，表面无光泽。模温的高低取决于塑料的品种，当塑料的玻璃化温度较高时，可以采用较高的模具温度；反之，则尽可能降低模温。

表 2-7　常用几种塑料材料中空吹塑模具的温度控制

材料名称	LDPE	HDPE	软质 PVC	硬质 PVC	PP	PC
模具温度/℃	20~40	40~60	20~50	20~60	20~50	60~80

2.2.11　中空吹塑制品应如何脱模？中空吹塑过程中影响制品脱模的因素有哪些？

(1) 脱模方式

挤出中空吹塑过程中，型坯经吹胀冷却定型后，便可开启模具，从模具中取出制品，即脱模。中空吹塑制品脱模方式主要有：手动脱模、机械手自动脱模、气动脱模和机械脱模等。

手动脱模是操作工用手直接从模具中取出制品。机械手自动脱模是利用机械手夹住制品的飞边或型坯余料，将制品从模具中取出，放到设定的位置上或进行其他操作。气动脱模是指利用压缩空气把制品从模具中吹出，然后送入输送带或滑板。这种脱模方式主要用于瓶及小容器的脱模。机械脱模是采用机械连杆、气压驱动的脱模板和模内顶杆等装置，顶出吹塑制品。

(2) 影响制品脱模的因素

在正常情况下，制品经过冷却定型后应顺利脱模，但有时会出现制品脱模困难，这主要有以下原因。

① 制品吹胀冷却时间过长，模具冷却温度低。处理方法：适当缩短型坯吹胀时间，提高模具温度。

② 模具设计不良，型腔表面有毛刺。处理方法：修整模具，减小凹槽深度，凸筋斜度为1∶50或1∶100，使用脱模剂。

③ 开模时，前后模板移动速度不均衡。处理方法：修整锁模装置，使前后模板移动速度一致。

④ 模具安装不合适。处理方法：重新安装模具，校正两半模的安装位置。

2.2.12　中空吹塑成型过程中应如何提高制品壁厚的均匀性？

中空成型以其产品成本低、工艺简单、效益高等独特的优点得到广泛的应用，但成型过程中产品的壁厚均匀性不易控制，特别是对于产品的形状不规则、不对称、有死角时，其壁厚均匀性更加难以控制。随着塑料成型技术的发展，当制品的重量变轻、壁厚变薄时，其不均匀性问题更加突出了，直接影响了产品的质量，特别是形状不规则的制品，其壁厚差别更大。中空容器的厚薄不均匀性与许多因素有关，如成型的设备、模具、成型工艺及工人的操作技术水平等。要提高中空吹塑制品壁厚的均匀性应从以下几方面加以考虑。

(1) 设备选择

目前国内塑料中空制品生产厂家很多，所用设备的自动化程度也不一样，生产产品的容积从几毫升到几百毫升不等，一般自动化程度高的设备，产品厚度控制得好一些。如带有贮料缸的挤出吹塑机，不存在因直接挤出型坯出现"下垂"而造成制品壁厚不均匀。或者带有预吹塑装置，或带有厚度控制系统，如轴向壁厚VWBS和径向PWDS系统，或者自动化程度高的设备，可避免人工将型坯放入模具内的过程中，由于温度降低造成局部没有完全吹胀起来而出现壁厚不均匀，以及由人工放入模具的型坯偏斜或微斜，都易造成厚薄不均。

(2) 模具的结构

当设计一个中空制品时，应考虑它成型后最易出现壁薄的地方，这些地方有的可以在制品上设计纵向或横向的加强筋，来弥补壁厚的不足。模具的结构也要根据制品来设计，有的地方必须从模具结构上考虑，也就是说模具的结构不一定设计成与制品的外观结构一致，但无论模具怎样变化，成型后的制品都必须和样品一致。如图2-34所示的广口容器的模具结构设计为如图2-35所示的结构就不合理，因为当型坯放入模具内吹胀时，AD环边缘的吹胀比大，型坯厚度一致时，AD 环肯定薄些，而且吹胀时温度急剧下降，AD 环边缘的上部或下部先贴在模具内壁上，这时候 AD 环不可能把它上部或下部的料"拉"过来，所以它的壁就更薄。而设计成如图 2-36 所示的结构时，模具的型腔比较大，所用型坯也较长，吹胀时，AD 环与其上部型坯可以相互弥补，贴壁的时间间隔相差不大，这样一来 AD 环的厚度与其上部的厚度就比较接近，当然与 BC 环也就更接近。

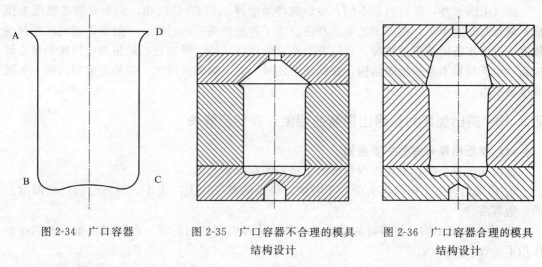

| 图 2-34　广口容器 | 图 2-35　广口容器不合理的模具结构设计 | 图 2-36　广口容器合理的模具结构设计 |

(3) 工艺控制

吹塑制品的壁厚均匀性与吹塑过程中的成型工艺控制有着较大的关系。如挤出成型型坯的温度、模具温度、螺杆转速、空气的压力及吹气的方向等。在挤出型坯的过程中，机筒的温度高，熔体的黏度低，流动性增大，会使型坯自重下垂现象增加，引起型坯纵向壁厚不均。

模具温度过低时，夹口处所夹物料温度就会降低，难以吹胀，这部分就会比较厚。模具温度过高时，在夹口处塑料延伸性增加，吹胀容易，这部分就比较薄，并且还会延长成型周期和增加制品的收缩率。

挤出过程中螺杆的转速高，挤出速率大，挤出型坯速度快，这样可加快型坯进入模具，从而减少型坯因自重产生下垂的时间，以减少因型坯下垂而造成的壁厚不均。

吹塑过程中，当制品上下的薄厚相差很大时，改变吹气的方向，避免由上而下或由下向上直吹，空气的压力及吹气的方向也影响产品的壁厚。最好在吹气嘴的前端做一个球形接头，在上面要多开气孔，让压缩空气全方位吹出，这样制品的壁厚比未改变前要均匀得多。如果制品的壁厚局部薄，这时吹气的方向不宜直吹，也不宜全方位吹，而应定向地吹，即吹气的方向朝壁薄的地方吹，让它先于壁厚的地方吹胀，使它们瞬间能均匀地吹起，从而达到同时贴壁定型的目的。如图 2-37 所示，该制品在 AD 处较薄，吹胀时吹气方向应朝壁薄的 AD 处吹，使其先进行吹胀。

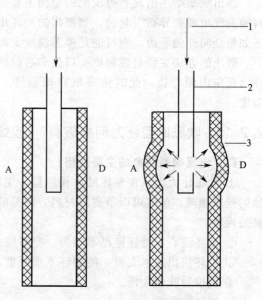

图 2-37　产品的壁厚局部较薄的吹气方向
1—吹胀气体；2—吹气嘴；3—制品

　　压缩空气的压力及温度对制品的壁厚影响也较大。压缩空气压力的均匀稳定性，直接影响吹胀的均匀性，从而影响制品壁厚的均匀性。压缩空气温度过高，等于给型坯加温，加大产品的上下部分壁厚的差距，而且影响制品的定型速率；温度过低，加速了型坯的冷却，使型坯不能完全吹胀起来，造成局部厚薄不均，所以合适的压缩空气温度对生产高质量的制品是必要的。

　　除以上因素外，原料种类不同，也影响产品壁厚。如 PVC 树脂，因为其加工温度范围窄，成型时间要求短，所以工艺要求严格。为了避免型坯冷却过快，一般要设置型坯的保温装置，当型坯挤出速率过快时，可以有效地克服这些缺陷。再如聚乙烯树脂中的线型聚乙烯树脂，由于材料本身的特殊结构，在挤出型坯时，它下垂的程度大，容易造成制品的上下部分厚薄不均。

2.2.13　挤出型坯为何易出现弯曲现象？应如何解决？

(1) 型坯出现弯曲的主要原因

　　挤出吹塑过程中，型坯出现弯曲的主要原因有以下几种。

　　① 机头内流道不畅或机头中心不对中，口模间隙一边大一边小，型坯会向口模间隙小的一边弯曲。

　　② 机头加热不均，使熔料的温度不均匀，从而引起挤出的型坯各处因自重下垂的拉伸作用不一致。

　　③ 挤出速率太快，造成熔料在口模处有积存，而引起型坯弯曲。

(2) 解决办法

　　① 检查机头流道，调整机头中心，使其口模间隙均匀一致。

　　② 调整机头加热温度分布，使各部加热均匀。

　　③ 降低挤出速率。

2.2.14　挤出吹塑型坯为何出现卷边现象？应如何解决？

　　挤出吹塑型坯出现卷边现象的原因主要是由于机头温度控制不合理，使型坯内外表面熔料的温度出现差异而引起的。当挤出的型坯出现向内侧卷边时，则可能是口模温度太高。型坯如果是向外侧卷边，则可能是模芯温度太高。

　　解决的办法主要是控制机头口模和芯模的温度一致，并保持各部温度均匀。当挤出的型坯出现向内侧卷边，此时应降低口模温度。如果型坯是向外侧卷边，则应适当降低模芯温度。

2.2.15　吹胀时型坯为何易破裂？应如何解决？

(1) 出现破裂现象的主要原因

　　① 吹胀比太大。在型坯尺寸和质量一定时，型坯的吹胀比越大则容器尺寸就越大，制品的壁厚越薄，虽然可以节省原材料，但是吹胀变得困难，制品的强度和刚度降低，易出现破裂现象。

　　② 型坯偏心，型坯壁厚不均匀，壁厚较小处在同样吹胀比的情况下易出现破裂现象。

　　③ 型坯挤出速率太慢，使型坯下垂严重，而出现壁厚不均。

　　④ 锁模后吹塑太慢。

　　⑤ 型坯有伤痕。

　　⑥ 混有其他原料或杂质。

⑦ 模具夹断口的切口太锐利或太钝，如切口太锐利会切破型坯，如切口太钝会使模具闭合不良，都会导致容器吹破。

(2) 解决办法

① 降低吹胀比。成型时一般应根据塑料的品种、特性、制品的形状尺寸和型坯的尺寸等确定。通常大型薄壁制品吹胀比较小，取 1.2～1.5 倍；小型厚壁制品吹胀比较大，取 2～4 倍。

② 调整机头间隙，使其均匀一致。

③ 提高挤出速率。

④ 锁模后立刻吹胀。

⑤ 检查和清理机头及分流梭。

⑥ 更换原料。

⑦ 调整切口的宽窄度，刀口宽度应控制在 1.0～2.5mm。

2.2.16 挤出吹塑 UPVC 透明瓶为何出现雾状发白现象？ 应如何解决？

(1) 雾状发白的主要原因

① 挤出机机筒的温度太低，物料塑化不良。

② 模具排气不畅或排气的位置选择不当。

③ 模具表面可能磨损。

(2) 解决办法

① 适当提高机筒的温度。

② 增大模具排气孔径或更改排气位置。

③ 抛光处理模具内表面。

2.2.17 挤出吹塑的 PC 透明瓶为何表面出现麻点？ 有何解决办法？

(1) 表面出现麻点的主要原因

① 料温太低，物料塑化不良。

② 熔体在机头中滞留时间过长，出现了过热分解。

③ 螺杆转速太高或太低，物料在机筒内停留时间过短或物料受剪切混炼不够，塑化不好。

④ 原料流动性太差。

⑤ 吹气压力不足。

(2) 解决办法

① 提高机筒或机头温度，提高物料的塑化均匀性。

② 改善机头流道的结构，改善物料的流动状态，减少物料的滞留。

③ 适当提高或降低螺杆转速。

④ 选用流动性好的物料。

⑤ 提高吹气压力或提高模具温度。

2.2.18 挤出吹塑 PC 瓶的过程中，PC 瓶出现气泡是何原因？ 应如何解决？

(1) 气泡产生的主要原因

① 粒料中含有水分，干燥不充分。

② 料斗中物料太多，密封不严，潮湿空气混入树脂，PC 料出现二次吸湿。

③ 成型温度过高，物料过热或停留时间过长，产生了分解。

(2) 解决办法

① 充分干燥物料，控制料斗中的物料量。

② 提高螺杆转速或加滤板筛网，以提高机筒内压，压实物料，排除物料中的气体。

③ 降低机筒和机头的温度。

2.2.19 挤出吹塑 PE 桶时，制品为何会发生变形？ 应如何解决？

(1) 制品发生变形的主要原因

① 进气速度太慢，使熔料冷却，温度低，而造成吹胀不均匀。

② 吹胀时间太短，吹胀不够。

③ 冷却不够或开模太早，发生了收缩变形。

(2) 解决办法

① 闭模后立即吹气，保证在熔料成型性能好时完成吹胀成型。

② 延长吹气时间，使制品能贴紧模具型腔壁而完好成型。

③ 增加冷却液流量或延长冷却时间，防止脱模后的冷却收缩变形。

2.2.20 中空吹塑制品为何易出现纵向壁厚不均匀？ 应如何避免？

(1) 产生原因

① 机头内流道不畅或机头中心不对中，或挤出速率太快，造成挤出型坯歪斜。

② 机头加热不均，模套与模芯温差较大，造成型坯周向温度的不均，型坯周向自重下垂的大小不一致，引起型坯壁厚不均匀。

③ 容器外形不对称。

④ 型坯吹胀比过大。由于型坯各处的熔料性能不可能完全一致，吹胀比过大时，会引起吹胀程度的差异，而出现制品壁厚不均匀。

(2) 避免措施

① 调整口模间隙偏差，使型坯壁厚均匀；降低型坯的挤出速率，闭模前拉直型坯。

② 提高或降低模套加热温度，改善口模内外温差。

③ 闭模前，对型坯进行预夹紧和预扩张，使型坯适当向薄壁方向偏移。

④ 降低型坯吹胀比，或更换模套、模芯。

2.2.21 中空吹塑容器易出现翘曲，是何原因？ 应如何解决？

(1) 产生原因

① 模具温度太高或冷却时间太短等造成制品冷却不足，脱模后发生变形翘曲。

② 吹胀气压小。

③ 容器冷却不均匀，各部吹胀不均匀。

④ 型坯壁厚差异较大。

(2) 解决办法

① 延长型坯吹胀（冷却）时间，降低模具冷却温度及型坯熔体温度。

② 提高吹胀气压。

③ 清理、排除模具冷却水道内的水垢及阻碍物；调整模具冷却系统的设计。

④ 调整型坯控制装置，调整型坯壁厚。

2.2.22　吹塑容器底部夹坯接缝强度太低应如何解决?

在中空吹塑过程中,造成容器底部夹坯接缝强度太低的原因有多方面,因此容器底部夹坯接缝强度太低应针对不同情况加以解决。

① 采用快-慢闭模速度。闭模速度或模具关闭时间不合适。闭模速度过快,切口易切穿型坯,使型坯无法得到完好的熔接。

② 适当降低或提高型坯熔体温度。型坯熔体温度不合适,熔体温度过高或过低都会影响夹坯接缝强度。

③ 适当加大刀口角度,或加深刀口深度,或加大刀口宽度。一般模具刀口尽头应向模具表面扩大一定的角度,其角度的大小应随塑料的品种不同而异,如 LDPE 可取 30°～50°,HDPE 可取 12°～15°。模具夹坯刀口设计不合适。切断型坯的夹口的最小纵向长度一般为0.5～2.5mm,过小会减小容器接合缝的厚度,从而降低容器底部,甚至容易切破型坯。过大则无法切断尾料,甚至无法使模具完全闭合。

④ 降低模具夹坯接缝区的冷却温度。

2.2.23　中空吹塑容器表面出现橘皮状花纹应如何解决?

① 加强模具的排气,增设排气孔或模具型腔进行喷砂处理。由于吹塑模具中要排除的气体量比较大,合模后会有一部分空气夹留在型坯与模腔之间,特别是大容积吹塑制品。另外,吹塑时模具压力较低,气体的排除要难,因此吹塑模具对排气性能要求较高。若模具排气不良,吹胀后的制品表面不能很好地贴附模腔壁,而使制品表面粗糙,出现橘皮状花纹等。

② 型坯挤出时物料塑化不良,或挤出螺杆转速太高,物料出现了熔体破裂现象,而使型坯表面带有橘皮状花纹,导致型坯吹胀后容器表面出现橘皮状花纹。因此挤出型坯时应适当降低螺杆转速,提高挤出机机筒和口模的温度,以保证物料的塑化,防止出现熔体破裂现象。

③ 提高吹胀气压。当吹胀时的气压不足时,会导致型坯不能很好地与模腔壁接触,而使制品表面粗糙,出现橘皮状花纹等。

④ 清理压缩空气通道,检查吹气杆是否漏气。当压缩空气通道堵塞或吹气杆漏气时,会造成吹气压力不足,吹胀速度慢,使型坯不能在合适的熔料温度、压力下进行吹胀,而很好地贴附模具。

⑤ 提高吹胀气压,更换模套、模芯,提高型坯吹胀比。吹胀比太小时,型坯的吹胀程度不够也很容易造成制品表面出现橘皮状花纹等。

2.2.24　中空吹塑容器时,容器的容积发生变化应如何解决?

中空吹塑容器时,容器的容积出现增大或缩小的现象,这主要是由于型坯壁厚控制不好,或吹气压力不稳定等原因引起的。因此吹塑过程中出现容器的容积发生变化时的解决办法有以下几种。

① 调节程序控制装置,使型坯的壁厚减少。提高型坯熔体温度,降低型坯离模膨胀率,防止型坯的壁厚增大,导致容器壁增厚,容积减少。调节程序控制装置,增加型坯的壁厚,或适当降低型坯熔体温度,可防止型坯的壁厚变薄,导致容器壁变薄,容积增大。

② 检查原料的收缩率,更换收缩率小的树脂,延长吹气冷却时间,降低模具冷却温度,降低容器尺寸的收缩,防止容器容积缩小。

③ 提高压缩空气压力。当吹胀气压小时，容器未吹胀到型腔设计尺寸，容器的容积会出现缩小现象。

④ 模具设计尺寸错误。修改模具的结构尺寸。

2.2.25 吹塑制品的轮廓和图纹不清晰有哪些处理措施？

吹塑制品出现轮廓和图纹不清晰时，其原因主要是由于型腔排气不良，或吹气压力过低，或熔料温度或模具温度太低等所导致，因此制品出现轮廓和图纹不清晰时的处理措施主要有以下几种。

① 加强模具的排气，增设排气槽或对型腔表面进行喷砂处理。因模具排气不良时，模腔中滞留的气体会随型坯的吹胀而被压缩，使模腔压力增大，型坯吹胀时的阻力增大，而使型坯难以贴附模腔壁。

② 提高吹胀气压，使型坯充分得到吹胀。

③ 适当提高挤出机机筒及机头的温度，以保证物料塑化良好及适当的型坯温度。当挤出物料塑化不良时，型坯熔体温度偏低，型坯难以吹胀。

④ 适当提高模具温度。模具冷却温度偏低，模具有"冷凝"现象。

⑤ 必要时可添加适量的填充母料，以提高物料的黏度。物料熔体黏度太低时，流动性太大，定型能力差，制品易出现轮廓和图纹不清晰。

2.2.26 造成中空吹塑成型制品的飞边太多太厚的原因有哪些？应如何解决？

(1) 造成原因

① 吹塑模具的锁模压力不足，或吹胀时的气压太大，而导致了模具胀模，熔料溢出。

② 模具刀口磨损，导柱偏移。

③ 吹胀时型坯偏斜。

④ 夹坯刀口处溢料槽太浅或刀口深度太浅。

⑤ 型坯充气启动太早。

(2) 解决办法

① 提高模具锁模压力，适当降低吹胀气压。

② 修理模具刀口，校正或更换模具导柱。

③ 校正型坯与吹气杆的中心位置。

④ 修整模具，加深逸料槽或刀口深度。

⑤ 调整型坯充气时间。

2.2.27 挤出吹塑制品为何表面出现纵向条纹？应如何处理？

(1) 制品表面出现纵向条纹的原因

① 模口处积存较多的杂质或未塑化的颗粒料，划伤了挤出型坯的表面。

② 模套或模芯边缘有毛刺或缺口。

③ 色母料或树脂分解而产生的深色条纹。

④ 过滤网出现破洞，物料混入杂质沉积在模口处，划伤型坯表面。

(2) 解决办法

① 检查更换挤出机过滤网，用铜片清理口模。

② 修整口模边缘的毛刺或缺口，使口模边缘光滑。

③ 适当降低温度，或更换分散性好的色母料。

2.2.28 中空吹塑时制品的切边难以控制，有何解决办法？

在中空吹塑时制品的切边如果控制不当，会造成切边难以从制品上取下，或制品的切口部分太薄或太厚，或强度不足等。通常出现制品的切边难以控制时应根据不同的切边情况采取相应的措施。

(1) 切边难以从制品上取下

这主要是由于切边刀口太宽，或切边刀口不平，或吹塑模具的锁模力不足所导致，因此需适当修窄切边刀口，或修平刀口，刀口宽一般为 1.0～2.5mm。还应适当提高吹塑模具的锁模力，防止吹胀时出现胀模现象。

(2) 切口部分太薄

切口部分太薄主要是由于吹塑压力及起始吹塑时间控制不当，或模具排气不良，或飞边太多，或截坯损坏严重等造成的。因此解决切口部分太薄的不足时，可以适当调整吹塑压力及起始吹塑时间；型腔表面喷砂处理或增加排气槽（孔），以改善模具的排气；或防止截坯破洞，减少飞边等。

(3) 切口部分太厚

切口部分太厚主要是由于吹塑模的切口缝隙调节不当；或切口损坏；或切口飞边太厚或熔料温度太低等造成的。因此在解决切口部分太厚的不足时，应适当调整吹塑模的切口缝隙；或检查并修复切口损坏的部位；或调整飞边量，或适当提高熔料温度等。

(4) 切口部分强度不足

切口部分强度不足主要是由于熔料温度太低；或模具温度太低；或切口结构设计不合理等造成的。因此在解决切口部分强度不足问题时应适当提高料筒温度或机头温度；或提高模具温度；减小冷却水流量或提高冷却水的温度；或将切口后角控制在 30°～40°，刀口宽度应控制在 1.0～2.5mm。

2.3 挤出吹塑中空制品实例疑难解答

2.3.1 聚乙烯挤出中空吹塑成型时有何技术要求？

在聚乙烯中空吹塑制品中，挤出吹塑成型是应用最为普遍和用量较大的一种成型方法，可成型大、中、小型中空制品。挤出吹塑成型用的聚乙烯树脂有高密度聚乙烯（HDPE）、低密度聚乙烯（LDPE）、线型低密度聚乙烯（LLDPE）。高密度聚乙烯（HDPE）具有较好的加工性能和熔体强度，良好的冲击强度和刚性、耐环境应力开裂性及耐蠕变性能，其制品刚性和强度较高。低密度聚乙烯（LDPE）耐环境应力开裂性良好，但制品的强度较低。一般用熔体流动速率为 0.3～1.0g/10min 的挤出吹塑级低密度聚乙烯（LDPE）成型 50L 以下的中空容器。线型低密度聚乙烯（LLDPE）具有良好的韧性及耐环境应力开裂性，但熔体强度较低，型坯下垂严重，成型较困难，故 LLDPE 一般不单独用于挤出中空吹塑成型，通常是采用 LLDPE 与 LDPE、HDPE 共混。

(1) 工艺流程

聚乙烯挤出吹塑成型的工艺流程为：

原料 → 熔融塑化 → 挤出型坯 → 型坯切断与夹持 → 型坯吹胀 → 冷却定型 → 脱模 → 后加工 → 制品

(2) 聚乙烯制品的设计及技术要求

① 圆形制品的拐角与棱边呈圆弧形过渡。圆弧半径不小于容器直径的 1/10，方形容器

拐角与棱边圆弧半径不小于半模深度的 1/3。容器的底部不呈平面状,应为内凹形。

② 包装容器需有足够的强度,肩部倾斜的圆形容器,倾斜面的倾斜角与长度必须合理。容器侧面与肩部倾斜面的交接处,需采用较大的圆弧半径。拐角处也需采用较大的圆弧过渡。

③ 为了提高圆形容器的刚度,可在圆形容器的中部设置深度小、呈圆弧形的径向槽或纵向加强筋。

④ 选择适宜的树脂牌号,以提高耐环境应力开裂性能、阻隔性能及灌装性能。

(3) 成型设备及模具的要求

① 可选用普通螺杆、分离型螺杆或混炼型螺杆挤出机。螺杆直径根据制品容积的大小而定,一般为 45～90mm。螺杆长径比 $(L/D)=(25\sim30)/1$。

② 若采用贮料式型坯机头,需用程控系统自动调节型坯多点厚度。设计口模尺寸时需注意型坯离模膨胀。HDPE 型坯膨胀率一般为 25%～40%,LDPE 型坯膨胀率一般为 30%～60%,LLDPE 型坯膨胀率稍小于 LDPE。

③ 设计型腔尺寸时要考虑制品的收缩率。制品的壁厚不同其收缩率也不同,不同壁厚的聚乙烯制品的收缩率(表 2-8)。

表 2-8 不同壁厚的聚乙烯制品的收缩率

树脂	制品厚度/mm	收缩率/%
LDPE	<2	1.0～1.5
LDPE	>2	1.5～3.0
HDPE	<2	2.0～3.5
HDPE	>2	3.5～5.5

(4) 成型工艺控制

① 成型温度 使用的聚乙烯成型温度因聚乙烯的品种不同而异,通常 HDPE 为 170～210℃,LDPE 为 150～190℃。吹塑大型制品一般采用较低的温度,而吹塑小型的制品一般宜采用较高的温度,但需注意,若温度过低容易使管坯产生鲨鱼皮症或者熔体破裂现象,温度过高则会出现型坯下垂,导致制品壁厚不均匀。

② 挤出速率 挤出速率过快,容易使管坯产生鲨鱼皮及熔体破裂现象,同时也会产生较大的离模膨胀,使型坯的壁厚增大,导致制品质量增大,因此提高挤出速率应以不产生鲨鱼皮症及熔体破裂现象为前提,同时还需要调节模头的模芯与调节环间的距离以维持制品的质量。

③ 模具温度 模具温度不仅影响着聚乙烯吹塑制品的外观、成型收缩率、强度,还影响着吹塑成型周期。模具温度高时,可以改善聚乙烯吹塑制品的外观,但尺寸的稳定性降低,机械强度(特别是冲击强度)下降,生产周期延长,生产效率降低。当模温过高时,还可能产生制品在截坯夹断部位过薄的弊病,因此一般应适当降低模具的温度。但模具温度也不能过低,当模具温度太低时,闭模时型坯与模具接触部分急剧冷却,型坯达到制品设计形状之前已难以延伸,导致制品厚度不均。

通常 LDPE 吹塑成型时的模具温度为 20～40℃,HDPE 的模具温度控制在 40～60℃。

④ 吹胀空气压力 聚乙烯吹胀时气压的大小应根据原料、型坯的厚度、制品的形状、制品的大小而定。不同的原料其吹胀压力大小不一样。一般吹胀压力增大有助于制品与模腔壁之间的接触,提高冷却效率,缩短成型周期,但过大的吹胀压力会增大闭模装置的负担,缩短成型设备的寿命。

LDPE 的吹用胀压力一般为 0.2～0.4MPa,HDPE 的吹胀压力一般取 0.4～0.7MPa。

⑤ 冷却时间　一般来说，延长冷却时间制品的冷却效果好，但生产效率低；冷却时间短可以提高生产效率，但制品的冷却效果不好，易造成制品的变形。

2.3.2　挤出吹塑 PE 瓶的成型工艺应如何控制？

PE 瓶是指容积在几十毫升至几升的各种塑料中空制品。挤出吹塑 PE 瓶时通常选用熔体流动速率（MFR）为 0.5～2g/10min 的 LLDPE，或熔体流动速率为 0.35～1.2g/10min 的 HDPE 树脂，如中石化 DND-3040、DND-7342、DXND-1223 LLDPE 树脂和 6200B 型 HDPE 树脂等。

挤出机可采用通用 PE 单螺杆挤出机，长径比为 20～25。挤出型坯的机筒温度控制在 150～210℃。在保证挤出型坯光滑的情况下，尽可能采用较低的加工温度。为保证型坯紧贴模腔壁而得到所需形状的制品，吹塑压力一般控制在 0.5～0.65MPa 之间。对于容积大、壁较薄的 PE 瓶和熔体流动速率较低的 PE 树脂，吹塑压力则要稍高些；反之则相反。一般吹胀比控制在 1.5～3.0 之间。容器较大、桶壁较薄的容器选择较小的吹胀比；反之吹胀比要较大些。吹塑成型的模具温度控制在 20～40℃。

如某企业扩出吹塑 750mL DPE 瓶时，选用美国菲利浦公司的 HHMS202 HDPE 树脂，挤出吹塑工艺控制：机身料斗口温度为 40℃；机筒 1 区温度为 170℃；机筒 2 区温度为 170℃；机筒 3 区温度为 170℃；连接器温度为 175℃；机头温度为 170℃；成型模具温度为 20℃；吹气压力为 0.6MPa，吹胀比为 2.2，产品成型周期为 10s。

2.3.3　采用 HDPE/EVOH 共混挤出吹塑阻隔瓶的成型工艺对制品性能有何影响？

在包装材料中，以其低廉的价格、耐冲击、耐腐蚀等优异的性能已得到广泛应用。但由于 HDPE 对氧气、二氧化碳等气体及烃类溶剂的阻透性差，因此用于包装用容器时其保质期会受到限制。为了提高 HDPE 容器阻透性能，通常可以使其与阻透性能较好的树脂按一定配比进行共混，再在一定的工艺条件下进行挤出、中空吹塑成型。在挤出过程中，HDPE 熔体能形成连续相，而阻透性树脂则形成许多不连续的、重叠的阻透层，使制品的阻透性能得到大幅度提高。EVOH（乙烯-乙烯醇共聚物）有极好的阻气性能，对氧气、二氧化碳气体及芳香烃、脂肪烃、卤代烃等具有优良的阻透性，而且透明性、光泽性、机械强度、耐候性、耐腐蚀性均较好，是高性能阻透材料。HDPE/EVOH 共混能得到高阻透性的中空吹塑制品。但在中空吹塑过程中，原料配方、成型工艺的控制对制品的阻透性能有较大的影响。HDPE/EVOH 共混物挤出吹塑成型的工艺流程为：

HDPE、EVOH、增容剂 → 物料混合 → 挤出型坯 → 型坯切断与夹持 → 型坯吹胀 → 冷却定型 → 脱模 → 后加工 → 制品

(1) 共混物配方对容器阻透性能的影响

① EVOH 用量对制品阻透性的影响　在配方中 EVOH 用量增加，在成型工艺条件相同的情况下，制品的阻透性增加，但如果 EVOH 的用量增大，制品成本会增加。同时，随着 EVOH 用量的提高，共混体系的熔体黏度变小，会加剧管坯的垂伸现象，给成型加工带来困难，使得制品壁面厚薄不均，影响阻透性能。因此 EVOH 树脂的用量不宜太多，一般为 15～20 质量份。

② 增容剂用量对制品阻透性能的影响　由于 EVOH 的熔体黏度、熔体弹性与基体树脂（HDPE）相差很大，通常采用添加增容剂的方法来调整 EVOH 的流动行为以及与 HDPE

的界面相互作用。增容剂的加入能较大地改变 EVOH 与 HDPE 熔体黏度比，使其容易分散于 HDPE 中，并有利于发生形变，形成层状分布形态，从而提高制品的阻透性能。增容剂的用量一般为 2～4 质量份。

③ 成型工艺对制品阻透性能的影响　在 HDPE/EVOH 共混物挤出成型过程中，物料的混料方式及螺杆转速、机筒温度等工艺参数的变化，对制品的阻透性能均有较大的影响。

混料方式对制品阻透性能有较大影响。经双螺杆挤出机造粒过的物料，两相分散更均匀，层状结构数量少，因而其阻透性能降低。如果物料采用初混合后，直接在单螺杆挤出机上挤出吹塑，物料易分散形成层状的阻隔层，制品阻透性较好。

如共混料经双螺杆挤出造粒温度后，再挤出吹塑成型制品，制品对溶剂的渗透率为 2.52%，而采用物料初混后，再挤出吹塑成型制品，制品对溶剂的渗透率为 0.86%。

④ 螺杆转速对容器阻透性能的影响　由于层状共混技术主要是通过对层状分散结构的控制来实现制品对溶剂的低渗透率，因而，剪切速率的大小对共混物的形态结构有较大的影响。一般成型过程中，螺杆转速太低时，剪切速率相对较小，EVOH 树脂不能得到充分的拉伸和变形，从而不能形成片状重叠的结构，因此共混物的阻透性没有多大改善。适当提高螺杆的转速，可使熔体的剪切速率增大，有助于 EVOH 形成层状结构，均匀分布于熔体中，从而提高制品的阻透性能。但如果螺杆转速过快，使混炼过于强烈，导致 EVOH 分散相破碎成更细小均匀的液滴，反而会使制品阻透性能大幅度下降。由此，共混物在挤出吹塑成型时应选择一个合适的螺杆转速。一般控制在 18～25r/min 的范围内为较佳值。

⑤ 机筒温度对制品阻透性能的影响　为使阻透性树脂 EVOH 成层状分布在基体树脂中，必须慎重设定机筒温度。温度较低时，不利于 EVOH 树脂的分散和拉伸，溶剂渗透率较高。温度过高时，EVOH 黏度下降，甚至低于基体树脂的黏度，反而会包覆基体树脂，使 EVOH 难以以层状分散于 HDPE 基体树脂中，不利于制品阻透性能的提高，且 EVOH 的黏度降低，在剪切力的作用下，难以形成连续的片层。因此，加工温度不宜过高，只有分散相的黏度大于连续相的黏度，才能有利于分散相发生较大的形变，形成层状分布，得到理想的阻透性能。一般成型温度应控制在 220～230℃ 范围内为最佳。

如某企业生产 HDPE/EVOH 包装瓶，其配方见表 2-9。成型工艺为：EVOH 干燥温度为 90℃，干燥时间为 8h；挤出机机筒温度控制，一段为 150～160℃，二段为 180～190℃，三段为 210～250℃，四段为 200～210℃，五段为 210～230℃；螺杆转速为 10～15r/min。制得的包装瓶对二甲苯的渗透率在 1% 以下。

表 2-9　某企业生产 HDPE/EVOH 包装瓶配方

材料	用量	材料	用量
HDPE	100	PE-g-MAH	6
EVOH	15		

2.3.4　挤出吹塑 PC 饮用水桶成型工艺应如何控制?

用于挤出吹塑用的 PC 树脂一般应选用支链型树脂，树脂熔体流动速率一般在 3g/10min 左右，熔体强度较高，对剪切作用引起的黏度变化不太敏感。PC 型坯的离模膨胀率在 15% 以内。

挤出吹塑 PC 树脂的挤出机螺杆可采用三段式渐变结构，螺杆不应设置高剪切元件。模具可用铝、工具钢、铜铍合金或不锈钢来制造，夹坯口嵌块要用工具钢制成。可在吹塑模具分型面上开设深 0.05～0.13mm、宽 6mm 的排气槽，还要在模腔壁内开设排气小孔，以利于模具的排气，减少 PC 饮用水桶产生气泡的可能。

吹塑成型时，由于 PC 是一种吸湿性较高的树脂，当它贮存或暴露在空气中时容易吸收空气中的水分，故在成型加工前必须进行干燥处理，干燥至水分含量低于 0.02%，树脂一经干燥处理，必须在 20min 内用完，否则要重新进行干燥处理。干燥温度为 120℃。

PC 树脂在挤出吹塑成型时，料筒温度的控制非常严格。因为温度的高低直接影响到熔体的黏度，而影响到制品的强度。一般成型温度控制在 240～280℃，熔体温度差控制在 ±3℃。模具必须分段进行温度控制，模温一般为 65～80℃，且温差为 ±3℃左右。型坯吹胀空气压力一般控制在 0.4～1.0MPa，吹胀比一般为 2.0～2.5，PC 水桶的收缩率为 0.5%～0.8%。

如某企业挤出吹塑如图 2-38 所示的 5gal PC 净水桶（加仑为美制单位，1gal = 3.785L）时，选用 Makrolon ku-1239PC 树脂，生产的工艺控制机身料斗口温度为 40℃；机筒 1 区温度为 260℃；机筒 2 区温度为 265℃；机筒 3 区温度为 265℃；连接器温度为 250℃；模头 1 区温度为 250℃；模头 2 区温度为 250℃；模具底部温度为 80～83℃；中部温度为 70～80℃；上部温度为 60℃；吹气压力为 0.6MPa，吹胀比为 2.2，产品成型周期为 70s。

图 2-38 PC 饮用水桶

2.3.5 挤出吹塑 HDPE 闭口大桶的成型工艺应如何控制？

挤出吹塑的 HDPE 闭口大桶，一般要求产品耐冲击性能好，强度高，耐化学品的腐蚀性好，耐环境应力开裂性好，桶壁厚均匀等。为此生产过程中一般应选择树脂，其熔体流动速率一般在 2～6g/10min，密度在 0.945～0.955g/cm³，其产品不仅冲击强度高，而且具有良好的耐应力开裂能力，有较高的熔体强度，可减少成型过程中型坯在自身重量作用下严重下垂而造成纵向壁厚误差。

挤出吹塑时一般采用螺杆的长径比为 20 左右，机头应采用贮料式机头，机头应能分段进行温度控制。

超高分子量的 HDPE 树脂在挤出吹塑成型时，成型温度一般控制在 160～210℃，熔体温度差控制在 ±5℃。大型制品的机头必须分段进行温度控制，温差必须控制在 ±3℃。模具采用冷却水进行冷却，冷却水温度一般取 5～10℃，型坯吹胀空气压力一般控制在 0.45～0.5MPa。

如某企业挤出吹塑如图 2-39 所示的 200L HDPE 闭口大桶时，选用日本昭和电工公司 4551Z PE 树脂，采用德国 BEKUM 公司生产 BA200 型中空吹塑机组，螺杆直径为 100mm，长径比为 20，型坯挤出机头为

图 2-39 HDPE 闭口大桶

AKSV20T 形式机头，分六段加热控制。挤出吹塑的工艺控制：机身料斗口温度为 85℃；

机筒 1 区温度为 170℃；机筒 2 区温度为 185℃；机筒 3 区温度为 185℃；连接器温度为 185℃；贮料缸 1 区温度为 185℃；贮料缸 2 区温度为 185℃；贮料缸 3 区温度为 180℃；贮料缸 4 区温度为 180℃；贮料缸 5 区温度为 180℃；贮料缸 6 区温度为 178℃；口模温度为 165℃，螺杆转速为 42r/min；吹气压力为 0.45MPa。

2.3.6 采用挤出吹塑 UPVC 透明瓶的成型工艺应如何控制？

挤出吹塑 UPVC 透明瓶用的 PVC 树脂可选用悬浮聚合与本体聚合法生产的 PVC 树脂。其中本体法生产的 PVC 树脂加工性能好，纯度较高，透明度特别高，吸湿性很低，适于挤出吹塑包装瓶，尤其是高透明瓶。悬浮法 PVC 树脂一般可生产初期着色性好、杂质含量较低的 PVC 树脂，生产成本较低。吹塑用 PVC 的密度为 1.31～1.39g/cm³。PVC 应不含凝胶，否则会在瓶子上产生"鱼眼"，氯乙烯单体含量要低，尤其对吹塑食品与饮料包装瓶的 PVC。

配方中的稳定剂一般选用有机锡类稳定剂，其稳定效能高、透明性好，如甲基锡稳定剂适于各种非食品与某些食品包装瓶，辛基硫锡稳定剂适于食品与非食品包装瓶，用量应小于 1.5 质量份。

为保证瓶子有足够高的耐冲击性，尤其是低温耐冲击性，一般要在 PVC 中加入抗冲击改性剂。挤出吹塑 PVC 透明瓶用抗冲改性剂主要品种有甲基丙烯酸甲酯-丁二烯-苯乙烯共聚物（MBS）与丙烯酸酯改性剂。

用于 PVC 吹塑的润滑剂主要有脂肪酸、脂肪酸酯、脂肪酸酰胺，脂肪醇、脂肪酸皂类与烃类（如蜡）。PVC 透明瓶挤出吹塑用的加工助剂通常采用丙烯酸酯类。

挤出吹塑用挤出机可选用通用型挤出机，挤出机螺杆直径为 45mm 或 65mm，长径比为 20：1，压缩比为（3～5）：1。机头可采用典型的直角中心供料式机头，机头流道呈流线型，尽量减少物料的阻力。因生产 PVC 的机头需要经常清理，可在铰链上安装两副机头口模。口模、芯模流道接触塑料表面应抛光镀铬，表面粗糙度为 0.20μm，瓶子表面光亮，透明度高。机头分流梭角度应小于 60°，以利物料流动，分流器支架要有足够的强度，承受较大的挤出压力。机头分三段加热，即链板、机头体、口模三个加热区，过滤板的厚度为螺杆直径的 1/3，滤板孔的总面积为机筒内径横截面积的 1/2，不需加过滤网，有利于 UPVC 的成型。

吹塑模内壁应抛光镀铬，表面粗糙度 Ra 为 0.1～0.125μm，模具要通冷却水，缩短瓶子的冷却时间，提高生产效率。为提高产量，大多采用一机多模的旋转式辅机，一般选择 4～6 副模具。大多数吹瓶机采用下吹气方式，因管坯受其自重的作用，下部厚，上部薄，采用下吹气可使瓶底与瓶上部厚薄公差缩小，瓶子强度较高。

挤出吹塑时，型坯挤出成型温度一般控制在：机筒温度为 160～185℃，机颈温度为 155～160℃，机头温度为 185～190℃。吹塑成型模具温度为 10～30℃。吹塑压力通常控制在 0.4～0.6MPa，螺杆转速为 20r/min，成型周期为 25～30s。

如某企业挤出吹塑如图 2-40 所示的 UPVC 烹饪油包装瓶时，采用的 UPVC 配方见表 2-10 所示，物料捏合时先将 PVC 树脂和各种液体助剂加入高速混合机或普通捏合机中，进行搅拌，待料温升至 75℃时加入 MBS，升至 85℃时加入润滑剂，继续搅拌到物料温度为 100℃左右时出料。

挤出机筒一段温度控制为 160～170℃，机筒二段温度控制为 170～180℃，机筒三段温度控制为 180～185℃，机颈温度为 155～160℃。

吹塑模具采用冷却水冷却定型，模具温度为 20℃。

吹塑压力通常控制在0.5MPa，螺杆转速为20r/min，成型周期为27s。

表2-10 UPVC烹饪油包装瓶配方 单位：质量份

原料	用量	原料	用量
PVC(SG-6)	100	硬脂酸	0.5
DOP	2	MBS	8
环氧大豆油	2	颜料	适量
硫醇锡	2.5		

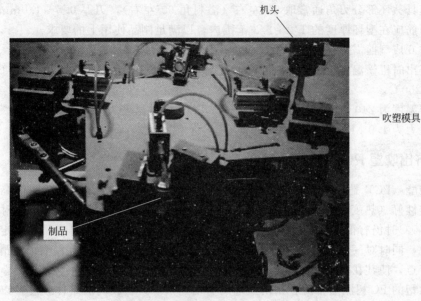

图2-40 挤出吹塑UPVC烹饪油包装瓶

2.3.7 挤出吹塑改性聚酯医用瓶的成型工艺应如何控制？

改性聚酯医用吹塑瓶是采用改性聚对苯二甲酸乙二（醇）酯（PET）生产的，改性聚对苯二甲酸乙二（醇）酯（PET）是由环己烷二甲醇与对苯二甲酸反应生成的无定形共聚物，是一种改性PET，其耐低温性能优良，可降低PET的结晶度，并提高熔体的强度，更易于加工成型，即使加工成厚壁制品仍无色透明，并可采用环氧乙烷或辐射法消毒，因而广泛用于医药包装市场。

改性聚酯医用瓶生产工艺流程为：

挤出吹塑时，型坯挤出成型温度一般控制在：机筒温度为200~260℃，机头温度为180~260℃。口模温度为160~230℃。吹塑压力通常控制在0.4~0.6MPa，成型周期为20~30s。

如某企业采用KQC-S50/20型挤出吹塑机，改性PET选用美国Eastar 6763，生产医用吹塑瓶时的工艺控制：挤出机机筒一段温度为230~240℃；机筒二段温度为210~230℃；三段温度为200~210℃；机头温度为190~220℃；口模温度160~190℃；螺杆转速为8~11r/min；吹塑压力通常控制在0.4MPa；成型周期为22s。

2.3.8 挤出吹塑成型聚酰胺6农药瓶的成型工艺应如何控制？

聚酰胺类塑料的阻隔性能良好，可用于化妆品、药类及农药的包装。由于聚酰胺6熔体黏度较低,目前基本上是局限于瓶类等小型制品的生产。用于挤出吹塑成型的聚酰胺 6 的品种主要有三菱化成 Novamid 1030(CA)、Novamid 1040(CA)、东丽 CM1046、CM1046 Kz(K4,K6)等。

挤出吹塑聚酰胺 6 农药瓶的成型设备可选用常用聚乙烯用吹塑成型设备,挤出螺杆选用突变型螺杆为佳,螺杆的压缩段长度 2~5 螺距;压缩比在 2.5~3.5;螺杆的长径比一般在 23~38 之间。机头应采用螺旋导流板,防止熔合线的出现;加工时要保证机头口模表面有足够的光洁度,减少或消除纵向条纹的出现。

吹塑模具截坯部分刃角通常取 60°左右(溢料角 60°左右),刃厚 0.5~1.0mm。截坯口处形成的肋筋应在型坯厚度的 1/2~2/3 范围内,以满足制品使用上的要求。

聚酰胺 6 成型前需进行干燥,干燥温度一般为 90℃;干燥时间为 16h 左右。

型坯挤出时机筒温度控制在:1 区温度为 200~220℃;2 区温度为 220~240℃;3 区温度为 240~260℃。

连接器温度为 240℃;机头温度为 240~260℃;模具温度为 50~90℃。

吹气压力为 1.0 MPa 左右。

2.3.9 挤出吹塑 PC 包装瓶的成型工艺应如何控制?

聚碳酸酯(PC)是一种非结晶性塑料,挤出吹塑的 PC 包装瓶具有透明性高、光泽度好、热稳定性好(热变形温度达 138℃)等特点,适于热灌装与消毒处理。且耐低温性能好,在 -150℃时仍有很高的冲击韧性,耐破裂性好,可多次使用;制品尺寸稳定性好,成型周期较短,同时对气体的阻隔性能好,以利于被包装物体的保质;制品表面光滑、表面印刷性好等特点,使其在包装瓶及容器上得到广泛应用,如牛奶、饮用水包装瓶等。

挤出吹塑的 PC 树脂通常应在挤出型坯的剪切速率下具有较高的熔体强度,以减小型坯的垂伸。PC 挤出型坯的离模膨胀在 15% 以内。

(1) 成型设备要求

挤出螺杆要求强度较高、表面硬度高,一般宜选用表面镀铬或镀镍的硬质钢螺杆。螺杆的结构宜为三段式的渐变结构,其进料段、压缩段与计量段的长度之比为 3:5:3,压缩比取 2:1 或稍大些。螺杆不应设置高剪切元件,否则会降低型坯强度。挤出机筒宜选用双金属机筒(内衬里用高合金钢制成),不仅寿命长,还可提高熔体的稳定性。

型坯机头流道应高度抛光,并镀铬或镀镍,或用氮化钛等来涂覆。流道应呈流线型,与 PC 熔体接触的所有表面都应光滑、硬度要高(65HRC 以上),以避免积料与降解。机头芯棒要设置阻流环,如图 2-41 所示,尤其对侧向入料式机头。阻流环间隙不应小于 3mm。芯棒发散角取 20°~40°。芯棒可手动或通过程序控制系统来上下移动,以调节模口间隙与型坯壁厚。程序控制可有效地调节型坯壁厚分布,能补偿可能的缩颈现象。

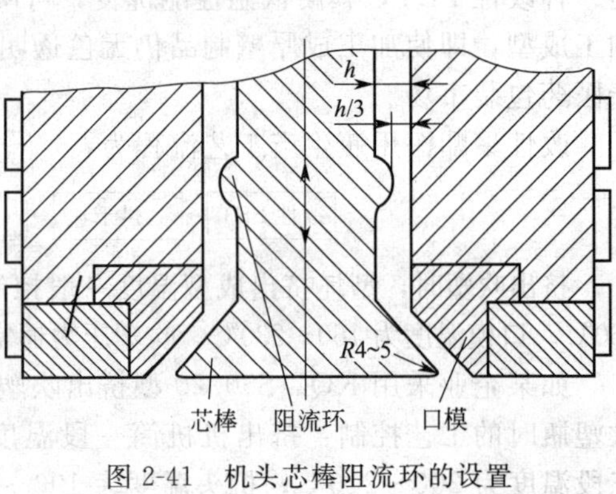

图 2-41 机头芯棒阻流环的设置

(2) 成型模具要求

PC 吹塑模具通常可用铝、工具钢、铍铜合金或不锈钢制成,夹坯口嵌块要用工具钢制成。模具分模面上开设深 0.05~0.13mm、宽 6mm 的排气槽,还应在膜腔内开设排气小孔。对容器表面的光泽度要求不高时,可在模腔上刻出纹理，或喷砂出细粒度的表面，以利于模具的排气。要均匀地冷却吹塑制品，模具温度宜控制在65～80℃，用高抛光模具吹塑高表面光泽度的制品时，模温要取得高些。

(3) 成型工艺控制

① 原料的干燥　PC是一种吸湿性的塑料，在温度23℃、相对湿度50％下的平衡吸水率约为0.18％，尽管吸湿性不大，但成型时，少量的水分会与PC发生化学反应，使PC发生水解，从而降低PC的分子量及制品的力学性能。因此，加工前应对PC进行严格的干燥，使其含水量低至0.01％。PC的干燥最好采用空气循环去湿式干燥系统，为使剩余湿气含量降至0.01％，一般宜干燥4h以上。

② 挤出吹塑成型工艺控制　用PC吹塑小包装瓶时，可连续地成型型坯。但挤吹级PC的熔体强度要比HDPE的低，故吹塑较长、质量较大的制品时，要用贮料式机头或往复螺杆式贮料缸来快速挤出型坯。可设置单机头或多机头，要能准确地控制加热温度。

一般成型温度控制在250～310℃，模温一般为65～80℃，型坯吹胀空气压力一般控制在0.35～0.7MPa，吹胀比一般为2.0～2.5，PC水桶的收缩率为0.5％～0.8％。

成型前对挤出机的机筒必须进行彻底清洗，否则机筒残存的塑料，如PA、POM、ABS或PVC等会影响成型及制品的性能，对于热稳定性差的物料在PC的挤出温度下会出现降解。机筒的清洗可先用PS或HDPE作清洗料，再用PC清洗。

在生产过程中如需临时停机，通常在加工温度（即低于315℃）下，可允许PC熔体在挤出机内停留1h以内；停机时间较长时，应把机筒温度降至150～175℃，排出机筒内的熔体；停机在72h以上时，应清理干净机筒余料。

PC挤出吹塑产生的飞边一般可回收利用。但对光学性能与颜色要求严格的容器，不能加入回收料。

某企业挤出吹塑500mL PC瓶时的成型工艺控制见表2-11。

表2-11　某企业挤出吹塑500mL PC瓶时的成型工艺控制

工艺控制	参量		
机筒温度/℃	一段:270	二段:260	三段:260
机头温度/℃	机头:255	口模:215	
吹塑模具温度/℃	65～70		
吹气压力/MPa	0.55		
吹胀比	2.2		

2.3.10　挤出吹塑聚碳酸酯饮料瓶的成型工艺应如何控制？

用于挤出吹塑成型的PC属于支链型树脂，与一般线型树脂相比，它的熔体强度高，对剪切作用引起的黏度变化不太敏感，所以有利于挤出管坯壁厚的稳定。

挤出吹塑聚碳酸酯饮料瓶的成型工艺过程通常是将PC在干燥设备中按一定要求进行干燥处理，使水分含量控制在小于0.02％。然后用干燥设备把干燥好的PC自动定量、定时地加入带有封闭装置的中空成型机料斗中，在一定工艺条件下，将物料挤压塑化并挤入机头的贮料器中，通过贮料器管坯控制装置控制一次挤出量，挤出的管坯经带有自动控制装置的吹塑模具进行合模、吹胀、冷却定型，然后开模，制品自动脱模，经修整处理后再检验包装。

(1) 干燥处理

PC的吸水性虽然不大，但由于分子中含有极性较强的酯基，在高温下易引起PC发生水解，因此成型前必须干燥。干燥温度为120℃，干燥时间在4h以上。PC树脂经干燥好后，应密封好，没有密封的物料应在20～30min内用完，否则需重新进行干燥处理。

(2) 成型工艺的控制

PC 在挤出吹塑成型时，机筒温度的控制一定要严格，因为温度的高低直接影响到熔体的强度，进而影响到制品的质量及外观。若温度过高，熔体黏度过低，使挤出的管坯容易下垂，而导致制品壁厚不均；如温度过低，物料塑化不良，使制品强度下降，而且透明度下降。挤出机机筒温度一般控制为：加料段 265℃ 左右，压缩段 265℃ 左右，均化段 275℃ 左右；机头温度为 250℃。

通常，对于挤出吹塑用模具温度都控制在同一温度，而且温度控制范围较大。但是对 PC 挤出吹塑用的成型模具温度必须分段控制，而且每段温度必须控制在 ±3℃，否则，模具温度过高或过低都会影响制品的强度及外观。一般模具温度控制为：底部 80~85℃，中部 75~80℃，上部 60℃。

型坯吹胀时的吹气压力为 0.6MPa 左右；吹胀比为 2.2 左右。

制品厚度及均匀性主要取决于管坯的厚度及均匀性，因此必须严格控制管坯的厚度。制品厚度调节控制是由机头贮料器控制装置控制的，该控制装置主要由程序设定器、机头、间隙检测器、伺服器和线性电位器组成。贮料器的位置通过线性电位器进行检测，并送到程序控制器，该程序控制器内部由程序发生电路和伺服放大器电路构成，这种程序发生电路和一次挤出量的行程相对应，并产生几十个等分的斜坡，同时使其产生与贮料器位置相对应的信号，这样管坯厚度就可以控制在与成型周期同步的任意壁厚上。一般管坯壁厚控制点为 10 点。

2.3.11 挤出吹塑高分子量、高密度聚乙烯大型带环中空桶的成型工艺应如何控制？

(1) 工艺流程

对于大型带环中空制品的吹塑成型宜采用两步合模法，按设定的模具动作程序，先用预封顶和预吹胀技术即延迟合模方法，在模具尚未闭合时向型坯吹入少量的压缩空气，以提高大桶壁厚均匀性，降低成型后收缩和内应力。制品的冷却宜采用后冷却方式，即模具内吹胀制品冷却至适当温度，且具有稳定形状后，从模具中取出移至"后冷却"工序继续冷却，以缩短成型周期。其工艺流程为：

原料 → 挤出型坯 → 型坯切断与夹持 → 型坯吹胀 → 冷却定型 → 脱模 → 后冷却 → 制品

(2) 原料选择

一般采用重均分子量为 30 万~40 万的高密度聚乙烯树脂（HMWHDPE），在 21.6kg 负载下的熔体流动速率为 1.4~2.8g/10min。适用的国产树脂牌号有齐鲁石化生产的 DM-DY1158；上海金菲石化公司生产的 HHM50100 等。国外的有德国 BASF 公司生产的 426IA、52612，美国 Phillips 公司生产的 TR-571，Hoechst 公司生产的 GM6255，日本昭和电工公司生产的 5521H、555IH 等。产品要求不太高时可以加入少量回料。

(3) 挤出吹塑设备

挤出机的机筒应具有纵向沟槽，以提高塑料固体的运输能力。螺杆宜采用屏障式结构，螺杆头部的混炼单元能使 HMWHDPE 粉料充分塑化，混炼均匀。宜采用贮料机头双层流道设计，熔料进入机头后分成两层，在挤入料缸上端部位时，两层熔体压缩复合成一层，再挤入贮料缸，以上结构提高了型坯强度。螺杆 L/D 约为 25:1。

(4) 吹塑工艺控制

为了保证成型加工的顺利进行，并获得良好的产品质量，在成型加工过程中，就要对温度、压力、时间、速度等工艺条件进行控制。

① 成型温度 成型温度的高低直接影响着制品的质量。成型温度过高时，熔体黏度低，型坯强度小，型坯易下垂，型坯薄厚不均匀，使型坯轴向壁厚控制系统失去意义，同时还会使型坯发黄，严重影响了制品的内在及外观质量，温度过低，熔体黏度大，会增大挤出机的负荷，且塑化不均匀，制品残存内应力大，易变形。

温度设定原则是：应保证螺杆的扭矩不太大，且物料塑化良好，型坯具有一定的黏弹性及强度，无明显下垂现象。

通常高密度聚乙烯挤出的温度一般控制在175～210℃；模具冷却水温度为6～10℃。

② 速度控制 速度的控制主要包括挤出机转速、成型机合模速度、开模速度、模具上下合模速度等。

a. 成型机合模速度 采用比例流量换向阀控制，可直接在控制面板上调整；合模速度越慢，合模缝的厚度就越大，强度越好。

b. 模具上下合模速度 采用液压系统的节流阀调整。模具上下合模速度越慢，对桶环的强度越有利，开模时，模具上下合模速度必须与成型机左右开模匹配，使桶的螺纹与桶环从模具中脱出，而不使桶口部外沿滑伤和引起桶环变形。

③ 时间控制 时间参数主要包括注射至低压吹塑的时间、低压吹塑时间、高压吹塑时间、高压吹塑至上下合模时间、气循环及排气时间等。这些参数可通过设备提供的控制面板进行调整。

低压吹塑是对型坯进行预吹塑，高压吹塑是在合模后将已预吹塑的型坯进一步吹制，这两个时间长短的控制，直接影响着制品的质量。

高压吹塑至上下合模时间的长短直接影响桶环处的内在及外观质量，高压吹塑至上下合模时间越长，桶环处的壁厚越厚，制品抗冲击性能越好，但桶环的外观皱纹就越明显，外观质量差。

气循环主要对制品进行内腔冷却，与模具冷却相一致。气循环时间长，使制品快速冷却，定型良好。气循环时间过短，制品冷却速率慢，制品脆性大，抗冲击性能差。

(5) 压缩空气的压力及流量

在吹塑成型过程中，要保证压缩空气的压力和流量不产生（或产生较小的）波动，若压缩空气波动大，桶环处的壁厚会出现不稳定。通常低压吹塑压力为0.25～0.30MPa；高压吹塑压力为0.45～0.50MPa。

2.3.12 挤出吹塑HMWHDPE中空托盘的成型工艺如何控制？

中空吹塑托盘一般用大型挤出吹塑中空成型机生产，具有投资少、成本低、托盘承载能力强、性能优良、外形美观等特点。广泛应用于化工、医药、食品、日用化工等领域，尤其是在仓储和运输方面。

(1) 原料的选用

中空吹塑托盘一般以高分子量、高密度聚乙烯（HMWHDPE）为主要原料，其重均分子量为20万～50万，密度为0.944～0.954g/cm³，高载荷下熔体流动速率（MFR）为1～15g/10min。由于HMWHDPE兼具产品制造时对聚合物各方面的综合要求，尤其是它的高分子量使其具有极优良的韧性和耐环境应力开裂性，可抵御众多化学品的腐蚀；而它的高密度赋予产品足够的刚性和硬度。再加上其适中的分子量分布可明显降低高分子量聚合物在流动中的难度。用于中空吹塑成型时一般可根据产品的不同用途添加1%～2%的功能性母粒，也可加入20%～30%的自身回收料。在选用HMWHDPE树脂时应注意的是：分子量越大，聚合物流动越慢，韧性和耐环境应力开裂性就越好；分子量分布的宽窄则会直接影响聚合物流动的快慢。树脂的密度越大，制品的刚性和硬度越高，耐化学品腐蚀能力越强。

(2) 成型工艺控制

挤出中空吹塑托盘生产工艺流程为：

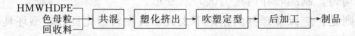

① 成型温度　HMWHDPE挤出吹塑成型温度的控制宜适当高些，通常为200～230℃。成型温度过低，容易产生型坯鲨鱼皮症现象或者熔体破裂现象；但成型温度过高，则会出现型坯下坠，导致制品壁厚明显不均。因此在吹塑制品过程中，应随时观察型坯的质量，发现型坯不正常时应及时调整温度。

② 挤出速率　尽管HMWHDPE分子量分布比较宽，熔体张力较大，但挤出过程中的挤出速率也不能太高，否则容易引起型坯产生鲨鱼皮症及熔体破裂的现象，同时产生较大的离模膨胀，使型坯的壁厚增大，导致制品的重量增加。因此，提高挤出速率应以不产生鲨鱼皮和熔体破裂现象为前提，同时还需要调节模头的芯棒与调节环间的距离，以维持制品的重量在标准范围之内。

③ 壁厚调节　壁厚调节包括周向壁厚调节与纵向壁厚调节。在型坯挤出过程中，按预置程序，通过伺服阀驱动液压缸，使模头的芯棒上下移动以调节口模间隙，从而调节型坯壁厚的纵向分布，使型坯壁厚趋于均匀，并不产生弯曲、平行向下移动。

④ 模具温度　模具温度对吹塑制品的外观、成型收缩率、强度及成型周期均有影响。模具温度高，制品的外观可得到改善，但是尺寸稳定性下降，机械强度（特别是冲击强度）下降，生产周期延长，生产率下降；模具温度过高，还可能产生制品在截坯夹断部位过薄的弊端。因此，适当降低模具温度是有利的。但是模具温度过低也会出现一些问题，如合模时型坯与模具接触部分急剧冷却，型坯还未达到制品设计形状之前就难以延伸了，导致制品的厚度不均。挤出吹塑时的模具温度一般控制在40～60℃。

⑤ 吹塑空气压力　HMWHDPE型坯吹胀时，由于其熔体强度高，故需较大的空气压力对其型坯进行吹胀，以利于制品与型腔壁之间的接触，提高冷却效率，改善冷却定型效果且有助于缩短成型周期，但是过大的吹塑压力也会增大合模装置的负荷。中空吹塑时，一般吹塑的空气压力控制在0.4～0.7MPa。

如某企业采用HMWHDPE生产中空托盘时，采用HFB320型挤出吹塑机，壁厚控制采用MOOG 200点型坯控制器，其生产工艺参数控制见表2-12。

表2-12　某企业采用HMWHDPE生产中空托盘的工艺参数控制

项目	一段	二段	三段	四段
机筒温度/℃	190～210	195～220	195～220	195～220
机头温度/℃	190～210	195～220		
冷水温度/℃	13～16　冷却时间为140～160s			
吹塑压力/MPa	0.5～0.6			
时间/s	排气时间:60～80s　卸压时间:65～90s			

2.3.13　挤出吹塑PVC浮标的生产工艺应如何控制?

(1) 材料选用与配方

PVC浮标是一种形似大橄榄的空心体，是海洋捕捞的一种工具，要求质轻、机械强度高、耐腐蚀性强、耐水压能力高，在水深80~120m处使用不发生明显变形和破裂。

通常浮标作业时长时间沉在较深的海水中，对耐水压、耐腐蚀能力要求较高，因此在其材料配方中的稳定剂、填充剂的选择都应有较好的耐腐蚀能力，且应以不加或少加增塑剂为好。填充剂的用量不宜过多，否则制品超重，会影响浮力，也影响吹塑成型。PVC浮标用材料配方见表2-13。

表2-13　PVC浮标用材料配方　　　　　　　单位：质量份

原料	用量	原料	用量
PVC(SG-6)	100	硬脂酸	0.5
DOP	2	石蜡	2.0
三盐基硫酸铅	5	轻质碳酸钙	8.0
二盐基硬脂酸铅	1.5	颜料	适量

(2) 成型工艺控制

按配比将PVC树脂及辅料一起加入高速混合机，高速搅拌至料温为105~110℃出料，制得混合料。再采用单螺杆挤出机挤出造粒，造粒时挤出温度控制为：机筒一段150~155℃；二段155~160℃；三段165~170℃；机头160~165℃；螺杆转速约为20~22r/min。

挤出吹塑时，机筒温度宜控制较高些，若机筒温度设定过低，则物料熔体黏度较高，管坯挤出不稳定，容易弯曲，造成吹塑成型困难，制成的浮标壁厚不均，影响压缩强度。型坯挤出机筒温度控制为：Ⅰ区150~160℃；Ⅱ区170~175℃；Ⅲ区180~185℃；Ⅳ区185~190℃。

吹塑机头温度应严格控制，若机头温度控制太高，挤出管坯在重力作用下下垂，造成挤出管坯直径变小和纵向壁厚不均，影响浮标的浮力和耐压性能。另外，挤出管坯的表面还可能产生一条纵向熔接痕，损坏浮标的外观。如机头温度太低，则挤出管坯的熔体黏度增大，对吹塑成型不利，并使浮标外表粗糙。通常机头温度应控制在190~195℃范围内。

螺杆转速的选择直接影响浮标的产量和质量。适当增大螺杆转速可以提高熔融管坯的挤出速率，有利于提高产量，也有利于物料的熔融塑化，但螺杆转速的提高必须与吹塑速率相适应。正常生产时选择较高的螺杆转速，其表值（转速表显示值）为100~120r/min。

要使一定长度的熔融管坯在模内吹胀成浮标，并使模腔的轮廓和文字图案完全清晰地显露出来，吹气压力应控制在0.40~0.45MPa。吹气压力过小，浮标外表面上的文字图案不清楚，纵横向沟槽皆凹陷不彻底，作业时容易滑脱，还影响外观质量；吹气压力过大，有可能吹破熔融管坯或使浮标脱模困难。

在吹塑浮标时，除了要采用较大的吹气压力外，还要对浮标模通水冷却，因此吹塑时间的控制直接关系到浮标的定型效果和生产效率。吹塑时间适当加长，对浮标成型有利，但产量会受影响，也不便脱模；若缩短吹塑时间，则可多产浮标，但它脱模后容易变形。吹塑时间一般控制在4~5s。

2.3.14　中空吹塑PE双色球的生产工艺应如何控制？

PE双色球可采用低密度聚乙烯树脂适当掺入少量的高密度聚乙烯（一般5%~15%），用以增强制品的物理性能，调整原料的流动性。

双色球的生产工艺是采用两台分别装有不同颜色原料的挤出机，共用一个机头同时挤出，通过该特殊机头即可得到直纹、双色、壁厚均匀的型坯。型坯挤够长度时，辅机马上启动、合模，模具的上下口把管坯夹在模具中，模具上方的割刀把管坯切断，并迅速退回原位。模具夹着管坯移到定位，气针通过模具插入管坯中，压缩空气通过气针将管坯吹胀，断气退回气针，熔融料密封针孔痕迹，开模取出产品。

选用两台螺杆直径为 45mm 左右的挤出机，长径比为 20，压缩比大致为 2～40。机头采用转角机头，机头内流道有较大的压缩比，口模部分有较大的定型段。中空球模具一般用铸铝制成，夹口嵌件用优质钢经热处理制成，型腔经喷砂处理。

在吹塑成型过程中，应注意对挤出机机筒、机头和模具的温度控制，机筒三段温度分别控制在 110～120℃、130～140℃ 和 140～150℃，机头温度控制在 140～150℃ 和 150～160℃，模具温度控制在 10～20℃。吹胀比为 1∶（2～4），吹胀压力为 0.2～0.6MPa。

Chapter 03 注射吹塑中空成型实例疑难解答

3.1 注射吹塑中空成型设备实例疑难解答

3.1.1 注射吹塑中空成型过程是怎样进行的？ 注射中空吹塑与挤出中空吹塑有何不同？

(1) 注射吹塑中空成型过程

注射吹塑中空成型是综合注射与吹塑特性的一种成型方法。注射吹塑中空成型由注射型坯和吹塑制品两个过程组成，其中注塑型坯是整个生产过程的关键。注射吹塑中空成型的基本工艺过程为：

原料混合 — 加料 — 注射成型型坯 — 适当冷却 — 吹塑成型 — 制品冷却定型 — 开模取出制品 — 检验

① 注射型坯　注射成型是将熔融的物料注入一个置有芯棒的注塑模腔，并使其局部或不完全冷却，收缩在芯棒上，形成黏弹性的预塑型坯。开模后型坯留在型芯上，然后，按着程序将型芯上的型坯，通过机械装置转至新的吹塑工位，进行吹塑成型。

② 吹塑成型　吹塑成型芯棒带着预塑型坯转至吹塑工位后被模具压紧，并在芯棒的芯部通道通入压缩空气，压缩空气压力为 0.2~0.7MPa，在此压力的作用下，型坯从芯棒壁上分离，被吹胀至模腔轮廓，经冷却成型为中空制品，再转移到脱模工位，进行脱模。

③ 制品脱模　制品脱模是指附在芯棒上的成型制品转送至脱模工位，在脱模工位上制品从型芯上顶出，即可取出制品。

(2) 注射中空吹塑与挤出中空吹塑不同之处

注射中空吹塑与挤出中空吹塑主要的不同之处在于：注射中空吹塑的型坯是采用注射的方法制备的。注射中空吹塑是利用对开式模具将型坯注射到芯棒上；待型坯适当冷却，即型坯表层固化，移动芯棒不致使型坯形状破坏或垂延变形时，将芯棒与型坯一起送到吹塑模具中，使吹塑模具闭合；通过芯棒导入压缩空气，使型坯吹胀而形成所需要的制品，冷却定型后取出。

挤出中空吹塑是将塑料在挤出机中熔融塑化后，经管状机头挤出成型管状型坯，当型坯达到一定长度时，趁热将型坯送入吹塑模中，再通入压缩空气进行吹胀，使型坯紧贴模腔壁面而获得模腔形状，并在保持一定压力的情况下，经冷却定型，脱模即得到吹塑制品。

3.1.2　注射中空吹塑过程中型坯的注射成型与普通制品的注射成型有何不同？注射中空吹塑的设备类型有哪些？

(1) 型坯的注射成型与普通制品的注射成型不同之处

① 型腔内设置温度控制系统。型坯的注射模具使用控制温度装置，能够比较严格地控制型坯温度并使其均匀。

② 注射时物料的熔融温度与普通的注射成型相比偏高。

③ 注射压力相对较低，型腔内压力仅为 10～40MPa。由于注射型腔的温度较高、料温较高，只需采用较低的注射压力即可成型，因此注射合模系统的锁模力较普通注射成型要低。

④ 注射吹塑制品一般为形状复杂的小型制品，且要求底部封闭，无拼缝线、强度高，壁厚均匀、精度高，尤其要求封口精度高，带有螺纹口的制品等。

(2) 注射中空吹塑的设备类型

根据塑料型坯从注射模具到吹塑模具传递方法的不同，注射吹塑设备可以分为往复移动式与旋转运动式两类。

根据工位数不同注射中空吹塑机可分为二工位、三工位、四工位等。采用往复式传送的设备一般只有二工位（注射、吹塑），而旋转式传送的设备通常有三工位（注射、吹塑与脱模）和四工位（注射、吹塑、脱模与辅助工位）。辅助工位可用于安装嵌件或进行安全检查，即检查芯棒转入注射工位之前容器是否已经脱模，或者在该工位进行芯棒调温处理，使芯棒在进入注射工位时处于最佳温度状态。如果将辅助工位设置于吹塑工位与脱模工位之间，还可在该辅助工位对吹塑容器进行修饰及表面处理，如烫印及火焰处理等。

3.1.3　注射吹塑中空成型机的结构组成有哪些？　工作原理如何？

(1) 结构组成

注射吹塑成型机与普通注射机的区别在于合模装置带有注射型坯成型模具和吹塑成型两副模具以及模具工位的回转装置等。注射吹塑中空成型机主要由注射装置、合模装置（包括注射合模、吹塑合模）、回转工作台、脱模装置、模具系统、辅助装置和控制系统（电、液、气）等组成。如图 3-1 所示为三工位注射吹塑中空成型机。

(2) 工作原理

注射吹塑中空成型机通常以三工位居多，即三组芯棒互成 120°夹角，水平径向排列在转塔上，同时注射型坯模具、吹塑型坯模具和脱模装置也对应地按 120°夹角分布。合模后模具与芯棒贴合，当熔融树脂被注射到注射型坯模具中后，在芯棒周围就形成符合要求的型坯。它具有颈口平整光洁、颈口螺纹尺寸精确的特点。开模后，该型坯随芯棒旋转 120°到吹塑工位，并获得最终制品形状和所要求的尺寸。制品旋转到脱模工位后被推出，沿输送带经

图 3-1　三工位注射吹塑中空成型机

火焰处理后送入成品箱（或包装工位）。图 3-2 所示为三工位水平回转结构示意。

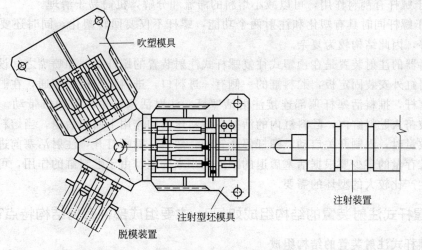

图 3-2　三工位水平回转结构示意

注射吹塑中空成型时是先通过注射部件中的机筒、螺杆，依靠外加热和螺杆旋转的剪切热使塑料塑化成黏流态的熔体，间歇地由注射座移动将料注入注塑模定温度的型坯，通过机械传动转入吹塑模内，依靠直接自动调温装置，使型坯符合吹塑温度。合模后，利用芯棒内的通道引入 0.2～2MPa 的压缩空气吹胀型坯，使其紧贴模腔内壁。经迅速冷却后脱模，即获得注射吹塑中空制品。

3.1.4　注射吹塑中空成型机的注射装置有哪些类型？ 各有何特点？

(1) 注射装置类型

注射装置的作用主要是完成对物料的预塑化、计量，并以足够的压力和速度将熔料注射到模具型腔中，注射完毕后能对模腔中的熔料进一步保持压力，进行补缩和增加型坯的致密度。注射吹塑中空成型机的注射装置一般要求能在规定的时间内，提供定量的塑化均匀的熔料；还能根据塑料性能和制品结构情况，提供合适的压力，将定量的熔料注入模腔。

目前注射吹塑中空成型机的注射装置主要有普通注射成型机的预塑式往复螺杆式注射装置和带贮料器的注射装置两种类型。预塑式往复螺杆式注射装置是目前应用最广泛的一种形式。

(2) 注射装置的特点

预塑式往复螺杆式注射装置的工作过程是：将从料斗落入的物料，依靠螺杆转动不断地带入机筒并向前输送，在机筒外部加热器和剪切摩擦热的作用下，逐渐熔融塑化。随着螺杆的转动，塑化的熔料被输送到螺杆前端，随着螺杆头部的熔料越积越多，压力也越来越大，当熔料压力达到能够克服注射油缸活塞后退的阻力时，螺杆一边旋转一边后退，并开始计量。当螺杆前端熔料达到预定注射量时，计量装置撞击行程开关，使螺杆停止转动，为注射做好准备（此过程又称为预塑）。注射时，液压系统压力油进入注射油缸，推动油缸活塞带动螺杆以一定的速度和压力，将螺杆头前端的熔料注入模具型腔中，随后进行保压、补缩，保压结束后注射系统又开始下一个循环。其主要有以下特点。

① 塑化效率高。物料塑化时不仅有外部加热器的加热，而且螺杆还有对物料进行剪切摩擦加热，因而塑化效率高。

② 塑化均匀性好。螺杆的旋转使物料得到了搅拌混合，提高了组分和温度的均匀性。

③ 压力损失小。由于螺杆式注塑系统在注塑时，螺杆前端的物料已塑化成熔融状态，而且机筒内也没有分流梭，因此压力损失小。

④ 由于螺杆有刮料作用，可以减小熔料的滞流和分解，机筒易于清理。

⑤ 由于螺杆同时具有塑化和注射两个功能，螺杆不仅要回转塑化，同时还要往复注射的轴向位移，因此结构较为复杂。

带贮料器的注射装置是在预塑式往复螺杆式注射装置的螺杆头部和喷嘴之间设置一个贮料缸，贮料缸外安装固定板，贮料缸的一侧有一进料口，进料口与机筒相通，在贮料缸中安装推料活塞杆，推料活塞杆顶部连接注射活塞杆，注射活塞杆由注射油缸带动。物料塑化时，熔料被挤入贮料缸内，贮料缸内的活塞在熔料压力的作用下而向后退，当熔料达到型坯所要求的数量时，限制开关启动，螺杆停止转动。然后，喷嘴打开，注射活塞前进，开始进行注射。贮存量的多少要根据活塞后退的距离大小来确定。由于贮料缸的作用，可以满足小注射装置生产比较大的型坯的需要。

3.1.5 螺杆式注射装置的结构组成如何？ 主要组成部件有何结构特点？

(1) 螺杆式注射装置的结构组成

螺杆式注射装置主要是由注射机的螺杆（柱塞）与机筒、喷嘴等组成的，如图 3-3 所示。

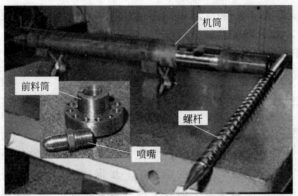

图 3-3 螺杆式注射装置组成部件

(2) 螺杆的结构特点

① 螺杆的结构 注射螺杆是注射系统中的核心零部件。在注射过程中的作用主要是对物料进行预塑和将熔料注入模腔，并对模腔熔料进行保压与补缩。注射螺杆结构主要由螺杆杆身和螺杆头两部分组成，普通螺杆的杆身通常根据各部分的功能分为三段，即加料段、压缩段（熔融段）及均化段（计量段）三段。螺杆的基本结构及主要参量如图 3-4 所示。

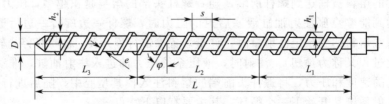

图 3-4 螺杆的基本结构及主要参量

图 3-4 中 L_1 为加料段：其作用是将松散的物料逐渐压实并送入下一段；减小压力和产量的波动，从而稳定地输送物料；对物料进行预热。

L_2 为熔融段（压缩段）：其作用是把物料进一步压实；将物料中的空气推向加料段排出；使物料全部熔融并送入下一段。

L_3为均化段（计量段）：其作用是将已熔融的物料进一步均匀塑化，并使其定温、定压、定量、连续地挤入机头。

L 为螺杆的长度，单位为 mm。

h_1和 h_2 分别为加料段与均化段的螺槽深度，单位为 mm。

s 为螺距，单位 mm。

φ 为螺旋角，单位为（°）。

e 为螺棱宽度，即螺棱法向宽度，单位为 mm。

② 注射螺杆的类型　注射螺杆的类型主要有渐变型螺杆、突变型螺杆、通用型螺杆及新型注射螺杆等。

a. 渐变型螺杆　是指螺槽深度由加料段较深螺槽向均化段较浅螺槽过渡，是在一个较长的轴向距离内完成的，如图 3-5(a) 所示。主要用于加工具有较宽的熔融温度范围、高黏度非结晶性物料，如 PVC 等。

b. 突变型螺杆　是指螺槽深度由深变浅的过程是在一个较短的距离内完成的，如图 3-5(b) 所示。主要用于黏度低、熔融温度范围较窄的结晶性物料的加工，如 PE、PP 等。

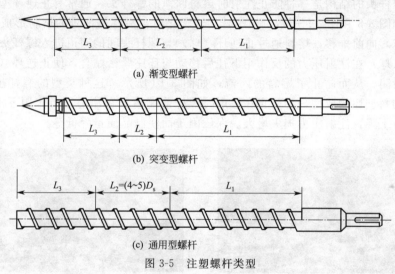

图 3-5　注塑螺杆类型

c. 通用型螺杆　压缩段长度介于渐变型和突变型之间，一般为（4～5）D，如图 3-5(c)所示。在生产中可以通过调整工艺参数（温度、螺杆转速、背压等）来满足不同塑料品种的加工要求，这样可避免因更换物料而更换螺杆所带来的麻烦。但通用型螺杆在塑化能力和功率消耗方面不及专用螺杆优越。

d. 新型注射螺杆　是在普通螺杆的均化段上增设一些混炼剪切元件，对物料能提供较大的剪切力，而获得熔料温度均匀的低温熔体，可在不改变合模力的情况下提高螺杆的注射量和塑化能力，可获得表面质量较高的制品，同时节省能耗，如波状型、销钉型、DIS 型、屏障型的混炼螺杆、组合螺杆等，如图 3-6 所示。

(a) 屏障剪切型　　　　(b) 销钉混炼型

图 3-6　注射螺杆的混炼剪切元件

（3）螺杆头

螺杆头的结构形式主要有尖形螺杆头、止逆型螺杆头两大类型。尖形螺杆头又称 PVC 型螺杆头，其结构如图 3-7 所示。这种螺杆头采用 20°的小锥角，有的头部还带有螺纹。有利于在注射时排料干净而防止滞料引起过热分解的现象。主要用于加工高黏度、热稳定性差的物料。

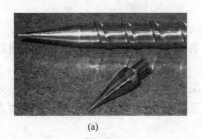
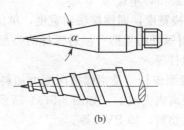

(a)　　　　　　　　　　　　(b)

图 3-7　尖形螺杆头

止逆型螺杆头的结构是一种防止注射时熔料回泄的螺杆头，通常有止逆环型和止逆球型两种结构，如图 3-8 和图 3-9 所示。当螺杆旋转塑化时，沿螺槽前进的熔料形成一定的压力将止逆环（球）向前推移，熔料通过止逆环（球）与螺杆头间的通道进入螺杆头前端；注塑时，止逆环（球）在注射压力的反作用下往后移动与环座紧密贴合，使止逆环（球）与螺杆头间的通道封闭，从而防止了熔料的回流，如图 3-10 所示。这种类型的螺杆主要用于中、低等黏度的物料型坯的成型，为防止在注射时螺杆前端熔料在注射压力作用下沿螺槽回流，造成生产能力下降，注射压力损失增大、保压困难而使制品质量降低等。

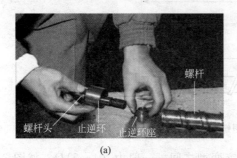
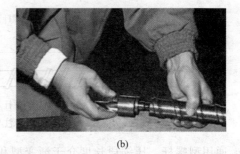

(a)　　　　　　　　　　　　(b)

图 3-8　止逆环型螺杆头结构

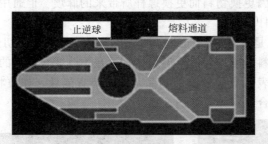

图 3-9　止逆球型螺杆头结构

（4）机筒

① 机筒的结构　机筒在型坯成型过程中的作用主要是与螺杆共同完成对物料的输送、塑化和注射。注塑螺杆与机筒的材料选择必须是耐高温、耐磨损、耐腐蚀、高强度的材料，

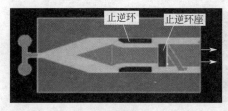

(a) 螺杆预塑　　　　　　　　　　　　　　(b) 注射

图 3-10　止逆型螺杆头工作原理

以满足其使用要求。机筒的结构有整体式和分体式两种，目前大多采用整体式结构。开设有加料口，通常外部安装有加热器，如图 3-11 所示。加料口的断面形状必须保证重力加料时的输送能力。为了加大输送能力，加料口应尽量增加螺杆的吸料面积和螺杆与机筒的接触面积。

图 3-11　机筒的结构

② 机筒壁厚　机筒壁厚要保证在压力下有足够的强度，同时还要具有一定热惯性，以维持温度的稳定。薄的机筒壁厚虽然升温快，重量轻，节省材料，但容易受周围环境温度变化的影响，工艺温度稳定性差。厚的机筒壁厚不仅结构笨重，升温慢，热惯性大，而且在温度调节过程中易产生比较严重的滞后现象。一般机筒外径与内径之比为 2～2.5，注射机机筒常用壁厚参考见表 3-1。

表 3-1　注射机机筒常用壁厚参考

螺杆直径/mm	35	42	50	65	85	110	130	150
机筒壁厚/mm	25	29	35	47.5	47	75	75	60
外径与内径比	2.46	2.5	2.4	2.46	2.1	2.35	2.15	1.8

③ 机筒的加热　机筒的加热方式目前大多采用的是电阻加热，常用的电阻加热器主要有带状加热器、铸铝加热器、陶瓷加热器等，应用最为广泛的是带状加热器，如图 3-12 所示。选用电阻加热器时，其加热功率必须保证机筒具有足够快的升温速率，一般小型注射装置的升温时间不超过 30min，大中型注射装置不超过 1h。为了满足加工工艺对温度的要求，需要对机筒的加热分段进行控制，一般分为 3～5 段，每段长（3～5)D（D 为螺杆直径）。温度的检测与控制常采用热电偶，温控精度一般不超过 5℃，对热敏性物料最好不大于 2℃。

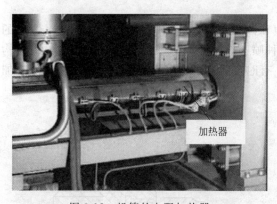

图 3-12　机筒的电阻加热器

④ 螺杆与机筒的径向间隙　螺杆与机筒的径向间隙，即螺杆外径与机筒内径之差，称为径向间隙。如果这个值较大，则物料的塑化质量和塑化能力降低，注射时熔料的回流量增加，影响注射量的准确性。如果径向间隙太小，会给螺杆和机筒的机械加工及装配带来较大的难度（图 3-13）。我国塑料注射成型机国家标准 JB/T 7267—2004 对此作出了规定，不同螺杆直径与机筒最大径向间隙值见表 3-2。

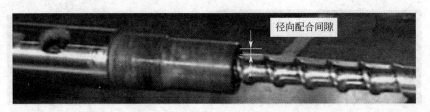

图 3-13 螺杆与机筒的径向间隙

表 3-2 不同螺杆直径与机筒最大径向间隙值 （JB/T 7267—2004） 单位：mm

螺杆直径	12~25	25~50	50~80	80~110	110~150	150~200	200~240	>240
最大径向间隙	≤0.12	≤0.20	≤0.30	≤0.35	≤0.45	≤0.50	≤0.60	≤0.70

(5) 喷嘴

喷嘴是注射装置和成型模具连接的部件，其主要是注射时将部分压力能转变为速度能，使熔料高速、高压注入模具型腔；在保压时，还需少量的熔料通过喷嘴向模具型腔内补缩；熔料高速流经喷嘴时受到较大的剪切，产生的剪切热使熔料温度升高。喷嘴按其结构可分为直通式喷嘴、锁闭式喷嘴和特殊用途喷嘴三种类型。

① 直通式喷嘴 直通式喷嘴是指熔料从机筒内到喷嘴口的通道始终是敞开的。根据使用要求的不同有以下几种结构。

a. 短式直通式喷嘴 其结构如图 3-14 所示。这种喷嘴结构简单，制造容易，压力损失小。但当喷嘴离开模具时，低黏度的物料易从喷嘴口流出，产生"流延"现象（即预塑时熔料自喷嘴口流出）。另外，因喷嘴长度有限，不能安装加热器，熔料容易冷却。因此，这种喷嘴主要用于加工厚壁制品和热稳定性差的高黏度物料。

b. 延长型直通式喷嘴 其结构如图 3-15 所示。它是短式喷嘴的改型，其结构简单，制造容易，由于加长了喷嘴体的长度，可安装加热器，熔料不易冷却，补缩作用大，射程较远，但"流延"现象仍未克服。主要用于加工厚壁制品和高黏度的物料。

c. 远射程直通式喷嘴 其结构如图 3-16 所示。它除了设有加热器外，还扩大了喷嘴的贮料室以防止熔料冷却。这种喷嘴的口径小，射程远，"流延"现象有所克服。主要用于加工形状复杂的薄壁制品

② 锁闭式喷嘴 锁闭式喷嘴是指在注塑和注射、保压动作完成以后，为克服熔料的"流延"现象，对喷嘴通道实行暂时关闭的一种喷嘴。与直通式喷嘴相比，锁闭式喷嘴结构复杂，制造困难，压力损失大，补缩作用小，有时可能会引起熔料的滞流分解。主要用于加工低黏度的物料。

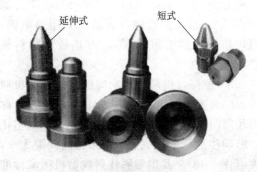

图 3-14 短式直通式喷嘴

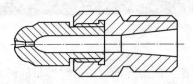

图 3-15 延长型直通式喷嘴

a. 弹簧针阀式喷嘴 弹簧针阀式喷嘴根据弹簧所示的位置又可分为外弹簧针阀式和内弹簧针阀式喷嘴，其结构如图3-16和图3-17所示。在注射前，喷嘴内的熔料压力较低，针阀芯在弹簧张力的作用下将喷嘴口堵死。注射时，螺杆前进，喷嘴内熔料压力增高，作用于针阀芯前端的压力增大，当其作用力大于弹簧的张力时，针阀芯便压缩弹簧而后退，喷嘴口打开，熔料则经过喷嘴而注入模腔。在保压阶段，喷嘴口一直保持打开状态。保压结束，螺杆后退，喷嘴内熔料压力降低，针阀芯在弹簧力作用下前进，又将喷嘴口关闭。弹簧喷嘴是目前应用较广的一种喷嘴，但结构比较复杂，注射压力损失大，补缩作用小，射程较短，对弹簧的要求高。

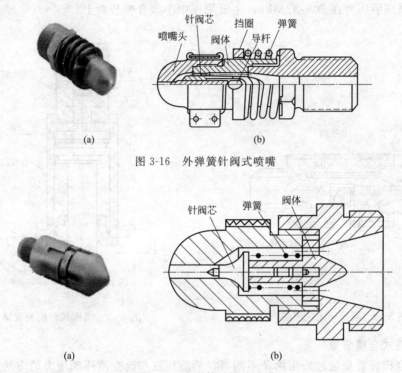

图 3-16 外弹簧针阀式喷嘴

图 3-17 内弹簧针阀式喷嘴

b. 液控锁闭式喷嘴 其结构如图3-18所示。它是依靠液压控制的小油缸通过杠杆联动机构来控制阀芯启闭的。这种喷嘴使用方便，锁闭可靠，压力损失小，计量准确，但增加了液压系统的复杂性。

3.1.6 注射吹塑成型机的合模装置有何特点？ 其结构组成如何？

(1) 合模装置特点

注射吹塑成型机的合模装置是保证成型模具可靠地闭紧和实现模具启闭动作的部件。合模装置的特点主要有：

① 机构要有足够的锁模力和系统刚性，保证模具在熔料的压力作用下，不出现胀模溢料现象；

② 模板要有足够的模具安装面积和启闭模具行程，以适应成型不同制品或模具的要求；

③ 在注射吹塑成型机上，所需的合模行程较短，同时受到整个结构的限制，一般都采用液压式（直压式）合模装置。目前常用的液压式合模装置有增压式和充液式两种。

(2) 增压式合模装置结构

增压式合模装置主要由增压缸、合模缸、动模板和定模板等组成，其结构如图 3-19 所示。由于液压油路采用了液压差动回路，可实现快速合模，且有增压结构，因此提供足够的锁模力，实现高压锁模。

增压式合模装置在合模时，压力油先进入合模液压缸上腔，因液压缸的直径较小（采用增压后），加上合模液压缸下腔的油返回上腔（差动），所以合模速度较快。当模具闭合后，压力油换向，进入增压缸。由于增压活塞两端直径不同（$D_0 > d_0$），故提高了合模液压缸内的液体压力（p），满足了最终锁模力的要求。采用增压式合模装置，其移模速度在 20m/min 左右，增压后压力在 20～32MPa，主要用在中小型合模装置上。

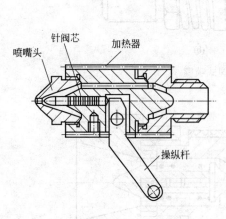

图 3-18 液控锁闭式喷嘴

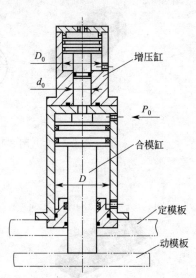

图 3-19 增压式合模装置结构

(3) 充液式合模装置

充液式合模装置是通过采用两种不同直径的液压缸和改变液压油压力的方法来实现快速低压和慢速高压锁紧模具的要求，即以快速移模缸（小直径液压缸）取得高速，通过合模缸（大直径液压缸）取得要求的锁模力。其结构如图 3-20 所示。在合模时，压力油先进入快速移模缸中，实现快速移模。动模板随合模缸的活塞一起运动，使合模缸内形成负压。这时充液油箱内的大量液压油经充液阀进入合模缸内。当动模板行至终点时，向合模缸通入压力油，充液阀关闭。此时由于合模缸截面大，保证了最终锁模力的要求。充液式结构可以得到较高的移模速度和锁模力，可用在大中型机型上。但其结构复杂，制造精度高，成本也相对比较高。

3.1.7 注射吹塑成型机的吹塑成型部分结构有何特点?

吹塑成型部分主要由合模装置、芯模安装台、吹气系统等组成，如图 3-21 所示为三工位注射吹塑机的结构组成示意。当芯模在注射位置时，型坯在中心芯模上注射成型，然后注射模具打开，芯棒连同型坯被送到吹塑模具中。模具闭合后卡住芯棒的颈部，然后通入压缩空气吹胀，直至容器冷却定型。

吹塑时，压缩空气先以低压大流量，使型坯表面迅速贴合模具，消除局部冷却的可能性，然后以高压小流量（一般压力在 0.7～1.0MPa），使制品表面与具有花纹、商标、字母等装饰图案的模具紧密贴合，冷却定型。由于吹塑压力较低，吹塑锁模力也就不需要很高，因此，吹塑合模装置可以采用最普通的直压式结构。

如图 3-21 所示，芯模安装台上装有芯模、旋转装置、柱塞、瓶颈螺纹模等。芯模安装台与活塞杆 3 连接在一起，并且由旋转装置 5 以顶角的等分线为中心进行旋转，使芯模移动到对应的位置上。其工作过程是活塞杆 3 前移，将型芯 1 插入型坯成型模具 7 中，模具闭合，然后由注射装置向型坯成型模具内注入熔料。与此同时，另一个芯模和型坯一起进入到吹塑模具内进行吹胀，形成所需要的容器。当注射结束、吹塑结束后，芯模安装台向后移动，开模，事先上升了的脱模板使容器脱模。然后，将芯模安装台旋转 180°，再进行下一次循环。

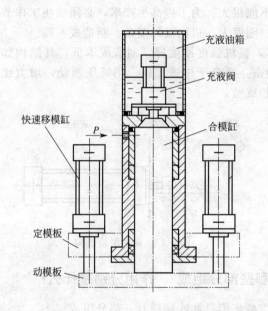

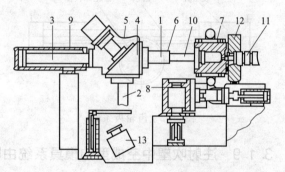

图 3-20　充液式合模装置结构　　　　图 3-21　三工位注射吹塑机的结构组成示意

1、2—型芯；3—活塞杆；4—型芯安装台；
5—旋转装置；6—型坯；7—型坯成型模具；
8—吹塑模具；9—移动油缸；10—导向拉杆；
11—注射装置；12—固定模板；13—容器

把型坯成型模具装设在水平面上，而吹塑模具在垂直面上，这样型坯模具和注射装置容易配合，垂直状态的吹塑模具也符合工艺要求，容易操作。假若型坯在水平状态进行吹胀时，由于型坯处于软化状态，型坯熔料向底部流动，很可能使型坯的圆周壁厚分布不均匀，也就不可能吹成均匀的容器。型坯在垂直状态，即使型坯上端和下端壁厚有一些差别，对整个型坯来说是处于均匀状态，因此，容器圆周壁厚分布是均匀的。在较大的注射机上，经常在旋转台上安置若干个芯模和若干副，可以提高注射机的生产效率。

3.1.8　注射吹塑机的回转工作台的有何要求？　回转机构的类型有哪些？

(1) 回转工作台的要求

回转工作台是注射吹塑中空成型机很重要的一个部分。它主要可以实现上升、回转、下降三个动作，将注射、吹塑、脱模三个工艺过程自动地连接起来。对回转工作台的基本要求有：

① 回转平稳、定位精确、速度快、刚性好；

② 在注射、吹塑过程合模和开模动作的同时，回转工作台必须紧跟其上升使芯棒脱离下模，这样芯棒上型坯处于同一工艺状态下，有利于保证制品壁厚度均匀性。

（2）回转机构的类型

注射吹塑中空成型机回转定位系统通常采用机械或液压驱动实现快速粗定位，然后用定位销实现二次定位。常采用的回转机构有以下几种。

① 齿轮齿条副　这是最简单的结构，如图 3-22 所示。其结构简单，制造容易。但缺点是在开始和结束的位置所受冲击大，使用液压缓冲效果不明显，齿轮、齿条间有传动间隙，定位精度不高。

② Fergnsen 分度机构　这种机构具有准正弦的运动规律，无运动冲击，适用于高速工作。由步进电动机驱动，功率小，回转工作台不能很大。为了提高生产率，必须加快工作节奏，这样导致惯性冲击大，故要求中心轴强度、刚度大。机构设计复杂、制造成本高。

③ 曲柄滑块机构　曲柄滑块机构设计简单，整机强度刚度好，制造成本低，其结构如图 3-23 所示。它为余弦运动规律、始末柔性冲击，适合于中速工作。用液压驱动，增力比大，回转工作台可以比较大，特别适合一模多腔成型。

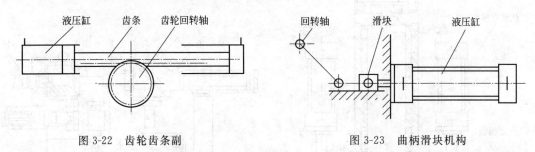

图 3-22　齿轮齿条副　　　　　　　图 3-23　曲柄滑块机构

3.1.9　注射吹塑中空成型的模具系统由哪些部分组成？　作用分别是什么？

注射吹塑中空成型机模具系统主要由芯棒、型坯模具和吹塑模具三部分组成。

（1）芯棒　芯棒主要由芯棒体、弹簧、星形螺母、凸轮螺母等组成，其结构如图 3-24 所示。芯棒的作用是成型制品颈部的内径和型坯的内部形状；还是型坯的载体，把型坯间断地送到吹塑、脱模工位；同时也是压缩空气进入型坯内的吹气通道。芯棒的外部形状和尺寸直接关系到吹塑制品的壁厚均匀性。芯棒的有效长度一般略小于制品长度，长径比 L/D 取得也较小，常在 10 以下。L/D 增大，芯棒的刚性下降，吹塑过程中芯棒易产生偏斜。芯棒直径可尽可能大，吹胀比可以小一点，一般吹胀比控制在 3.5 以下。

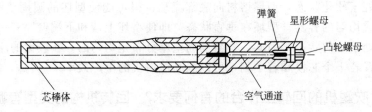

图 3-24　芯棒结构示意

（2）型坯模具

型坯模具包括流道组件、型坯颈环和型腔模具等。流道组件安装在定模板上，它由喷嘴、歧管板、歧管底座等组成，如图 3-25 所示。注射型坯的热流道远没有注射成型的热流道和绝热流道复杂。一般常用等径直管式歧管，喷嘴孔径在 $\phi 1 \sim 4.8 \mathrm{mm}$ 范围内。为使一套型坯模具中各型腔的流量均匀，喷嘴孔径可相差 0.1～0.15mm。喷嘴一般通过与加热的歧管板接触得到加热。

型坯模具由上下两部分组成，结构如图 3-26 所示。其型腔内部尺寸和结构由芯棒的形状和制品的大小来决定。它直接关系到型坯的吹塑性能和制品的壁厚均匀性。一般型坯径向厚度（除颈部外）在 2m 以上，否则会由于局部壁薄，导致吹塑性能下降。壁厚过大，超过 6.5mm，也会产生制品壁厚不均匀的缺陷。型坯颈环用来成型容器的颈部和颈部的螺纹，它和芯棒相配合，保证芯棒在注射过程中不歪斜。温度控制槽是型坯模具应用的一个关键，它直接关系到吹塑工艺。一般通过模温控制器控制循环介质在模具流道中循环，保持模温在一定的范围内。流道垂直型腔，流道之间的距离应尽可能小，一般为 22mm。循环介质常被分成瓶颈、瓶体、瓶底三个单独控制区域，温度取决于所加工塑料的种类，一般在 65～135℃之间。

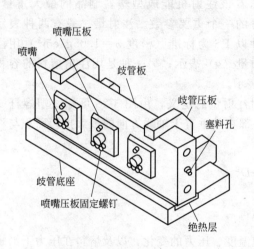

图 3-25 型坯模具流道组件

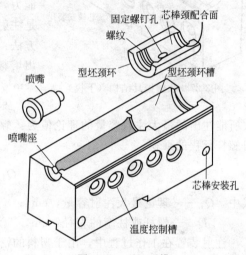

图 3-26 型坯下模

(3) 吹塑模具

吹塑模具由吹塑颈环、底塞和吹塑模腔等组成，其结构如图 3-27 所示。吹塑颈环固定在吹塑模腔上，主要用来保护已成型的制品颈部，并夹住芯棒使其与型坯保持同心，吹塑颈环的内径一般比注射颈环的内径大 0.04～0.12mm。吹塑模腔应有合适的收缩余量和良好的排气结构，同时还要给模具进行最大限度的冷却，冷却流道应尽可能地贴近模腔，这样既可减少模具尺寸，又可提高模具的冷却效率。底塞用来成型制品的底部表面，对于聚乙烯塑料制品，最大底深可达 4.8mm。对聚丙烯、聚碳酸酯等塑料制品，最大底深为 0.8mm。若要成型更深的底深，就得使用伸缩底塞。

3.1.10 注射吹塑成型时设备的选型主要应考虑哪些方面?

注射吹塑成型时设备的选型应根据制品的形状、大小、重量、所用材料以及批量大小等条件，决定注射机的加工能力，即机器所能成型加工制品的大小及生产效率，包括机器的主技术性能参数以及塑化螺杆大小和结构形式等。

模具芯棒的结构形式应根据制品的几何形状、材料和重量要求选用。芯棒的直径应小于成型制品的最小内径，且使制品的内径尽量大，以减小吹胀比，降低芯棒的制造难度。

选择注射吹塑成型设备时，应同时考虑模具芯棒及注射型坯模具的温度控制系统，模温

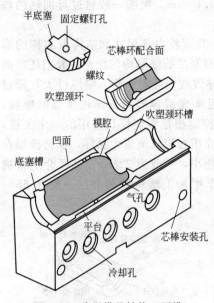

图 3-27　吹塑模具结构（下模）

控制器的温度控制范围在 0～260℃，此外还应考虑空气压缩机、空气净化装置以及冷却水供应等辅助设备。

设备选型时应考虑的注射装置的参数主要有注射量、注射压力、塑化能力、注射速率等。合模装置应考虑的参数主要有锁模力、模板间距和移模速度；吹塑合模成型的技术参数主要有吹塑锁模力、吹塑合模行程、最小模厚和模板尺寸等。

（1）注射装置参数

① 注射量　注射量是指在对空注射条件下，注射螺杆作一次最大注射行程时，注射系统所能达到的最大注出量。该参数在一定程度上反映了注射机的加工能力，标志着该注射机能成型塑料制品的最大重量，是注射装置的一个重要参数。注射量一般有两种表示方法：一种以 PS 为标准（密度 $\rho = 1.05\text{g/cm}^3$）用注出熔料的质量（g）表示；另一种是用注出熔料的容积（cm^3）来表示。

根据对注射量的定义，由图 3-28 可知注塑螺杆一次所能注出的最大注射容量的理论值为：螺杆头部在其垂直于轴线方向的最大投影面积与注射螺杆行程的乘积。

$$Q_{\text{L}} = \frac{\pi}{4} D^2$$

式中　Q_{L}——理论最大注射容量，cm^3；

D——螺杆或柱塞的直径，cm。

注射装置在工作过程中，由于塑料的密度随温度、压力的变化，以及熔料在压力下沿螺槽发生逆流等原因，其实际注射量是难以达到理论计算值。实际注射量通常只有理论的 70%～90%。故实际注射量的计算可修改为：

$$Q = \alpha Q_{\text{L}} = \frac{\pi}{4} D^2 S \alpha$$

式中　Q——实际注射容量，cm^3；

　　　α——射出系数，一般为 0.7～0.9，对热扩散系数小的物料 α 取小值，反之取大值，通常取 α 为 0.8。

② 注射压力　注射时为了克服熔料流经喷嘴、浇道和模腔等处的流动阻力，螺杆对塑料必须施加足够压力，此压力称为注射压力。注射压力不仅是熔料充模的必要条件，同时也直接影响到成型制品的质量。

在实际生产中，注射压力应能在注射机允许的范围内调节。若注射压力过大，制品可能产生飞边，制品在模腔内因镶嵌过紧造成脱模困难，制品内应力增大，强制顶出会损伤制品，同时还会影响到注射系统及传动装置的设计；注射压力过低，易产生欠料和缩痕，甚至根本不能成型等现象。

注射压力的大小要根据实际情况进行选用。如熔体黏度高的物料（PVC、PC 等）要比熔体黏度低的物料（PS、PE 等）的注射压力要高；制品为薄壁、长流程、大面积、形状复杂时，注射压力应选高一些；模具浇口小时，注射压力应取大一些。一般注射压力选择范围为：

图中标注文字（图 3-27）：
半底塞　固定螺钉孔　芯棒环配合面　螺纹　吹塑颈环　吹塑颈环槽　模腔　凹面　底塞槽　气孔　平台　芯棒安装孔　冷却孔

　　a. 物料流动性好，制品形状简单、壁厚较大，一般注射压力为 34~54MPa，适用于 LDPE、PA 等物料的加工；

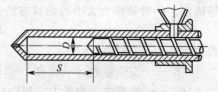

图 3-28　注射量与螺杆尺寸之间的关系

　　b. 物料熔体黏度较低，制品精度一般，注射压力为 68~98MPa，适用于 PS、HDPE 等物料的加工；

　　c. 物料熔体黏度中等或较高，制品精度有要求，形状复杂，注射压力一般为 98~137MPa，适用于 PP、PC 等物料的加工；

　　d. 物料熔体黏度高，制品为薄壁、长流程、精度要求高、形状复杂的产品，注射压力为 137~167MPa，适用于增强尼龙、聚砜、聚苯醚等物料的加工；

　　e. 加工优质精密微型制品时，注射压力可达到 226~245MPa 或以上。

　　③ 注射速率　熔融的树脂通过喷嘴后就开始冷却。为了将熔料及时充满模腔，得到密度均匀和高精度的制品，必须要在短时间内，把熔料充满模腔，进行快速充模。

　　注射速率是表示单位时间内从喷嘴射出的熔料量，其理论值是机筒截面面积与速度的乘积。

　　注射速率与注射时间成反比。它直接影响到制品的质量和生产能力。注射速率太低，即注射时间过长，制品易形成熔接痕，制品密度不均匀、内应力大，不易充满复杂的型腔。合理地提高注射速率，降低注射时间，能缩短生产周期，减少制品的尺寸公差，能在较低的模温下得到优良的制品，特别是在成型薄壁、长流程及低发泡制品时使用，能获得优良的制品。注射速率的大小应根据成型工艺条件、模具、塑料性能、制品形状及壁厚等确定，目前常用的注射速率与注射时间参考见表 3-3。

表 3-3　目前常用的注射速率与注射时间参考

注射量/cm³	125	250	500	1000	2000	4000	6000	10000
注射速率/(m³/s)	125	200	333	570	890	1330	1660	2000
注射时间/s	1	1.25	1.5	1.75	2.25	3	3.75	5

　　④ 塑化能力　塑化能力是指塑化装置在单位时间内所能塑化的物料量。一般螺杆的塑化能力与螺杆转速、驱动功率、螺杆结构、物料的性能有关。

　　塑化能力与成型周期的关系为：

$$G = \frac{Q}{T}$$

式中　G——注射机塑化能力，g/s；

　　　Q——注射质量（PS），g；

　　　T——成型周期，s。

　　注射装置应能在规定的时间内保证能够提供足够量的塑化均匀的熔料。塑化能力应与注射吹塑成型机整个成型周期配合协调，否则不能发挥塑化装置的能力。一般注射装置的理论塑化能力大于实际所需量的 20% 左右。

　　(2) 合模装置参数

　　① 锁模力　锁模力是指合模装置施于模具上的最大夹紧力。当熔料以一定速度和压力注入模腔前，需克服流经喷嘴、流道、浇口等处的阻力，会损失一部分压力。但熔料在充模时还具有相当高的压力，此压力称为模腔内的熔料压力，简称模腔压力 p_m。模腔压力在注射时形成的胀模力将会使模具顶开。为保证制品成型完全符合精度要求，合模系统必须有足够的锁模力来锁紧模具。

　　在实际吹塑成型过程中，锁模力的大小应根据成型物料的性质、模具、制件的结构尺寸等确定。一般锁模力大小的估算方法是：

$$F \geqslant K p_{cp} A \times 10^{-3}$$

式中　F——锁模力，kN；

　　　K——安全系数，一般取 1~2；

　　　p_{cp}——模腔内平均压力，MPa；

　　　A——成型制品和浇注系统在模具分型面上的最大投影面积，mm²。

模腔平均压力与成型制品的关系见表 3-4。

表 3-4　模腔平均压力与成型制品的关系

成型条件	模腔平均压力/MPa	举　例
易于成型制品	25	PE、PP、PS 等壁厚均匀的日用品
一般制品	30	在模具温度较高的条件下，成型薄壁容器类制品
加工高黏度和有要求制品	35	ABS、POM 等加工有精度要求的零件
用高黏度物料加工高精度、难充模制品	40~45	高精度机械零件，如塑料齿轮等

② 模板最大间距　模板最大间距是指开模时，固定模板与动模板之间，包括调模行程在内所能达到的最大距离。为使成型后的制品能方便地取出，模板间最大开距一般为成型制品最大高度的 3~4 倍。动模板的行程最好不小于模具的最大厚度，或 2 倍的制品最大高度。

③ 移模速度　移模速度是反映机器工作效率的参数。移模速度在整个成型过程中，动模板的运行速度是变化的，即闭模时先快后慢；开模时，先慢后快再慢。同时还要求速度变化的位置能够调节，以适应不同结构制品的生产需要。

(3) 吹塑合模参数

吹塑合模成型的主要技术参数有吹塑锁模力、模板尺寸、吹塑合模行程及最小模厚等。

① 吹塑锁模力　吹塑锁模力表示带有型坯的芯棒置入吹塑模中进行吹胀时所需的夹紧力，可按下式计算。

$$P_c = A p F$$

式中　P_c——吹塑锁模力，kN；

　　　A——单位换算系数，$A=0.1$；

　　　p——吹塑气压，MPa，根据型坯的材料和温度决定，一般取（0.2~1）MPa；

　　　F——吹塑制品总投影面积，cm²。

② 吹塑模板尺寸　要使吹塑成型后的制品能顺利地在对开的两半模中脱出，即带有成型制品的芯棒能方便地传送至下一制品取出工位，模板的间距就要足够大。而模板尺寸应考虑能方便地安装最大的吹塑模具。

3.1.11　注射吹塑成型机的操作应注意哪些方面？

(1) 操作方式及选用

注射吹塑成型机一般都有四种操作方式，即调整、手动、半自动及全自动操作，在生产过程中应根据不同情况选择合适的操作方式。

① 调整操作是指机器的所有动作都必须在按住相应按钮开关的情况下慢速进行，放开按钮动作即行停止，故又称点动。一般用于装卸模具、螺杆或检修机器时的操作。

② 手动操作是指按动相应的按钮，设备便进行相应的动作，并进行到底。不按动就不进行。主要用于试模、生产开机的调试或自动生产有困难的情况。

③ 半自动操作是指将安全门关闭以后，工艺过程中的各个动作按照一定的顺序自动进

行，直至打开安全门，取出制品为止。这实际上是完成一个注射过程的自动化，可以减轻体力劳动，避免因操作错误而造成事故，是生产中最常用的方式。对三工位注射吹塑成型机，即在转塔下降、合模、注射、保压、吹塑、预塑、防流延、冷却、脱模、开模、转塔上升、转位等一个动作循环结束后，再按一次半自动按钮，则机器将进行下一个循环。半自动操作一般在空运转试机和生产开始阶段使用。

④ 全自动操作是指机器的全部动作过程都由电器控制，自动地往复循环进行。经半自动操作制品成型稳定后，不改变操作程序，将选择开关拨至"自动"位置，按自动"开启"按钮，机器即按选定的程序连续地、周而复始地自动完成工艺过程和各个动作。在生产正常条件下，机器应该在全自动状态下运行，若要停止机器运转，则按自动停止按钮，机器在自动完成本循环后自动停止至循环起始位置。

（2）开机前准备

在开机前必须做好充分的准备工作，以便操作能正常、有序、安全地进行。注射吹塑机开机前的准备工作主要有以下内容。

① 认真阅读使用说明书，掌握设备的操作规范，熟悉设备的基本结构，各操作按钮、开关的位置及功能。

② 检查各开关按钮，在开机前各操作按钮或触摸开关应处于"断开"位置。

③ 检查各紧固件是否拧紧，严防松动。检查安全门滑动是否灵活，控制是否正确。

④ 检查油箱中液压油的油位是否合格，要求油面应处于油标上、下限位线的中间（或3/4处）。

⑤ 润滑油路是否接通，各润滑点供油是否正常。

⑥ 检查冷却水管接头是否可靠，严禁有渗漏现象。

⑦ 检查料斗内有无异物，将物料加满料斗。

（3）开机操作注意事项

① 接通电源，对机筒预热。达到塑料塑化温度后，应保温 40min，使各点温度均匀一致。

② 确定操作方式，按实际需要可采用调整、手动、半自动和全自动四种操作方式中的一种。

③ 打开注射座、加料口位置的冷却循环水阀，调节好水量，进水量过小，易导致加料口处的物料黏结，形成"搭桥"，影响正常塑化；进水量过大，会过多地带走机筒的热量，造成不必要的热量损失。

④ 注意油箱中液压油的温度，若温度太低，应立即启动加热器。

⑤ 当向空机筒中加料时，螺杆的转速要慢，一般不超过 30r/min。当物料从注射喷嘴中正常流出后，再把转速调到要求值。当机筒中的物料处于冷态时，绝对不能开动主机，以防螺杆被扭断（通常设备有冷态安全保护）。

⑥ 采用手动对空注射，观察预塑化物料熔体的质量。当塑化质量欠佳时，应调节预塑背压，进而改善塑化质量。

⑦ 生产开始，由于模具温度不够，最初的一些型坯通常不能被完全吹胀，需要在脱模工位上从芯棒上以手工剥下来。为了稳定注塑模和芯棒的温度，每根芯棒上均必须几次注射。若型坯模腔的温度太低，则型坯会过渡收缩，不能吹制尺寸合格的制品。如果芯棒温度太低，型坯就会收缩包在芯棒上。

⑧ 经过几个循环的操作，芯棒、型腔和吹塑模的温度将趋于适当，这时就即可启动吹塑成型机的自动操作。

⑨ 在脱模工位，要对制品进行抽检，检验制品的重量、尺寸是否符合要求，有无飞边、

缺料和破洞。芯棒的任一部位上如果粘有塑料，制品的壁厚就会不均匀。故应从芯棒取样，送至质量检验部门检验。如果质量合格，成型可继续进行，反之应做调整。

（4）停机注意事项

① 操作方式选择开关转到手动位置，以防整个循环周期的误动，确保操作人员的人身安全及设备安全。

② 关闭加料闸板、停止向机筒供料。

③ 注射座退回，喷嘴与模具脱离接触。

④ 清理机筒中的余料，在不加料的情况下反复注射、预塑，直至物料不再从喷嘴流出。这时降低螺杆转速。加工以易分解的树脂为原料的制品时，如 PVC，应采用 PE、PP 或螺杆清洗专用料把机筒清洗干净。

⑤ 把所有操作开关和按钮（或触摸屏）置于"断开"位置，断电源、断水。

⑥ 停机后要擦净机器的各部分，并打扫工作场地。

3.1.12 注射吹塑成型机的空机试运转时应注意哪些方面？

注射吹塑成型机的空机试运转时应注意以下方面。

① 在机器首次启用或较长时间停机后再使用时，应在开机前先用手转动泵轴十几转，使油泵内部得到充分润滑。再接通电源，启动电动机、油泵，检查电动机的旋转方向是否准确，油泵必须在卸荷情况下空运转 5min 以上。

② 打开冷却水截止阀，对回油进行冷却，以防油温过高。

③ 液压系统压力在出厂前已调整好，一般用户不需调整。如需调整，必须向设备制造厂咨询。一般液压系统压力为 14MPa 或 16MPa。

④ 允许调整的压力、流量均由外设的拨码设定。用手动操作方式进行试机，检查各动作是否正常后再进行半自动试机、全自动试机。

⑤ 机器在运转时，可能会因液压系统中混有空气而产生爬行现象或撞击声，待运转动作数次，油路中空气排净后，爬行和撞击声即会消失。若运转仍不正常，则需做进一步的检查，待故障排除后再重新试机。

3.1.13 注射吹塑成型机的负荷试运转时的操作步骤如何？试机过程中应注意哪些方面？

（1）负荷试运转的操作步骤

注射吹塑成型机的负荷试运转时应严格按操作步骤进行，具体的操作步骤如下。

① 操作手动按钮，使合模装置处于开启状态，转塔升至最高位置，注射座退至最后位置，必要时允许回转。

② 用轻油、抹布擦净工作台面板、动模连接板及模具、上下模架的两外表面，在工作台与模架相接触部位加少量 L-AN4b 全损耗系统用油，涂抹均匀。

③ 模具必须水平推入工作台，切勿垂直落在工作台上。将模具水平推入定位键槽内，注意勿与喷嘴、机筒相碰。

④ 使模具前移，压紧前面的调整垫。

⑤ 先用螺钉压板将下模架紧固在工作台上，再操作合模动作（注意不能接通增压油路，将上模架紧固在动模连接板上，然后再开启合模装置）。

⑥ 检查转塔内模芯推板是否灵活，然后在转塔的一边装上一组模芯棒，将这组模芯棒转到注射工位，压下微点动开关，操作转塔下降，使模芯棒下降至接近注射模时停止。目测

芯棒是否恰好卡入注射模的颈环内，如不合适，则可稍松开上下模紧固螺钉，更换模具前端的调整圈，微调模具位置，使其与芯棒位置相吻合。确保合适后，重新紧固上、下模架。

⑦ 将转塔升起，将该组芯棒转到吹塑工位，用上面的方法，调好吹塑模位置，最后用螺钉紧固上、下模架。

⑧ 将转塔升起，使该芯棒转到脱模工位，装上脱模推板，用与上面相同的方法调整脱模推板前后、左右的位置，使芯棒恰好卡入脱模板内，然后用螺钉紧固。

⑨ 当两个模具及脱模装置都定位正确后，便可安装另外两组模芯棒。先安装第二组芯棒，检查一下是否能准确地与模具及脱模装置的位置相吻合，第二组安装、检查完毕，再安装第三组芯棒，同样也需检查。

⑩ 按规定要求接好各模具冷却水管、模温控制管路，接好热流道加热管，装好热电偶，检查水管、油管、电线是否会与模芯棒相碰、干扰，电线连接应确保安全。

⑪ 调节注射装置的前限位开关位置，使喷嘴刚好与热流道板相接触。调整喷嘴中心与热流道中心互相对中，以防漏料。

⑫ 在模具安装完成后，根据产品特点和工艺要求，对各机构的动作行程和工艺参数进行相应的调整。

⑬ 机筒升温，注意机筒升温到规定温度后必须保温至少15min，以保证物料充分熔融，才能进行正常开机试运转。

⑭ 开机初试时应先用料筒清洗料（如PS、PE等）清洗料筒，然后再用生产料试机。

⑮ 试机时，先进行模外注射（即对空注射），检查料筒的温度情况及物料的塑化状态，若物料塑化均匀，方可进行模内注射。

⑯ 试机时应先半自动操作，然后全自动操作。

(2) 试机过程中应注意事项

① 切勿让金属或其他杂物混入料斗，除加料外，要盖好料斗盖。

② 喷嘴堵塞时应拆下清理，切勿用增加注射压力的方法来清除堵塞物。

③ 预塑时，若螺杆转动而不能进料，应立即停止预塑动作，查明并排除故障后，再加热预塑。如果由于加温不当，使螺杆加料段的物料结卷而造成以上情况，应将螺杆拆出，清理干净后再装入，并重新将温度调整合理，再进行试机。

④ 试射时，注射压力应由低调高，禁止任意调节。

⑤ 机器不生产时，应将总电源切断，操作板上各按钮和主令开关均应放在"断"位置。设备应可靠接地，以免发生触电事故。

⑥ 工作时，电动机温度不得超过75℃，否则应停机检查。

⑦ 冷却用水，必须用洁净的淡水，如使用河水则需经过滤。

⑧ 制品产生飞边的原因很多，如模具分型面不平、注射压力过大等，应全面检查原因并改正。

⑨ 开机前，检查各零部件是否松动或失灵；开机时，不得把手伸入运动部件之间，不得用手清除熔化的物料。

3.1.14 注射吹塑成型机的维护保养包括哪些内容？

注射吹塑成型机的维护保养包括常规的维护保养和定期维护保养两大方面。具体内容如下。

(1) 常规的维护保养

① 润滑系统的维护 每班操作前，机器的运动部位均应加润滑油。润滑脂注入油孔，

每天润滑一次。

② 油箱内的油量　每日应检查油箱的油位是否在油标尺中线，如果不到应及时补充油量使其达到中线。注意保持油的清洁。在机器正常运转2000h左右，应第一次更换油箱中的液压油，更换时应对油箱进行仔细清洗，以后每隔6000h左右换一次油。要特别注意补充进去的油必须是同一种型号的油，切勿几种不同型号的油混用。

③ 加热装置的检查　每班交接后首先应检查加热圈工作是否正常，热电偶接触是否良好。

④ 安全装置的检查　每班应检查电气开关、安全门、限位开关等是否正常，正常后方可进行半自动或全自动操作，以确保人身安全。

⑤ 定期检查　根据机器使用频率，确定是每一个月、每三个月还是每半年进行检查。

(2) 定期维护保养

① 检查连接螺栓是否松动并及时拧紧，特别是机筒头部的螺栓、合模装置的螺母、电控柜内控制线连接螺栓和螺母等。

② 检查电控箱中通风过滤器，如果粘有污物应及时拆下清洗。

③ 及时擦去各运动部件以及轨道表面的已脏的润滑油，并重新加上新的润滑油。

④ 电控系统维护检查：对主电路的导线进行绝缘性能检查；对电动机噪声情况进行检查。

3.1.15　注射装置主要零部件的维护保养有哪些内容？

注射装置是注射吹塑成型机的关键装置之一，注射装置性能的好坏会直接影响物料的塑化、混合、输送及注射，从而影响注射型坯的质量。而在工作过程中，注射装置是在高温、高压、高速、强摩擦及有较强腐蚀的环境下工作，很容易被磨损、腐蚀等，不仅会使产品质量下降，而且还会使其丧失使用寿命。因此需要经常对其部件进行维护与保养，如果注射装置保养得当，不仅有利于塑化质量的保证，而且与还可延长设备的使用寿命。由于注射装置的螺杆、喷嘴、机筒的尺寸精度要求和装配精度要求都是很高的部件，因此对其进行维护保养时必须严格按要求进行。

(1) 喷嘴维护保养内容

① 喷嘴的拆卸　喷嘴的拆卸是在料筒、喷嘴内壁清洗完后，在高温状态下进行拆卸。首先拆下料筒外部的防护罩、喷嘴外部的加热器及热电偶，清除外表面的物料和灰尘等污物；再用专用锤敲击使其松动，然后用扳手松动连接螺栓。在连接螺栓松至2/3时，再用专用锤轻轻敲击，注意此时不宜全部松脱，以免料筒内气体喷出而伤人；待内部气体放出后，继续松动螺栓，再将喷嘴卸下。

② 喷嘴的清理　喷嘴内部的清理应在拆卸后在高温下趁热进行清理，以便流道中残存的物料能在高温下的熔融状态从喷嘴孔取出。为了能清理干净喷嘴，一般可以从喷嘴孔向内部注入脱模剂，即从喷嘴螺纹一侧向物料和内壁壁面间滴渗脱模剂，从而使物料与内壁脱离，由此从喷嘴中取出物料，有物料粘住时可用铜刷或铜片清理。

③ 喷嘴的检查

a. 检查喷嘴前端的半球形部分或口径部分是否出现不良变形，若有变形情况，应采取有效措施进行修护或更换。

b. 应定时检查喷嘴螺纹部分的完好情况以及料筒连接头部端面的密封情况，若发现磨损或严重腐蚀，应及时更换。

c. 检查喷嘴流道的完好情况，可通过观察从喷嘴内卸出的剩余树脂，判断喷嘴流道的完好情况。在生产过程中，也可通过对空注射时射出熔体条的表面质量来检查喷嘴的流道情况。

④ 喷嘴的安装 将喷嘴彻底清理干净后，将喷嘴螺纹处均匀地涂上一层二硫化钼润滑脂或硅油。再将喷嘴均匀地旋入前料筒头的螺孔中，使接触表面贴紧。最后利用辅助带孔扳手，轻轻地将扳手套在开孔夹爪上，紧固喷嘴。对于弹簧锁闭式喷嘴，在喷嘴旋入后，再固定弹簧、弹簧垫片和中间连接件，应注意不要将中间连接件方向弄错，应按照如图 3-29（b）所示顺序进行安装，再将针阀旋入阀体内固定，最后可用手旋入喷嘴，当用手旋不动后，再用扳手进行旋紧。

（2）前机筒维护保养内容

① 前机筒的拆卸与清理 前机筒与机筒一般采用螺纹旋入式连接或螺栓紧固式连接。螺栓紧固式连接时需要每个螺栓的受力大致相等，以防受力不均导致泄漏。在拆卸时需要逐个拧松螺栓，预防前机筒因熔融物料内压而损坏。

前机筒拆卸步骤是：先松动旋入式螺纹或螺栓，并适当用木槌敲击机筒，以释放出内部气体，减少密封面的表面压力，然后再完全旋下螺栓，拆下前机筒。

前机筒拆下后应立即趁热清理干净残余熔料，要使用铜刷或铜棒进行清理。对于黏附内壁的物料难以清除时，也可采用少量脱模剂或清洗剂进行清洗。

② 前机筒的检查

a. 注意观察清理出来的残余物料表面以及前机筒内表面的状况，如果发现镀层有剥离、磨损、划痕等损伤等，需用细砂布等修磨平滑。

b. 检查螺纹及螺栓是否完好，是否有滑丝现象或弯曲变形现象等，若出现滑丝现象或弯曲变形等现象应及时进行更换。

③ 前机筒安装

a. 将前机筒清理干净，特别是螺纹部分。再在其螺纹部分涂上一层二硫化钼润滑脂或硅油。

b. 将前机筒上的螺钉孔与机筒端面上的螺孔对齐，止口对正，用铜棒轻敲，使配合平面贴紧。

c. 装上前机筒，用手固定螺栓，套上加力杆（长 40cm）锁紧螺栓；锁紧时要避免锁紧过度，否则对螺栓有损坏。螺栓锁紧加力杆的使用长度为 40cm 左右为佳，锁紧扭矩大约为 110N·m。需要使用扭力扳手锁紧时，锁紧的顺序应按如图 3-29 所示路径进行。在第一圈锁紧时，应轻轻锁上螺钉，在第二、第三圈时逐渐加力，使前机筒锁紧的对正、平整。

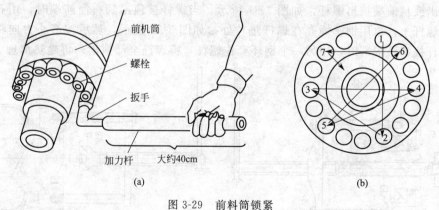

(a)   (b)

图 3-29 前料筒锁紧

（3）螺杆维护保养内容

① 注射螺杆头的拆卸 在拆卸螺杆头时，应先拆下螺杆与驱动油缸之间的联轴器，将螺杆尾部与驱动轴相分离。卸下对开法兰，拨动螺杆前移，然后在驱动轴前面垫加木片，将

螺杆向前顶。当螺杆头完全暴露在机筒之外后，趁热松开螺杆头连接螺栓，如图 3-30 所示，要注意通常此处螺纹旋向为左旋。在发生咬紧时，不可硬扳，应施加对称力矩使其转动，或采用专用扳手敲击使其松动后卸除。

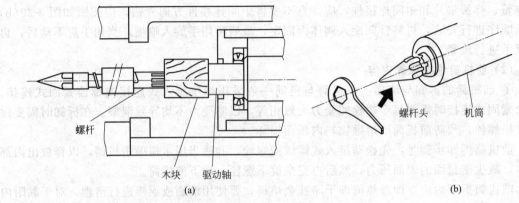

(a)   (b)

图 3-30　螺杆头拆卸示意

②　螺杆头的清理与检查　当螺杆头拆下后，应趁热用铜刷迅速清除残留的物料，还应卸下止逆环及密封环。如果残余料冷却前来不及清理干净，不可用火烧烤零件，以免破裂损坏，而应采用烘箱使其加热到物料软化后，取出清理。

螺杆头清理完后，要仔细检查止逆环和密封环有无划伤，必要时应重新研磨或更换，以保证密封良好。安装螺杆头之前，螺纹部分涂红丹或二硫化钼，仅薄薄一层就足够。

③　螺杆头的安装　先将螺杆平放在等高的两块木块上，在键槽部套上操作手柄；再在螺杆头的螺纹处均匀地涂上一层二硫化钼润滑脂或硅油，将擦干净的止逆环、止逆环座及混炼环（有的螺杆没有）依次套入螺杆头；然后将螺杆头旋入螺杆上，再用螺杆头专用扳手，套住螺杆头，反方向旋紧，最后用木槌轻轻敲击几下扳手的手柄部，进一步紧固。

④　螺杆的拆卸　螺杆拆卸时应先将喷嘴和前料筒拧下，再着手进行螺杆的拆卸。拆卸螺杆的顺序是先拆下螺杆与驱动油缸之间的联轴器，将螺杆尾部与驱动轴相分离。卸下对开法兰，拨动螺杆前移，然后在驱动轴前面垫加木片，将螺杆向前顶。当螺杆头完全暴露在料筒之外后，趁热松开螺杆头连接螺栓，拆除螺杆头。螺杆头卸除后，采用专用拆卸螺杆工具从后部顶出或从前端拔出螺杆，如图 3-31 所示。当螺杆被顶出到料筒前端时，用石棉布等垫片垫在螺杆上，再用钢丝蝇套在螺杆垫片处，如图 3-32 所示，然后按箭头方向将螺杆拖出。当螺杆拖出至根部时，用另一个钢环套住螺杆，将螺杆全部拖出，再趁热清理。

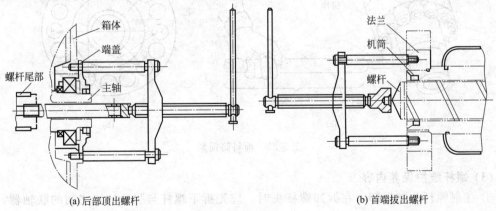

(a) 后部顶出螺杆   (b) 首端拔出螺杆

图 3-31　拆卸的螺杆

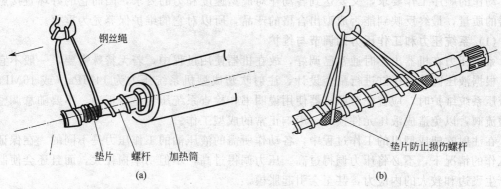

图 3-32　拖出螺杆示意

⑤ 螺杆的清理　取出螺杆后，先把螺杆放在平整的平面上，然后用铜刷清除螺杆上的残余树脂。在清理时可使用脱模剂或矿物油，会使清理工作更加快捷和彻底。当螺杆降至常温后，用非易燃溶剂擦去螺杆上的油迹。

清理螺杆时应注意：当物料已经冷却在螺杆上时，切不可强制剥离，否则可能损伤螺杆表面，只能用木槌或铜棒敲打螺杆。螺槽及止逆环等元件只能用铜刷进行清理。使用溶剂清洗螺杆时，操作人员应该采取必要的防护措施，防止溶剂与皮肤直接接触造成损伤。

⑥ 螺杆检查　可用千分尺测量外径，分析螺棱表面的磨损情况。若螺杆局部磨损严重，可采用堆焊的方法进行修补，对于小伤痕可用细砂布或油石等打磨光滑。

⑦ 螺杆安装

a. 螺杆安装前，仔细擦净螺杆，彻底地清理螺杆螺纹部分并加入耐热润滑脂（红丹或二硫化钼）。

b. 在手动制式操作下启动油泵，将射台退到最后极限位置，再停止油泵。

c. 将擦净的螺杆吊起，缓慢地推入机筒中，螺杆头朝外。

d. 分开驱动轴上的联轴器，并将螺杆键槽插入注射座的驱动轴内，如果螺杆较难放入驱动轴内，不要强行压入，应转动螺杆或旋转驱动轴，修配键槽，一点点地装进去。

e. 再将法兰盘连接在注射座的安装表面，调节成直线，然后先用手紧固螺栓，再用扳手锁紧，可在扳手把上套上加力杆。

f. 验证螺杆键槽轴是否完全进入驱动轴内，将联轴器安装到位，并用螺栓锁紧。

(4) 机筒维护保养内容

① 机筒内腔的清洗。首先拆下料斗，用盖板盖住螺杆料筒的加料口，从机筒端头插入清理毛刷，清理干净机筒内壁黏附的树脂。再用清洁布条绑在长棒的钢丝刷上，伸入机筒，用布条擦去存留在机筒内表面的污垢。然后从加料口吹入压缩空气进行清理，入气嘴朝向射嘴，吹洗机筒内的残留污渣。

② 机筒清理完后，用光照法检查机筒内壁清有无刮伤及损情况。检查方法是机筒降至室温后，采用机筒测定仪，从机筒前端到加料口周围进行多点测量，距离可取为内径的3～5倍。当磨损严重时，可考虑更换机筒内衬。

③ 检查机筒的加料段冷却通道是否有水垢，并清理冷却通道内壁的水垢，保持冷却通道畅通。

3.1.16　注射吹塑成型机液压系统的维护与保养内容有哪些？

液压系统是注射装置、合模装置、回转工作台等主要部件工作的动为源，它既要满足各循环动作的顺序工作要求，又要达到各动作对成型速度和力的要求，因而它的好坏直接影响机器的质量，最终反映到能否成型出合格的产品，所以对它的维护保养尤为重要。

(1) 系统压力和工作压力的调节与维护

系统压力在机器出厂时通常已调好，故在机器使用过程中，若无特殊需要，一般不宜变动。根据液压阀及液压缸进行配套设计，注射吹塑成型机系统压力为 14MPa（或 16MPa）。在液压系统维护时，应首先对照机器使用说明书，检查系统压力是否正确，不要随意调整安全溢流阀，以免造成液压元件损坏，影响正常的成型工作。

在注射吹塑成型机的工作过程中，各动作所需的液压油的工作压力是不同的。在保证正常工作的情况下，不必将压力调得过高。压力调得过高，不但功率损耗大，而且还会使制品会产生飞边和较大的内应力，甚至会引起胀模。

(2) 液压油的维护保养

注射吹塑成型机所用工作油为抗磨液压油（LHM46），50℃时的运动黏度为 28～32mm²/s。液压油的维护保养主要在于杜绝污染源，保持油液清洁，控制油箱的油量符合要求，同时还应注意控制油液在工作过程中的温度变化。

① 向油箱注入液压油时，应该严格保持油桶盖、桶塞、油箱注油口及连接系统的清洁，最好采用压送传输方式。

② 液压油传输完毕后及时盖好注油口；保持工作场地空气干燥，油箱中保持足够的油量，以减少油箱未充满部分的容积；减少油箱中的空气量，减少空气中水分对液压油的污染。因油箱中液压油未充满部分被空气充满，当注塑机工作时，油温会逐渐上升，油箱未充满部分的空气温度也会随着升高，待停机时，液压油冷却到室温后，空气中的水分凝聚到液压油中，这种过程连续反复，就会使液压油中的水分不断增加。

③ 经常擦拭液压元件，保持工作环境的洁净。工作环境中的粉尘及空气中的微小颗粒或环境的粉尘，通常会附着在液压元件的外露部分，并且会通过衬垫的间隙进入到液压油，导致液压油污染。

④ 保持液压油在合理的温度范围内工作。液压油一般的工作温度在 40～55℃的范围内，如果温度大大超出工作温度将会造成液压油的局部降解，而生成的分解物对液压油的降解起到加速催化作用，最终将导致液压油的劣化和变质。

⑤ 定期清洁、过滤油液或更换油液。虽然采取一定的措施能减少液压油污染，延长液压油的使用寿命，但是外界环境或液压油本身仍旧会导致或多或少的污染。因此，必须定期把液压油输出油箱，经过过滤、静置、去除杂质后再输入油箱。若发现油质已经严重劣化或变质，则应该更换液压油。

⑥ 检修液压系统并进行拆卸前，应该认真清理液压元件以及维修工具的表面，并保持维修环境的洁净。拆卸下来的液压元件应该放置在干净的容器中，不得随意放置，以免造成污染。检修液压系统的工作若不能及时完成，应该遮蔽油管口等拆卸部分。在安装调试过程中也应该注意液压元件的洁净，避免造成油质污染，降低液压油的使用寿命。

⑦ 在系统的进油口或支路上安装过滤器，以便强制性清除系统液压油中的污染物。

(3) 液压油的密封及密封件的维护

液压密封有两种，即静态密封和动态密封。静态密封用来防止非运动部件间液体泄漏。密封垫就是静态密封的一个例子。密封垫主要用于平板和表面的密封。密封垫材料有合成橡胶、石棉板等，承受的压力很小。另一类静态密封是在径向间隙中、阀座中的固定密封，以O形圈为主，在注射吹塑成型机的合模装置中用得较多。

动态密封用于两个相互运动的零部件中间，若运动是往复的，则密封也是往复型，如液压缸中活塞的密封。若运动是旋转的，则密封也是旋转型的，例如泵中主轴的密封。

密封件除了在工作中的正常磨损外，还常由于密封面的伤痕而加速磨损失效。不洁的液压油是导致密封损坏的一个原因，因为液压油中的脏物会黏附在活塞上而引起密封损伤。一旦密封失效，油液泄漏就会显著增加，导致系统压力不稳。故当液压系统不稳或波动大时，应检查密封件是否失效或密封面是否有损坏。

密封件损坏主要有以下原因。

① 原密封部位结构不正确。

② 密封处金属面不够光洁。

③ 液压工作介质污染。

④ 不合理的润滑油。

⑤ 液压系统过热，导致密封件老化。

(4) 液压泵的维护保养

液压泵是液压系统中的动力机构，它将电动机输入的机械能转变为液体压力能。通过它向液压系统输送具有一定压力和流量的液压油，从而满足液压执行机构（液压缸或液压马达）驱动负载时所需的能量要求。

吹塑成型机中所用的液压泵，一般都属于容积式液压泵。常见的有叶片式、柱塞式和齿轮式三种类型。生产过程中应保持液压油的清洁，使液压泵有一个良好的工作状态，定期检查液压泵，发现问题应及时处理。如液压泵没有油输出时，应立即查明原因，这时一般只需打开泵的出油接头就可查明。其可能原因如下。

① 油箱中的油量不足。

② 进油管路或过滤器堵塞。

③ 空气进入吸油管路，这可以从不正常的噪声情况查出。

④ 泵轴旋转方向错误，可能因修理时疏忽而致使三相电动机输入相反序。

⑤ 泵轴转速太低，还可能因三相电动机接成单相或连接松弛所致。

⑥ 机械故障。通常伴随着泵发出噪声，一般的机械故障为轴承磨损、轴破裂、转子损坏、活塞或叶片断裂等所致。

3.1.17　注射吹塑成型机电气控制系统的日常维护保养的内容包括哪些方面？

注射吹塑成型机电气控制系统日常维护保养主要包括以下方面。

① 长期不开机时，应定时接通电气线路，以免电器元件受潮。

② 定期检查电源电压是否与电气设备电压相符。电网电压波动在±10%之内。

③ 每次开机前，应检查各操作开关、行程开关、按钮或触摸屏有无失灵的现象。

④ 注意安全门在工作中能否起到安全保护作用。

⑤ 液压泵检修后，应按下列顺序进行液压泵电动机的试运行：合上控制柜上所有电气开关；按下液压泵电动机的启动按钮。

试运行时，电动机点动，不需全速转动，应检查电动机与液压泵的转动方向是否一致。

⑥ 应时常检查电气控制柜和操作箱上紧急停机按钮的作用。在开机过程中按下按钮，检查设备能否立即停止运转。

⑦ 每次停机后，都应将操作选择开关转到手动位置，否则重新开机时，机器很快启动，将会造成意外事故。

3.2 注射吹塑中空成型工艺实例疑难解答

3.2.1 型坯注射成型时机筒温度应如何确定？机筒温度应如何控制？

(1) 机筒温度的确定

注射成型时机筒温度通常应根据所加工塑料的特性来确定。对于无定型塑料，机筒第三段温度应高于塑料的黏流温度（T_f）；对于结晶型塑料，应高于塑料材料的熔点（T_m），但都必须低于塑料的分解温度（T_d）。通常，对于 $T_f \sim T_d$ 的范围较窄的塑料，机筒温度应偏低些，比 T_f 稍高即可；而对于 $T_f \sim T_d$ 的范围较宽的塑料，机筒温度可适当高些，即比 T_f 高得多一些。对热敏性塑料，如 PVC、POM 等，受热后易分解，因此机筒温度设定低一些；而 PS 塑料的 $T_f \sim T_d$ 范围较宽，机筒温度应可以相应设定得高些。

同一种塑料，由于生产厂家不同、牌号不一样，其流动温度及分解温度有差别。一般情况下，平均分子量高、分子量分布窄的塑料，熔体的黏度都偏高，流动性也较差，加工时，机筒温度应适当提高；反之则降低。

塑料添加剂的存在，对成型温度也有影响。若添加剂为玻璃纤维或无机填料时，由于熔体流动性变差，因此，要随添加剂用量的增加，相应提高机筒温度；若添加剂为增塑剂或软化剂时，机筒温度可适当低些。

由于注射成型壁较薄型时，模腔较狭窄，熔体注入时阻力大、冷却快，因此，为保证能顺利充模，机筒温度应高些；而注射成型较厚型坯时，则可低一些。

(2) 机筒温度的控制

注射成型过程中机筒温度应分段进行控制，通常可分为三段、四段或五段，一般大都为三段控制。进行温度控制时，一般机筒的温度应从料斗到喷嘴前依次由低到高，使塑料材料逐步熔融、塑化。第一段是靠近料斗处的固体输送段，温度要低一些，料斗座还需用冷却水冷却，以防止物料"架桥"并保证较高的固体输送效率；但如果物料中水分含量较高时，可使接近料斗的机筒温度略高，以利于水分的排除。第二段为压缩段，在此段物料处于压缩状态并逐渐熔融，该段温度控制一般应比所用塑料的熔点或黏流温度高出 20～25℃；第三段为计量段，物料在该段处于全熔融状态，在预塑终止后形成计量室，贮存塑化好的物料，该段温度设定一般要比第二段高出 20～25℃，以保证物料处于熔融状态。

如某企业采用 PC 注射吹塑成型型坯时，料筒温度采用三段控制，分别为：一段 260℃±10℃，二段 270℃±10℃，三段 280℃±10℃。

3.2.2 注塑成型型坯时喷嘴温度应如何确定？

喷嘴具有加速熔体流动、调整熔体温度和使物料均化的作用。在注射过程中，喷嘴与模具直接接触，由于喷嘴本身热惯性很小，与较低温度的模具接触后，会使喷嘴温度很快下降，导致熔料在喷嘴处冷凝而堵塞喷嘴孔或模具的浇注系统，而且冷凝料注入模具后也会影响制品的表面质量及性能，所以喷嘴温度需要严格控制。

喷嘴温度通常要略低于或等于料筒的最高温度。一方面，这是为了防止熔体产生"流延"现象；另一方面，由于塑料熔体在通过喷嘴时，产生的摩擦热使熔体的实际温度高于喷嘴温度，若喷嘴温度控制过高，会使塑料发生分解，反而影响制品的质量。但注射过程中喷嘴的温度也不能太低，否则容易因熔料固化而造成喷嘴口堵塞，或冷料进入模腔而影响制品质量。

　　如某企业注射吹塑 PE 瓶时，机筒温度加料段为 220℃，熔融段为 230℃，均化段为 240℃，喷嘴温度控制为 235℃，喷嘴温度略低于机筒均化段温度。

3.2.3　注射成型型坯时应如何来判断温度设定是否合适？

　　注射成型过程中机筒和喷嘴温度的设定是否合适通常可通过对空注射来判断。对空注射时，若射出的物料表面光亮且色泽均匀，料条断面细腻而密实、无气孔，则说明所设定的温度较为适宜；若射出的物料较稀，呈水样或者表面粗糙无光泽，断面有气孔，则说明设定的机筒温度或喷嘴温度过高；若射出的物料表面暗淡，无光泽，流动性不好，断面粗糙，则说明所设定的机筒温度或喷嘴温度过低。

3.2.4　注射吹塑型坯模具温度应如何控制？

　　型坯模具温度一般是指与型坯接触的型腔表面温度。型坯模具温度的选择与设定直接影响熔料的充模、型坯的冷却速率、成型周期以及型坯的质量。型坯模具温度的高低主要取决于塑料特性、型坯的结构与尺寸、型坯的成型要求及其他工艺参数（如熔体的温度、注射压力、注射速率等）。

　　如果型坯是注射成型后即进行吹胀成型，则应保持一定的型坯温度。由于吹塑机筒内的螺杆以一定压力将熔融的塑料流体输送到型坯模，并按一定量注射到位于型坯模内的芯棒周围，此时熔料与型坯模、芯棒具有一定的温度差，实际上是使注塑射模内的原料在型坯的不同部位如肩部、身部、底部保持一定的温度，以保证固化的熔料能够在吹塑工位均匀吹胀和充满模腔。假如型坯温度取值较高，塑料熔料容易吹胀变形，成型后的制品外观轮廓清晰，但型坯自身的形状保持能力差，特别是在注射工位向吹塑工位转移时，型坯在转移过程中很容易发生破坏。反之当型坯温度选取较低时，型坯不易破裂，但其吹塑成型性能将会变差，成型时熔料内部会产生较大的内应力，当它们在成型后转变成残余应力时，不仅削弱了制品的强度，而且还会导致制品表面出现明显的斑纹，所以型坯模温最好应接近塑料原料的熔点温度。一般设定时型坯底部的温度最高，颈部应温度较低。

　　如某企业一次注射吹塑 PE 瓶时，型坯模具温度控制为：瓶口部分 70～100℃；瓶身 100～110℃；瓶底部分 50～80℃。

　　如果型坯成型后需放置一段时间后，再次加热吹塑，则对于热塑性塑料的成型一般模具温度应控制在塑料热变形温度或玻璃化温度以下，以保证制件脱模时有足够的刚度而不致变形。这种型坯的成型，对于无定型塑料来说，熔体注入模腔后，随着温度不断降低而固化，在冷却过程中不发生相的转变，故一般在保证充模顺利的情况下，应尽量采用低的模具温度，这样可以缩短制品的冷却时间，提高生产效率。对于熔体黏度较低的塑料（如 PE），由于其流动性好，易充模，因此加工时可采用低模温；而对于熔体黏度较高的塑料（如 PC），模温应高些。提高模温可以调整制品的冷却速率，使制品缓慢、均匀冷却，应力得到充分松弛，防止制品因温差过大而产生凹痕、内应力和裂纹等缺陷。

　　对于结晶型塑料来说，成型需再次加热吹塑的型坯时，其模具温度会影响塑料的结晶度和晶体的构型，从而影响型坯的性能。当模具温度较高时，熔料冷却速率慢、结晶速率快、结晶度大、型坯的硬度、刚性大，但型坯的收缩率增大，型坯的冷却时间长；模温低，则冷却速率快、结晶速率慢、结晶度低、型坯的韧性提高。但是，低模温下成型的结晶型塑料，当其 T_g 较低时，会出现后期结晶，使型坯产生后收缩和性能变化。常用注射吹塑型坯（需再次加热吹塑型坯）模具温度控制见表 3-5。

表 3-5　常用注射吹塑型坯（需再次加热吹塑型坯）模具温度控制

塑料名称	模具温度/℃	塑料名称	模具温度/℃
LDPE	35~60	PA-6	40~110
HDPE	50~80	PA-66	120
PP	40~90	PA-1010	110
PVC	一般在 40℃以下	PC	90~110

　　型坯模具温度通常由通入定温的冷却介质来控制，其控制区域包括颈部、瓶身、底部等部位。型坯模具温度的控制依据塑料的品种、容器的形状和大小，经试验后确定。一般提高颈部和瓶身部位的模具温度，型坯成型时不易出现缺口，但应防止型坯粘模（芯棒）现象。底部温度过高，易使型坯吹胀时出现漏底现象。

3.2.5　注射吹塑成型型坯时，型坯芯棒的温度应如何控制？

　　注射吹塑机成型系统中芯棒的功能是在机械转位过程中保持型坯的形状并由注塑工位向吹塑、脱模工位转向。芯棒内部有两个通道：一个是压缩空气通道，通过芯棒来吹胀瓶体；另一个是供循环的液体通过以调节芯棒温度。芯棒温度应与型坯模温度密切配合，以提高型坯轴向温度的均匀性，保证型坯能以均匀的速率吹胀成型。芯棒温度如果设定过低则不易吹胀型坯，而芯棒温度过高时，熔料就会黏结在芯棒周围，无法进行吹塑成型。

　　在每一个循环周期，型坯芯棒都要经过加热和冷却循环，并把这个循环维持在极限，以保证高质量容器的生产，如图 3-33 所示为芯棒在循环周期内的温度变化。

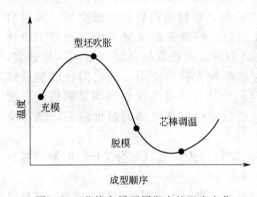

图 3-33　芯棒在循环周期内的温度变化

　　根据型坯的性能要求，如提高 PP 瓶的透明度，降低 PET 瓶的结晶性等，在成型时对芯棒的温度分布也有特殊的要求；为实现型坯的各部位同步吹胀，一般要求同一部位的芯棒和模腔温差不能太大。芯棒的温度控制应适当，若芯棒温度过高，熔体很容易在该部位粘模。如某企业采用 PC 注射吹塑包装瓶时，芯棒的温度控制为 140~170℃。

　　芯棒的温度可采用热交换介质（油或空气）从芯棒内部进行调节。在进入注射工位前，芯棒也可用调温套从外部进行调温。对于注射吹塑中的粘模现象，也可以通过在模腔或芯棒上喷射脱模剂，或在塑料中加入少量的脱模剂、润滑剂（用量为 0.03%~0.10%）加以改善。

3.2.6　吹塑模具的温度控制应如何控制？

　　吹塑模具的温度控制主要通过控制冷却水的温度来实现。吹塑模具温度高，冷却时间长，成型周期长；吹塑模具温度低，可以缩短冷却时间和成型周期，有利于提高生产效率。

　　为保证制品的质量，在冷却过程中要使制品受到均匀的冷却，模温一般保持在 20~50℃。模温过低，塑料的延伸性降低，不宜吹胀，并使制品加厚，同时使成型困难，制品的轮廓和花纹等也不清楚。模温过高，冷却时间延长，生产周期加长。此时，如果冷却不够，还会引起制品脱模变形，收缩增大，表面无光泽。模具温度的高低取决于塑料的品种，当塑料的玻璃化温度较高时，可以采用较高的模具温度；反之，则尽可能降低模温，见表 3-6。

表 3-6 常用几种塑料材料吹塑模具的温度控制

材料名称	模具温度/℃	材料名称	模具温度/℃
LDPE	10～40	硬质 PVC	20～60
HDPE	40～60	PP	20～50
软质 PVC	20～50	PC	60～80
PET	20～50		

3.2.7 注射成型型坯过程中塑化压力应如何确定?

螺杆头部熔料在螺杆转动后退时所受到的压力称塑化压力或背压。预塑时,只有螺杆头部的熔体压力,克服了螺杆后退时的系统阻力后,螺杆才能后退。塑化压力对熔体温度有较大的影响:对不同物料,在一定工艺参数下,随塑化压力的增加,熔体内压力加强了剪切效果,形成剪切热,使大分子热能增加,从而提高了熔体的温度。另外塑化压力大,也有助于螺槽中物料的密实,以驱赶物料中的气体。较大的塑化压力还会使注塑系统阻力加大,螺杆退回速度减慢,延长了物料在螺杆中的热历程,可改善物料的塑化质量。但是过大的塑化压力会增加计量段螺杆熔体的逆流和漏流,降低了熔体输送能力,而且还会增加螺杆的功率消耗;同时过高的塑化压力还易出现剪切热过高或剪切应力过大,使熔料发生过热分解而严重影响到制品质量。因此塑化压力的大小确定与物料的性质、塑化质量、驱动功率、逆流和漏流以及塑化能力等有关。

一般注射成型热稳定性较差的塑料时,如 PVC 等,一般宜采用较低的塑化压力,因塑化压力提高,熔体温度升高,易引起物料的过热分解,造成制品变色、性能变劣;注射成型熔体黏度较高的塑料,如 PC 等,塑化压力不宜过大。塑化压力太高,螺杆塑化物料时的阻力增大,易引起螺杆动力过载;注射熔体黏度特别低的塑料,如 PA 等,应选择较低的塑化压力。塑化压力太高时,一方面易出现流延现象;另一方面逆流、漏流增大,螺杆的塑化能力大大下降。

一些热稳定性比较好、熔体黏度适中的塑料,如 PE、PP、PS 等,塑化压力可选择高些。另外塑化压力高低还应考虑注塑机喷嘴的种类和加料方式。一般采用直通式(即敞开式)喷嘴,或采用后加料方式时,塑化压力应低些,以防止流延现象的发生;当采用自锁式喷嘴,或采用前加料、固定加料方式时,塑化压力可适当提高。塑化压力的大小通常情况下不超过 2MPa。在注射成型过程中塑化压力的大小可通过液压系统中的溢流阀来调节。

3.2.8 注射型坯过程中注射压力的大小应如何确定? 注塑压力对型坯的成型有何影响?

(1) 注射压力大小的确定

注射压力可使熔料克服喷嘴、流道和模腔中的流动阻力,以一定的速度和压力进行充模,还能对熔体进行压实、补缩,注射压力的大小会直接影响熔体的流动充模及制品质量。注射成型过程中注射压力过大或过小都不利于制品的成型,注射压力的选择应在保证注射型坯质量的前提下尽量选小值。因此,注射压力大小的选择与塑料的性质、喷嘴和模具的结构、制品的形状和制品的精度要求等因素有关。

① 一般对于低密度聚乙烯、聚酰胺等流动性好的塑料,加工精度要求不高时,注射压力可为 70～80MPa;对于改性聚苯乙烯、聚碳酸酯等中等黏度的塑料,制品形状不太复杂,但有一定的精度要求时,注射压力可控制在 100～140MPa。

② 型坯模具的结构。流程长、模腔和流道狭窄以及浇口尺寸小、数量多时，熔体流动的阻力大，应选择较高的注射压力。

③ 喷嘴的形式。采用直通式喷嘴时，其流道粗，喷嘴孔大，对熔体的阻力小，注射压力可小些；弹簧锁闭式喷嘴由于熔体流经时，首先必须克服弹簧力的作用，打开针阀，会消耗部分能量，引起熔体的压力下降，因此注射时必须选择较高的注射压力。

④ 成型的工艺。在注射过程中，注射压力与物料温度、模具温度是相互制约的，物料温度、模具温度较高时，熔体的流动性好，可选择较低的注射压力；反之，所需注射压力增大。

(2) 注射压力对型坯成型的影响

注射时物料要克服流道及物料间的摩擦和黏性阻力，会有较大的注射压力损失在克服熔体流动过程中的阻力上，而使熔体流动、充模的压力减少，从而不利于充模。特别是成型几何形状复杂的型坯时，流动阻力很大，注射压力低时很难充模，易造成型坯表面粗糙，甚至造成型坯缺口、漏底，螺纹不足等缺陷。在充模阶段，当注射压力较低时，塑料熔体呈铺展流动，流速平稳、缓慢，但延长了注塑时间，制品易产生熔接痕、密度不匀等缺陷。

注射压力大，型坯密实。但过大，物料的充模速率提高，当通过模具浇口时，由于流道狭窄，熔体易出现喷射式流动，这样易将空气带入制品中，形成气泡、银纹等缺陷，甚至易引起模腔中不能及时排气，而使气体因被压缩，产生大量的压缩热，造成模腔中物料局部的温度上升而灼伤制品。注射压力过大还易导致模腔出现过量填充，使制品产生飞边，还易造成型坯芯棒偏斜等。

3.2.9 注射成型吹塑型坯过程中保压压力及保压时间应如何确定？

保压是指在模腔充满后，对模内熔体进行压实、补缩的过程。处于该阶段的注射压力称为保压压力。保压压力的大小，影响制品的收缩率、密度、表面质量、熔接痕强度，以及制品的脱模。注射型坯过程中保压压力的确定与物料的性质、模具结构、模具温度、物料温度等有关。通常保压压力的大小一般应稍低于或等于注射压力。保压压力较高时，制品的收缩率减小，表面光洁度、密度增加，熔接痕强度提高，制品尺寸稳定。但型坯中的残余应力较大，易产生溢边。

保压时间的选择与熔料温度、模具温度、主流道及浇口尺寸大小有关。保压时间过小，制品密度低，尺寸偏小，易出现缩孔。时间过长，则易使制品内应力大、脱模困难；一般控制在1～120s。

如某企业采用PC生产饮料包装容器，注射吹塑型坯时，注射压力为102MPa，保压压力为98MPa，保压力时间为1.5s。

3.2.10 注射成型吹塑型坯时螺杆转速应如何确定？

在注射过程中，物料是依靠螺杆的旋转对其进行混炼塑化的。螺杆的转速高低会直接影响物料的塑化效果。螺杆转速的提高，使物料的剪切力增加，可以提高物料的塑化程度，降低物料的黏度，有利于成型；但摩擦热会增大，物料温度难以控制，易使物料出现过热分解。因此成型时螺杆的转速应根据物料的性质及设备的情况等加以确定。一般对于热敏性塑料如PVC、POM等应采用低螺杆转速，以防止物料的分解；对于熔体黏度较高的物料（如PC、PPO、PSU、PPS等）也应采用低螺杆转速，以防止螺杆的负荷过载。常用塑料注射成型吹塑型坯时螺杆的转速见表3-7。

表 3-7　常用塑料注射成型吹塑型坯时螺杆的转速

塑料品种	螺杆转速/(r/min)	塑料品种	螺杆转速/(r/min)
PP	30~60	PC	20~40
HDPE	30~60	PA-6	20~50
HIPS	30~60		

3.2.11　注射吹塑过程中型坯的吹塑速率和吹塑压力应如何控制?

吹塑速率实质上指型坯的吹胀变形速率,但其大小取决于吹气孔大小,因为芯棒吹气孔直径对注入型坯的气体流量与注入的时间会有直接影响。在定压力与时间的条件下,孔径较大时,可在型坯内注入较多的气体;孔径较小时,通过增加压力即提高空气流速也可在型坯中注入较多的气体。在型坯膨胀阶段,要求吹气以低气流速率注入大流量的气体,以保证型坯能均匀、快速膨胀,这样既有利于获取壁厚均匀、表面光泽好的制品,同时也有利于缩短吹胀变形时间,以提高生产效率。

吹塑压力指吹胀成型时所用的压缩空气的压力,吹气压力一般为 0.2~1.0MPa,制品较大时可达 2MPa,如小型的 HDPE 瓶通常取 0.2~0.7MPa。型坯吹塑压力选择要适当,过低不能使型坯紧贴模腔,制品表面无法得到清晰的文字,还会降低型坯的冷却效率;压力过高则会吹破型坯。吹塑压力主要取决于塑料的特性,如塑料分子柔性及型坯熔体强度、熔体弹性、型坯温度、模具温度、型坯厚度、吹胀比及制品形状的大小。熔体的黏度较低、冷却速率较小的塑料,可采用较低的吹胀气压。在型坯温度或模具温度较低时要采用较高的吹胀气压,制品体积较大时,型坯吹胀需要较长时间,其温度的降低较大,故要求较高的吹胀气压。

3.2.12　注射吹塑工艺条件对制品收缩率有何影响?

(1) 注射压力与制品收缩率

注射压力是指注射吹塑机螺杆端面处作用于塑料熔料单位面积上的力,这里指的是注射时的充模压力。随着充模压力的提高,塑料制品的收缩率随之减小,因此采用高压注射时,充模压力增加,塑料原料的分子间受到的压缩程度增大,分子与分子之间的结合更紧密,进而使塑料制品收缩程度相应变小,因而制品收缩率减小。

如某企业注射吹塑塑料瓶,当充模压力由 50MPa 增大到 100MPa 时,塑料瓶体收缩率由 1.66% 降低到 1.62%。

(2) 保压压力及其时间与制品收缩

注射吹塑成型过程中的保压压力通常是指注射型坯模具内所产生的高压压力,它对塑料熔料的最终压实起着决定性作用,是决定制品收缩率大小的重要因素。一般随着保压压力的增加,制品径向收缩明显降低。保压时间加长,会引起塑料热膨胀系数减小,其热收缩率也随之减小。

如吹塑某一塑料瓶时,保压压力从 30MPa 增大到 80MPa 时,瓶体径向收缩率由 1.70% 降低到 1.50%。

(3) 注射速率与制品收缩率

注射速率是指充模时的线速度,从料温与传压的角度来看,提高料流的速率有利于压力的传导,使制品的收缩下降。但注射速率太大,摩擦生热大,同时制品的内应力增大,增加了原料的各向异性。另外,注射速率增加,由于塑料的弹性效应显著,收缩率又会增大,因此影响注射速率与收缩率关系的因素较多,它与注射吹塑机流道口注嘴大小、位置及模温和料温有密切关系。

如注吹某一塑料瓶时，当注射速率从 100mm/s 增至 200mm/时，瓶体的收缩率由 1.60% 增至 1.68% 。

（4）机筒温度与制品收缩率

机筒温度在其他工艺条件不变的情况下，料温越高，冷却至室温后的制品收缩就越大。当机筒温度由 180℃ 升至 220℃ 时，收缩率会明显增大。

（5）芯棒温度与制品收缩率

由于芯棒体直接接触制品，芯棒内部通有可循环的液体或空气，以调节型坯温度，因此，芯棒温度取值越高，脱模时制品的颈口温度相应越大。

如吹塑某一塑料瓶时，当芯棒温度由 80℃ 升至 120℃ 时，瓶体收缩率由 1.60% 增至 2.00%。

（6）吹塑模具温度与制品收缩率

吹塑模腔起着冷却瓶体的作用，模具的温度一般设定在 30～50℃，若模具温度高，制品的收缩率增大，这是因为由型坯模的熔料固化后向吹塑模转移时，较高的吹塑模温会使塑料结晶固化层的增长速度减慢，在此温度下，与环境温度的差别加大，引起制品热胀冷缩的作用相对增大，因此收缩率相应增大。

（7）吹塑压力及吹塑速度与制品收缩率

吹塑压力指吹塑成型瓶体所采用的压缩空气的压力。对于薄壁大容积的瓶体或表面带有花纹、商标图案、螺纹的瓶体以及黏度和弹性模量比较大的塑料原料，吹塑压力应选较大值，吹射速率也因此随之加快，这样既有利于使瓶体壁厚均匀，表面光泽性好，同时也有利于缩短吹胀时间，使制品的收缩减小。

（8）制品冷却时间与收缩率

注吹成型工艺过程中，随着制品冷却时间的延长，制品收缩率随之降低。冷却时间主要由塑料熔料的温度、注射速率、型坯模与吹塑模温度等因素决定的，它们之间的关系是：熔料温度高，冷却时间长；注射速率慢，冷却时间短；模具温度高，冷却时间长；保压压力高，冷却时间长。总之加长制品冷却时间，有利于制品收缩率的降低。

3.2.13 注射成型吹塑型坯时脱模剂应如何选择？使用脱模剂时应注意哪些问题？

（1）脱模剂的选择

注射成型用的脱模剂种类较多，目前常用的主要有：硬脂酸锌、液体石蜡（白油）、硅油、聚四氟乙烯类脱模剂等品种。其中硬脂酸锌应用较为普遍，除 PA 类塑料外，一般都可应用；液体石蜡作为 PA 类塑料的脱模剂效果比较好，不仅可以起到润滑的作用，同时还可以防止制品内部空隙的产生；硅油作为脱模剂使用的效果良好，而且作用效果保持时间长，但使用较为麻烦，通常需先配制成一定浓度的甲苯溶液，涂抹在模腔表面后，经加热干燥后方可，且价格昂贵，同时由于使用的甲苯有毒性，因此在应用上受到许多限制。聚四氟乙烯类脱模剂使用方便，效果较好，可用于大多数塑料。

（2）使用脱模剂时应注意的问题

在注射成型型坯时，脱模剂有助于产品顺利脱模，但脱模剂应慎用。在涂抹脱模剂之前，先应将模具表面擦拭干净，然后再将脱模剂均匀涂抹在模腔的表面。涂抹的脱模剂不能过多或出现厚薄不均的现象，否则使制品出现油纹、表面暗淡无光泽、熔接痕强度下降等。特别是对于透明制品要尽量避免脱模剂的使用，以免造成制品浑浊、透明度下降或出现斑纹等。

在使用脱模剂时还要注意脱模剂的使用温度。脂肪油类脱模剂的有效工作温度一般不宜超过 150℃；硅油和金属皂类脱模剂的使用温度一般为 150~250℃；聚四氟乙烯类脱模剂的使用温度可在—40~260℃，是高温条件下脱模效果最好的脱模剂。

3.2.14　注射吹塑时型坯为何难以吹胀成型？应如何解决？

(1) 产生原因

在注射吹塑过程中，出现型坯难以吹胀成型的原因主要有以下几种。

① 吹胀压力太低。型坯的吹胀是借助压缩空气对型坯施加压力而使闭合在模具内的热型坯吹胀并贴紧模腔壁，冷却后形成具有精确形状的制品。因此吹胀时必须要有足够的空气压力，使型坯去贴紧模腔壁而获得一定形状，特别是对于黏度比较大的物料，吹胀压力更应足够大。

② 型坯温度太低。当型坯温度太低时，熔料的黏度大，刚性大，在原有的吹胀压力下难以使其吹胀贴紧模腔内壁而获得应有的形状。

③ 芯棒温度太高。当芯棒温度太高时，型坯黏附在芯棒上，吹胀时的阻力大，因而难以使型坯吹胀成型。

④ 供气管线堵塞，造成空气压力低，难以吹胀成型。

⑤ 型坯模具温度太低，使型坯温度低，而造成熔料黏度大，刚性大，难以吹胀成型。

(2) 解决办法

① 适当提高吹胀压力，或清理压缩空气通道，使其保持畅通，保持气压的大小及稳定。

② 提高型坯温度，使熔体有合适的黏度，以利于吹胀成型。

③ 降低芯棒温度，使型坯与芯棒之间包覆力适当，同时使型坯有适宜的温度。

④ 提高型坯模具温度，降低型坯熔体的黏度，有利于吹胀成型。

3.2.15　注射吹塑过程中为何型坯出现局部过热？应如何解决？

(1) 产生原因

① 脱模装置对芯棒的局部冷却不够。

② 模具冷却不均匀，模具局部温度过高。

③ 型坯模具控温装置失灵，造成模具温度失去控制。

(2) 解决办法

① 调整脱模装置对芯棒的局部冷却，或增加芯棒冷却量。

② 降低型坯模具上相应部位的温度。

③ 检查型坯模具控温装置，并进行修复。

3.2.16　注射吹塑时引起型坯黏附在芯棒上，应如何解决？

注射吹塑时引起型坯黏附在芯棒上的原因有很多，因此其处理也要针对不同的原因采用相应的办法。

① 适当降低熔体温度。熔体温度太高时，型坯的温度相应高，很易引起型坯黏附芯。

② 适当降低芯棒温度。芯棒温度太高，型坯也很易黏附芯棒。

③ 在芯棒表面喷射脱模剂。物料本身的脱模性不好时，很易粘模。

④ 检查型坯模具控温装置，增加芯棒的内、外风冷量。型坯模具控温装置控制不当，内、外冷却风量不足时，易造成芯棒温度过高而粘模。

⑤ 增加注射时间。注射时间短会造成型坯的黏附。

⑥ 适当提高注射压力。注射压力低也造成型坯的黏附。

3.2.17 注射吹塑颈状容器内颈处畸变是何原因？应如何解决？

(1) 产生原因

① 吹塑模具的颈环损坏或表面有异物黏附。

② 吹胀压力太低，颈部吹胀成型困难，难以成型。

③ 注射压力太高，型坯产生了较大的应力，而出现变形。

④ 熔料温度或型坯温度太高，流动性太大，颈部难以定型。

⑤ 型坯模温太低，吹胀困难，难以贴附模具获得应有的形状。

(2) 解决办法

① 修整吹塑模具的颈部，清除模具异物。

② 提高吹胀压力。

③ 降低高压注射压力。

④ 降低料筒温度或降低机头温度。

⑤ 提高型坯模具温度。

3.2.18 注射吹塑制品出现凹陷，是何原因？应如何解决？

(1) 产生原因

① 吹胀时间短，型坯吹胀程度没达到要求。

② 吹塑模具温度太高，熔料温度高，难以定型。

③ 芯棒温度过高，使型坯温度太高，吹胀后难以定型。

④ 模具型腔设计不合理，制品强度难以保证。

(2) 解决办法

① 延长吹胀空气的作用时间。

② 加大的冷却量，降低芯棒的温度。

③ 检查模具控温装置，降低吹塑模具的温度。

④ 对吹塑模具型腔进行凹陷修整。

3.2.19 注射吹塑制品的透明性差，是何原因？应如何解决？

(1) 产生原因

① 模具温度太高，冷却速率太慢，物料的结晶程度提高，因而透明性下降。

② 吹气管道内不清洁，导致制品表面粘灰尘和污垢。

③ 型坯壁厚太大，超出壁厚透明的界线。通常，吹制透明型坯的壁厚范围限定在 4mm 以内，但型坯不透明的界限因树脂的黏度以及模具温度的差别而有所不同。树脂黏度高或模具温度高，容易得到透明的型坯。

④ 熔料的流动阻力太大。就型坯底部和浇口周围产生的白浊来说，浇口越细，流道越狭窄，产生的白浊层就越厚。

⑤ 注射时熔体温度低，导致型坯不透明。

⑥ 吹塑气体中水分含量太高。当压缩空气吹入容器内并绝热膨胀时，会产生大量的水蒸气，这些蒸汽一旦附着在容器的内壁上，容器内表面即呈现麻面状，失去透明性。

(2) 解决办法

① 加快冷却速率，增大制冷量。应过滤空气。

② 加大浇口和扩大流道,白浊的不透明层就逐渐变薄。因此,可提高物料温度和提高模具浇口的温度,以增大熔体的流动性。

③ 降低模具温度。

④ 由于冷料而产生的白浊不透明现象,主要发生在型坯底部,因此提高喷嘴或模具温度。

⑤ 在供气装置中设置除湿装置和滤油装置,除去气体中的水分和油分。

3.2.20 注射吹塑制品为何颈部龟裂?应如何解决?

(1) 产生原因

① 熔体温度偏低,塑化不良。

② 型坯模具颈圈段的温度低。

③ 芯棒温度偏高。

④ 吹塑模具颈圈段的温度低。

⑤ 芯棒尾部的凹槽过大。

⑥ 注射速度慢。

⑦ 脱模装置的安装不合适或脱模速度不合适。检查脱模装置的安装与速度。

(2) 解决办法

① 提高熔体温度。

② 提高型坯模具颈圈段的温度。

③ 加大芯棒的冷却量,降低芯棒的温度。

④ 提高吹塑模具颈圈段的温度。

⑤ 减小芯棒尾部的凹槽。

⑥ 提高注射速率。

3.2.21 注射吹塑容器为何肩部易变形?应如何解决?

(1) 产生原因

① 吹胀时的吹气压力低,型坯吹胀不够,没有贴紧模腔壁。

② 吹胀空气的作用时间短,型坯成型不够。

③ 吹塑模具分模面上的排气不好,使型坯难以贴附模腔壁。

④ 型坯模具温度低,使型坯温度低,难以吹胀成型。

⑤ 脱模不畅,使容器肩部受力过大而发生变形。

(2) 解决办法

① 提高吹胀空气的压力,保证型坯吹胀后贴紧模腔壁。

② 延长吹气压力的作用时间,使容器定型。

③ 加强吹塑模具的排气,清理吹塑模具分模面上的排气槽。

④ 提高型坯模具温度。

⑤ 调整或更换脱模装置。

3.3 注射吹塑中空制品实例疑难解答

3.3.1 注射吹塑 PE 医用药瓶的成型工艺应如何控制?

对于聚乙烯药瓶的质量有严格的要求,我国行业标准 YY0057《固体药用聚烯烃塑料瓶》对 PE 药瓶尺寸、卫生性、气密性等各项规都有严格的规定。因此在生产 PE 药瓶时在原料选用与控制上必须符合标准规定。

PE 药瓶一般为乳白色，有较好的光泽性，着色均匀，无明显颜色条纹或色差；瓶表面平整、光洁，无明显擦痕；瓶口平整，螺纹清晰，与瓶盖配合松紧适宜。瓶应不产生异常毒性，密封性好，不泄漏、水蒸气渗透性小于 100mg/(24h·L)。

(1) 原料选择

注射吹塑成型 PE 药瓶一般选用低压聚乙烯，其刚性、韧性好，加工性能好，耐应力开裂性好，密度为 0.947~0.967g/cm³，熔体流动速率为 0.01~1.00g/10min。颜料采用乳白母料，钛白粉含量大于 75%。

(2) 工艺流程

(3) 设备及模具

采用三工位注射吹塑成型机，其主要技术参数为：注射工位，一次注射量 125g，锁模力 500kN；吹塑工位，锁模力 66kN；型坯模具为无流道模具。

(4) 工艺参数控制

注射型坯的机筒温度：加料段为 220~235℃；压缩段为 230~240℃；计量段为 235~250℃；注射机喷嘴温度为 240~250℃。

型坯模具温度：瓶口部位为 75~100℃；瓶身部位为 100~110℃；瓶底部位为 50~100℃。

型坯吹胀比为 (1.6~2.0)：1；吹塑模具温度为 10~30℃；型坯模注射压力为 (20~22)×10⁵Pa；型坯吹胀用压缩空气压力为 0.8~1.0MPa。瓶表面处理方法：火焰与表面距离为 12~13mm，瓶能自动翻转 90°。

3.3.2 注射吹塑成型聚碳酸酯圆筒的工艺应如何控制？

聚碳酸酯（PC）的吹塑方法较为普遍的一般有两种：一种是挤出吹塑成型；另一种是注射吹塑成型。聚碳酸酯（PC）注射吹塑成型的工艺如下。

(1) 工艺流程

将干燥后的 PC 加入注射吹塑机料斗，塑料经熔融塑化后，注入型坯模具，制成有底型坯，再把型坯趁热移到吹塑模具中进行吹胀、冷却、脱模，即可得到中空制品。其工艺流程为：

(2) 设备及模具

原料干燥装置一般可选用空气循环去湿热风干燥装置、强制对流恒温烘箱等设备，对PC 树脂进行干燥。

注射吹塑成型机采用普通三段式螺杆，长径比＞15：1，螺杆计量段的螺槽不宜过浅，否则会产生剧烈的剪切，使机筒温度难以控制。

(3) 工艺控制

PC 是一种吸湿性塑料，在成型前需要进行干燥处理，使其含水量＜0.01%。否则会产生气泡、银纹等不良现象。干燥工艺条件：温度为 120℃；时间为 4~5h。

当 PC 注射吹塑成型（有底型坯）时，型芯及模腔温度极为重要。温度过低，型坯难以吹胀起来；温度过高，脱模困难，模内熔体温度控制在 160~170 之间为宜。

PC 有底型坯和型芯一起从模腔中脱开的离模性及型坯与型芯脱开的离模性都很重要，

它们将直接影响制品的质量,而离模性与成型过程的工艺参数控制有关。注射吹塑聚碳酸酯圆筒工艺参数控制见表3-8。

表 3-8 注射吹塑聚碳酸酯圆筒工艺参数控制

项目	工艺条件	项目	工艺条件
料筒温度/℃	280~290	模腔温度/℃	145~170
注射压力/MPa	98~125	型芯温度/℃	140~170
保压压力/MPa	98~105	吹气压力/MPa	0.88
背压/MPa	1.37~1.47	成型周期/s	11~15

3.3.3 HIPS/BS 饮料瓶的注射吹塑成型工艺应如何控制?

采用 HIPS(高抗冲聚苯乙烯)与 BS(苯乙烯-丁二烯嵌段共聚物)以一定比例的共混,经注射吹塑成型,可制得光泽度极好的制品。一般共混比例可采用 HIPS:BS 为 70:30。

(1) 工艺流程

(2) 工艺控制

由于苯乙烯-丁二烯嵌段共聚物的热稳定性较差,因此成型时必须严格控制好温度,同时还应防止树脂在料筒内的滞留。

型坯注射机筒加料段温度为 165~175℃;熔融段为 225~235℃;均化段为 225~235℃。喷嘴温度为 225~235℃;热流道温度为 210~215℃。型坯模具温度为 78~80℃。

注射压力为 13.7~14.0/MPa;保压压力为 4.9~5.0MPa;背压为 0.98MPa;螺杆转速为 80r/min。

注射时间为 0.6~0.8s;保压时间为 0.6~0.8s;冷却时间为 1.5~2.0s。

吹气压力为 0.78MPa;吹气时间为 0.5s。

3.3.4 PET 瓶注射吹塑成型工艺应如何控制?

热塑性聚酯瓶(PET)注射吹塑成型用于吹塑 PET 的原料为饱和线型热塑性聚酯,吹塑级 PET 的黏度为 70~80mL/g,主要用于吹塑小容积的瓶体。

PET 属于吸湿性聚合物,原料必须经过去湿干燥,干燥温度一般为 150~163℃,时间为 5h,停机时的干燥温度应降到 120℃左右,使含湿量为 0.05% 左右,保温后用于成型。PET 的粒子干燥程度对成型性能影响极大,应避免干燥的 PET 原料与外界空气接触,因为 PET 会快速地吸收空气中的湿气。

注射型坯时机筒温度控制为:加料段温度为 265~275℃,熔融段温度为 280~290℃,均化段温度为 260~255℃。

注射压力为 60~100MPa。保压压力一般取注射压力的 80% 左右,保压时间不宜太长。因 PET 的结晶速率快,需要有较高的注射速率。

注吹型坯温度:为保证型坯的透明性,当熔体充入型坯模具后要快速冷却到 145℃,要比其玻璃化温度(82℃)高些,越接近玻璃化温度,吹塑的瓶体透明度就越高。

芯棒温度:为保证芯棒有较一致的温度分布,芯棒应分段取值,即头部为 45~55℃,中部为 40~50℃,尾部为 25~35℃。在型坯注射工位,由于熔体温度高,芯棒温度应处于上述范围的上限,芯棒至脱模工位时的温度因内冷而降至上述范围的下限。

吹塑模具温度:吹塑模靠冷却水冷却,其水温在 5~10℃。而吹塑模温应控制在 10~35℃。

吹胀气压:瓶体吹气压力约为 11.2MPa。

3.3.5　注射吹塑聚丙烯瓶的工艺应如何控制?

注射吹塑聚丙烯瓶应选择吹塑级聚丙烯,其熔体流动速率(在230℃、2.16kg条件下)一般为0.5~3.0g/10min。

注射型坯时机筒温度控制:加料段温度为200~240℃,熔融段温度为170~220℃,均化段温度为160~190℃。

注射压力:聚丙烯熔料的流动性较好,一般选取为60~80MPa。背压高会抑制螺杆后退的速度,背压一般取0.5~1MPa为宜。

保压压力:当PP熔料注射到型坯模内近95%时,注射压力应转换为保压压力,而保压压力取注射压力的80%左右。

螺杆转速与背压:PP的热稳定性好,提高螺杆转速能迅速完成预塑,螺杆转速一般为60~100r/min。

吹塑模温度:因PP结晶度大,即分子排列成规整而紧密结构,分子间作用力强,反映在容器上拉伸强度大,刚性高,光泽度好,耐热性提高,柔软性、透明性能差。因而吹模温度在30~60℃范围内取值。

瓶体的吹气压力为0.5~0.8MPa。

3.3.6　注射吹塑聚碳酸酯瓶的工艺应如何控制?

注射吹塑聚碳酸酯(PC)瓶最好采用普通三段式螺杆,长径比最小取15∶1,加料段、压缩段计量段的长度之比取3∶1∶1,当 D 小于80mm时,螺距取1D;当螺杆直径 D 大于80mm时,螺距取0.9D。

PC是一种吸湿性聚合物,在高温下,即使存在微量水分对成型瓶体也有影响,因此塑料粒子在成型前必须充分干燥,使水分含量降到0.015%~0.02%。

干燥条件一般为110~120℃、8~12h,料斗应预热到110℃左右保温,以免干燥的塑料粒子急速冷却重吸湿。

PC熔料的熔融黏度对温度的变化十分敏感,提高机筒温度时黏度有明显下降,一般成型过程中,机筒温度的控制都采用前高后低的方式。通常机筒加料段温度控制为240~260℃,熔融段为260~280℃,均化段为220~230℃。注意机筒温度不能超过310℃,否则会引起PC降解。

型坯温度一般为260~280℃,吹塑模温在65~80℃,注射时需高压注射,一般为98~125MPa。注射速率不能太快,否则易出现熔体破裂现象。

吹塑压力一般为0.4~1.0MPa。

3.3.7　注射吹塑聚氯乙烯瓶的工艺应如何控制?

聚氯乙烯(PVC)属于热稳定性差的材料,塑料加工温度与材料分解温度很接近,必须严格控制机筒温度,并尽可能用偏低的成型温度。同时还要尽量缩短成型周期,减少熔料在料筒内的停留时间。注射吹塑成型设备应采用温控精度高的螺杆柱塞式注射装置。

机筒温度控制:加料段为160~170℃,熔融段为160~165℃,均化段为140~150℃。

注射压力:PVC流动性很差,充模困难,宜用低温高压的注射方法。注射压力一般取90MPa。注射速率选取不宜太快,以免熔料流经流道、浇口时剧烈摩擦,使熔料温度上升,瓶体发生缩瘪。

螺杆转速:一般取20~40r/min,过快会摩擦生热,料温升高,发生塑料降解。背压一般在 0.5～1.5MPa。

吹塑模温：为缩短成型周期和防止容器脱模后变形，吹塑模温应取低些，一般为 30～45℃。

吹塑压力为 0.8～1MPa。

3.3.8 聚苯乙烯瓶注射吹塑成型的工艺应如何控制？

聚苯乙烯（PS）是非结晶性塑料且具有较高的透明度。PS 塑料成型温度范围大，热稳定性好，加热后冷却固化速率快，熔体黏度适中，易成型。在能流动并充满型腔的前提下，料筒温度低一些好。

通常前料筒在 200℃左右，注嘴和后料筒温度比前料筒温度低 40℃左右。

注射压力为 70～130MPa。当熔料注满型坯模腔的 95％左右时，注射压力切换为保压压力，保压压力取注射压力的 80％左右。注射速率可取高些，注射速率太低，瓶体熔结线变明显。

螺杆转速：预塑时间不能大于冷却时间，提高螺杆转速可以缩短预塑时间，通常螺杆转速随熔料塑化状况由慢到快逐步调整，转速在 70r/min 左右。

吹塑模温度为 40～45℃，吹胀气压取 0.3～0.7MPa。

第4章

拉伸吹塑中空成型实例疑难解答

4.1 拉伸吹塑中空成型工艺实例疑难解答

4.1.1 什么是拉伸吹塑中空成型？

拉伸吹塑中空成型是一种生产中空塑料容器的工艺方法，这种方法是通过挤出或注射成型型坯，然后再对型坯进行调温处理，使其达到适合拉伸的温度，经内部（拉伸芯棒）或外部（拉伸夹具）机械力的作用，进行纵向拉伸，再经压缩空气吹胀进行径向拉伸而制得具有纵向与径向高强度的中空容器的方法。由于塑料实现的纵向与径向的拉伸取向，所以该法又称为双轴取向吹塑中空成型。

4.1.2 拉伸吹塑中空成型与普通非拉伸吹塑中空成型有什么区别？

拉伸吹塑中空成型与普通非拉伸中空吹塑成型的主要区别在于拉伸吹塑除了赋予中空制品一定的形状外，还能使其大分子处于取向状态，从而很大程度上提高了塑料的力学性能。经过双向拉伸取向的制品其抗冲击强度、透明性、表面粗糙度、刚性及阻隔性等都有明显提高。同时通过拉伸制品壁厚变薄，可节约原料，降低成本。

4.1.3 拉伸吹塑中空成型工艺有哪些类型？

拉伸吹塑中空成型根据型坯成型方法不同，可分为挤出拉伸吹塑与注射拉伸吹塑。前者型坯采用挤出法生产，简称挤-拉-吹工艺；后者型坯采用注射法生产，简称注-拉-吹工艺。

根据型坯生产与拉伸吹塑是否连续还可分为一步法工艺与两步法工艺。一步法工艺是型坯生产与拉伸吹塑在一台设备中连续完成，显然一步法使用的是热型坯，所以又称热型坯法。热型坯法的设备可以是挤出机与拉伸吹塑机或注射机与拉伸吹塑机的组合。两步法是先挤出或注射成型型坯，经冷却后即可得到型坯半成品。进行吹塑时成型时，再将冷型坯加热至一定温度，然后进行拉伸、吹塑，所以有时又称为冷型坯法。拉伸吹塑中空成型具体分类如图4-1所示。

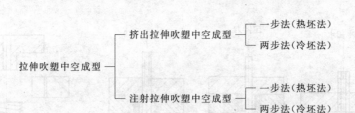

图 4-1　拉伸吹塑中空成型具体分类

4.1.4　拉伸吹塑中空成型工艺有哪些步骤?

拉伸吹塑中空成型工艺中,挤出拉伸吹塑与注射拉伸吹塑只是型坯成型的方法有所不同,但其过程都基本相似,主要有以下五步。

① 按生型坯生产工艺要求对塑料原料进行塑化,并通过注射或挤出加工得到型坯。

② 对型坯进行调温处理,使其达到适合拉伸的温度,根据采用的是一步法还是两步法工艺不同,达到拉伸温度的方法也不一样,一步法是直接从高于拉伸温度的状态冷却到拉伸温度,两步法则是生产的型坯已经冷却,需要再次加热升温到合适的拉伸温度以便进行拉伸操作。

③ 采用机械方法对已经加热的型坯进行纵向拉伸。

④ 用压缩空气对已经纵向拉伸的型坯进行径向吹胀。

⑤ 将成型的中空制品冷却到室温脱模及对塑件进行后处理。

4.1.5　拉伸吹塑中空成型的一步法与两步法工艺各有何特点?

拉伸吹塑中空成型一步法的生产生产连续,塑料没有经受二次加热,有利于保持塑料不分解,对加工热敏性塑料如聚氯乙烯有利,能耗相对小,产品表面缺陷较少。设备投资成本少,占地面积小,自动化程度较高,对生产形状相同而容量不同的中空制品更换模具相对简单。但在成型过程中,型坯的成型与吹塑成型工艺必须相互匹配,制品壁相对较厚,对操作工的技术水平要求较高,需要同时懂得成型技术与吹塑技术。此方法主要适宜小批量的生产。

拉伸吹塑中空成型两步法的特点是产品的壁厚一般较薄,从而降低制品成本,设备操作与维护简单,产量大。由于是两步生产,可分别优化型坯的成型工艺与拉伸吹塑成型工艺,适合大批量的生产。但设备较贵,制品表面容易产生缺陷。由于型坯需要进行再加热,会限制某些形状的中空塑件的成型,如椭圆形的瓶成型困难。

4.1.6　注射拉伸吹塑中空成型工艺过程如何?

注射拉伸吹塑中空成型是将注射成型的有底型坯置于吹塑模内,先用拉伸杆进行纵向拉伸后再通入压缩空气吹胀成型的加工方法。与注射吹塑成型相比,注射拉伸吹塑成型在吹塑成型工位增加了拉伸工序,塑件的透明度、抗冲击强度、表面硬度、刚度和气体阻隔性能都有较大提高。

注射拉伸吹塑中空成型工艺分为一步法与两步法。一步法称为热坯法,其工艺过程如图4-2所示。首先在注射工位注射一个空心有底的型坯,接着将型坯迅速移到拉伸和吹塑工位,进行拉伸和吹塑成型,最后经保压、冷却后开模取出塑件。这种成型方法省去了冷型坯的再加热,节省了能源,同时由于型坯的制取和拉伸吹塑在同一台设备上进行,因而占地面积小,易于连续生产,自动化程度高。

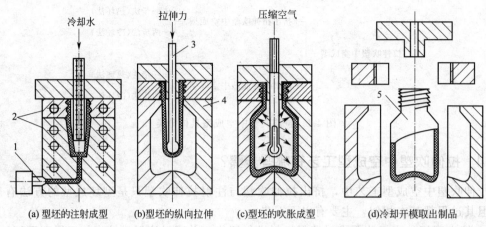

图 4-2　一步法注射拉伸吹塑中空成型工艺过程

1—注射机喷嘴；2—冷却水孔；3—延伸棒；4—吹塑模具；5—拉伸吹塑瓶

两步法又称为冷坯法，其工艺过程如图 4-3 所示。该工艺是将整个生产过程分为两步，先采用注射法生产可用于拉伸吹塑成型的型坯，再将型坯加热到合适的温度后将其置于吹塑模中进行拉伸吹塑的成型方法。成型过程中，型坯的注射和中空塑件的拉伸吹塑成型分别在不同的设备上进行，为了补偿型坯冷却散发的热量，需要进行二次加热。这种方法的主要特点是设备结构相对比较简单。

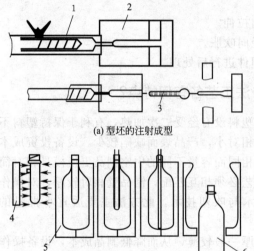

图 4-3　两步法注射拉伸吹塑中空成型工艺过程

1—注射成型；2—型坯模具；
3—型坯；4—型坯加热装置；
5—拉伸吹塑装置；6—中空塑件

4.1.7　一步法注射拉伸中空吹塑中三工位成型工艺过程如何？

一步法三工位注射拉伸中空吹塑工艺过程主要分为三个工序。

(1) 注射管状型坯

显然，瓶坯注射成型、瓶坯拉伸吹塑成型及脱模等工序在同一设备上按顺序依次完成。型坯的注射成型是在注射机里将塑料原料熔融，注射成型得到有底的管状型坯。

(2) 型坯拉伸吹胀成型

型坯拉伸吹塑是将型坯转到吹塑模具内，采用直接调温法，将型坯各部位的温度调节和控制在适合吹塑的温度范围内，然后进行纵向拉伸与径向吹胀。

(3) 冷却脱模

经拉伸吹胀的制品，冷却定型后转到脱模工位；最后是打开模具颈环，脱模得到制品。一步法中三工位注射拉伸中空吹塑瓶的工艺过程如图 4-4 所示。

4.1.8　一步法注射拉伸中空吹塑中四工位成型工艺过程如何？

一步法注射拉伸吹塑中四工位的成型工艺过程一般可分为四步，即型坯注射成型、型坯

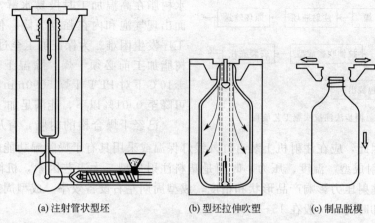

(a) 注射管状型坯　　　　(b) 型坯拉伸吹塑　　　　(c) 制品脱模

图 4-4　一步法中三工位注射拉伸中空吹塑瓶的工艺过程

加热调温、型坯拉伸吹胀和制件脱模，其工艺过程如图 4-5 所示。

(1) 型坯注射成型

　　型坯注射成型是将塑料原料加入注射机料斗，原料在料筒内熔融塑化后经过注射喷嘴注射进入型坯模具，冷却定型得到有底的管状型坯，如图 4-5(a) 所示。

(2) 型坯加热调温

　　型坯芯棒抽出后，型坯由颈部模环夹持，转动 90° 至加热工位，对型坯进行温度调节与控制，型坯的加热是从内外壁分段进行的，以便型坯在拉伸吹塑时能通过温度局部地调节相关部位的制品壁的厚度，如图 4-5(b) 所示。

(3) 型坯拉伸吹胀

　　经调温的型坯，转动 90° 至吹塑模具内，型坯经纵向机械拉伸的同时，还被压缩空气吹胀成型，如图 4-5(c) 所示。

(4) 制件脱模

　　模颈环夹持制品，转动 90° 至脱模工位，打开模颈环，取出制品，如图 4-5(d) 所示。

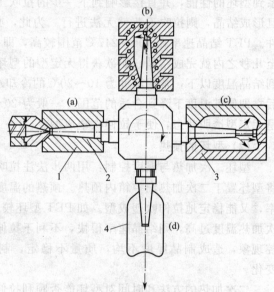

图 4-5　一步法四工位注射拉伸吹塑工艺过程
1—型坯模具；2—型坯；3—拉伸吹塑模具；4—制件
(a) 型坯注射成型；(b) 型坯加热调温；
(c) 型坯拉伸吹胀；(d) 制件脱模

4.1.9　两步法注射拉伸吹塑成型工艺过程如何？

　　两步法注射拉伸吹塑成型工艺过程分为两步，即型坯的注射成型与型坯的拉伸吹塑成型。如国产化两步法注-拉-吹设备整套生产线主要由瓶坯注射成型机、型坯二次加热温控装置、拉伸吹塑成型机以及相应的型坯注射成型模具、制品吹塑成型模具组成，此外还包括树脂干燥装置、注射模冷却装置以及制品和底托粘压装置等组成。其结构比较简单、经济实用、产量适中、操作容易、维修方便。具体工艺流程如图 4-6 所示。

(1) 型坯的注射成型

　　① 树脂干燥　对于吸湿性树脂，成型前必须干燥。如 PET 树脂有一定的吸水性，且含

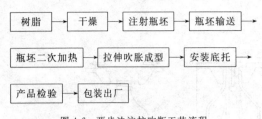

图 4-6　两步法注拉吹瓶工艺流程

水树脂在高温加工时极易水解，导致型坯表面出现气泡和内在强度下降，使下一道拉吹工序发生困难。为保证加工全过程顺利进行，树脂加工前必须干燥。除湿干燥机在 150℃±10℃下对 PET 干燥 5090min，树脂含水量可降至 0.01％以下，能满足加工工艺要求。

已经干燥合格的树脂，有从空气中重新吸湿的倾向，因此，应在注射机上装有红外线灯保温或采用具有干燥除湿功能的料斗。

② 型坯注射成型　温度、压力、时间是塑料注射成型三大工艺因素，机筒温度决定树脂塑化温度，注射压力影响产品形状和精度，成型周期左右设备效率。成型周期包括注射保压以及预塑冷却时间，一般在 15～20s。

如 PET 树脂为结晶性聚合物，具有明显的熔点，通常在 225～265℃范围，其分解温度在 290℃以上，显然，合适的注射机料筒和喷嘴温度宜设定在 260～290℃之间。模具温度关系到型坯的性能，并直接影响到下一步的拉吹工艺。由于 PET 是结晶性聚合物，如型坯一旦形成结晶，则拉吹工艺就无法进行。为此，必须使注射成型的型坯形成无定形的透明制件。PET 结晶速率在 100～247℃范围较高，即 PET 在这个温区内结晶很快，一般在几分甚至几秒之内就完成结晶。如欲获得无定型的型坯，应使 PET 熔体迅速瞬间从熔融温度下降到结晶温度以下，常用温度为 10～20℃的冷却水冷却并控制模温，以使 PET 熔体注入模具后立即使其温度下降到合适的范围，一般为 20～50℃。此时 PET 型坯的结晶度在 3％以下，呈无定型透明状态，便于拉伸吹塑成型。

(2) 型坯的预热

型坯二次加热与温度控制：用两步法注拉吹成型时，在注射型坯进行拉伸吹塑之前，需将型坯置于二次加热温控箱内预热。预热的温度应保证拉伸吹塑时，既能保持一定的结晶速率，又能稳定地拉伸吹塑成型。如 PET 型坯较合适的预热温度是在 100～110℃范围。如二次加热温度过高，则结晶速率很快，不利于拉伸和吹胀，如二次加热温度过低，又会出现冷控现象，造成制品厚度不均，质量不稳定，制品使用时若环境温度变化，收缩率会相应变化。

二次加热的方法和时间对型坯能否顺利拉伸吹塑有较大影响。型坯预热时在尽可能短的时间内将瓶坯均匀地加热到预定温度。一般采用红外线加热效果较好。因红外线加热时，它的辐射穿透性较强，使型坯的内部和外表接近同时升温，因而加热时间短，为 18～25min，且型坯温度均匀，加热能耗也低。

(3) 型坯拉伸吹塑成型

影响型坯拉伸吹塑的工艺因素众多，但主要是拉伸速率、拉伸长度、鼓气速率和吹塑空气压力，即型坯的拉伸比是决定制品成型与制品的质量。

一般快速拉伸和拉伸比大时，则制品的强度高、气密性好，但操作较难，制品容易拉断或出现裂痕；缓慢拉伸，制品达不到所需拉伸比，产品无法成型或强度、质量下降。一般拉伸比为 2.0～3.0，吹塑空气压力在 0.8MPa 左右。

拉伸吹塑时，吹塑成型用模具不需另行加热，因为型坯二次加热后传送到吹塑成型模具内的时间仅 2～3s，温度下降极少，型坯仍足以拉伸和吹胀，也能达到高速吹塑成型的要求。但必须指出，吹塑成型的压缩空气，必须干燥净化，去除油和水分，以保证瓶子内部清洁干净。

4.1.10 挤出拉伸吹塑中空成型工艺过程如何?

挤出拉伸吹塑是采用挤出法生产出管状型坯，再进行双向拉伸吹塑成型。挤出拉伸吹塑与注射拉伸吹塑类似，也可分为一步法与两步法挤出拉伸吹塑中空成型工艺。

一步法挤出拉伸吹塑中空成型工艺过程分为管坯的挤出、管坯温度调整、拉伸吹塑、制件脱模四步，其工艺过程如图 4-7 所示。

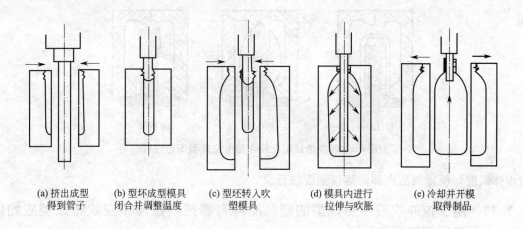

(a) 挤出成型　　(b) 型坯成型模具　　(c) 型坯转入吹　　(d) 模具内进行　　(e) 冷却并开模
　得到管子　　　　闭合并调整温度　　塑模具　　　　拉伸与吹胀　　　取得制品

图 4-7　一步法挤出拉伸吹塑中空成型工艺过程

(1) 管坯的挤出

将热塑性塑料加入挤出机料斗中，塑料在挤出机料筒内进行熔融塑化与输送，通过挤出机头得到管坯，当管坯达到预定长度时，塑模具转至机头下方，截取管坯，如图 4-7(a) 所示。

(2) 管坯温度调整

将挤出的管坯在模具中进行温度调整，使其温度达到适合拉伸的温度，如图 4-7(b) 所示。

(3) 拉伸吹塑

将温度调整好的管坯送入拉伸吹塑模具内，进行拉伸与吹胀操作，一般用进气杆对型坯进行纵向拉伸，与此同时，压缩空气进入型坯，进行径向拉伸，即吹胀过程，如图 4-7(c)、(d) 所示。

(4) 制件脱模

将拉伸吹塑成型好的中空塑件进行冷却，开模取出塑件，如图 4-7(e) 所示。

两步法挤出拉伸吹塑又称冷管拉伸吹塑，两步法挤出拉伸吹塑中空成型工艺过程如图 4-8 所示。它是将热塑性塑料加入挤出机，经熔融塑化后挤出规定直径的管子，将冷却定型的管子按规定长度进行切割。拉伸吹塑时，夹持管子于加热装置中加热，如图 4-8(a) 所示；经加热调温后的管子在管坯内，一端压缩成型口颈螺纹，如图 4-8(b) 所示；另一端被封闭为管坯底部，如图 4-8(c) 所示；然后管坯及吹气杆被转到吹塑模具内；管坯在吹塑模具内，先被吹气杆进行纵向拉伸，如图 4-8(d) 所示，同时注入压缩空气，径向吹胀管坯成容器，如图 4-8(e) 所示；最后冷却定型得到中空塑件，如图 4-8(f) 所示。

两步法拉伸吹塑制品的底部是管子在加热温度下封接，其加热温度低于直接挤出的型坯

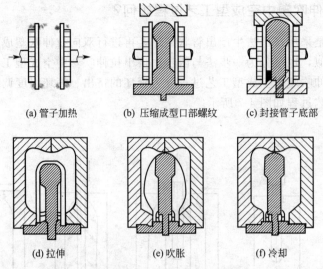

(a) 管子加热　　(b) 压缩成型口部螺纹　　(c) 封接管子底部

(d) 拉伸　　(e) 吹胀　　(f) 冷却

图 4-8　两步法挤出拉伸吹塑中空成型工艺过程

的熔体温度，所以制品底部的熔接强度较低。

4.1.11　用于拉伸吹塑中空成型的塑料品种有哪些？拉伸中空吹塑成型应如何选用塑料品种？

(1) 拉伸吹塑中空成型的塑料品种

拉伸吹塑中空制品要求具有较高的拉伸强度、冲击强度、刚性、透明度和光泽度，对氧气、二氧化碳和水蒸气的阻隔性。所以目前工业上用于拉伸吹塑中空制品生产的塑料原料主要有聚对苯二甲酸乙二酯（PET）、聚氯乙烯（PVC）、聚丙烯（PP）、聚碳酸酯（PC）、聚萘二甲酸乙二酯（PEN）等。PET 主要用于充气饮料的包装；食品级 PVC 可用于食品、食用油、果汁等的包装；PP 拉伸吹塑瓶可进行热灌装，其发展速度较快。

(2) 塑料的选用

一般来说，应根据客户对中空制品使用性能要求来选择树脂，再考虑其加工性及价格。总体要求是价格合适，拉伸中空吹塑加工性良好，如拉伸增稠的树脂比较好加工，加工时制品壁厚较均匀。目前可以根据成型加工工艺来进行塑料品种的选择，一步法挤出拉伸吹塑中空成型主要选用 PVC、PET、PEN 等，两步法挤出拉伸中空成型主要选 PP、PVC 等；一步法注射拉伸吹塑成型主要选 PVC、PET、PC、PS、PA、PP 等，两步法注射拉伸吹塑中空成型主要选 PET、PVC、PP 等。值得注意的是，随着共混技术的发展，已经出现的共混物料进行拉伸吹塑成型的生产，不仅能充分发挥各种树脂的性能特点，提高制品的各项性能，同时也对其拉伸吹塑加工性产生一定的影响。

如选用 PVC 进行拉伸吹塑中空成型，一般选用悬浮法生产的 K 值为 $57\sim60$ 的 PVC；PP 一般选用熔体流动速率为 $10\sim12g/10min$ 的树脂；吹塑级的 PET，分子量为 $23000\sim30000$ 的树脂，其特性黏度为 $0.7\sim1.4dL/g$，注射拉伸吹塑成型常选用低黏度树脂。

塑料品种选用基本原则如下。

① 低熔体流动速率有利于防止管坯下垂，但不宜过低，否则易发生不稳定流动。

② 分子量分布宽有利于制得高质量管坯。

③ 拉伸黏度随拉伸应力增加而增大的物料有利于吹塑成型。

4.1.12　拉伸吹塑中空成型过程中影响制品性能的因素主要有哪些？拉伸吹塑成型过程中应如何控制型坯的质量？

(1) 影响制品性能的因素

拉伸吹塑中空成型过程中影响制品性能的因素主要有塑料原料本身的性质、成型设备及成型工艺条件（拉伸温度、拉伸速率、拉伸比等）等，其各影响因素与制品性能的关系如图4-9所示。

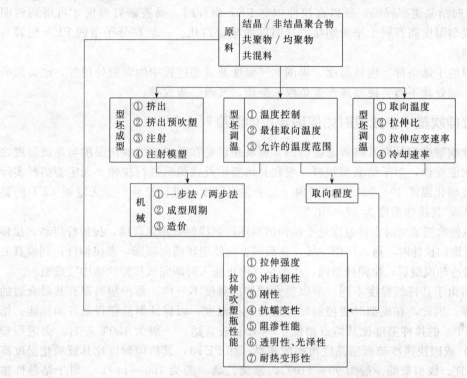

图 4-9　拉伸吹塑中各影响因素与制品性能的关系

在拉伸吹塑成型过程中，对物料的温度及拉伸速率的控制极其重要；对于非结晶的热塑性塑料，拉伸应在其弹性范围内进行；对于结晶的热塑性塑料，拉伸过程就在低于结晶熔点的狭窄温度范围内进行。在拉伸过程中，还需要保持一定的拉伸速率，使其在吹塑加工前，聚合物分子链的拉伸取向不至于松弛。

从技术角度而言，拉伸吹塑还必须考虑聚合物晶体的晶核生长速率。当晶体尚未形成时，即使达到了拉伸温度，对型坯进行拉伸也将没有意义。因此，在生产过程中有时加入成核剂来提高成核速率，所以，在生产中对温度应进行分段控制。

(2) 型坯的质量的控制

在拉伸吹塑中空制品的生产中，要制得合格的制品，首先要制得合格的拉伸吹塑型坯。合理选择并控制原料混合工艺和挤出机各段加工温度与螺杆转速，是保证型坯成型的首要条件。

在挤出拉伸吹塑时，控制好型坯的温度包括型坯的温度分布要均匀，同时也要控制好预吹型坯的冷却条件。一步法中在预吹胀型坯时，型坯外壁与模腔接触，冷却得较快；型坯的内壁与吹胀用的压缩空气接触，所传递的热量较少，这样，型坯内外的温差需要经过一定时间调整，才能趋于均匀一致的温度分布。型坯的温度调节时间，随型坯壁厚的增加而延长。

为了不至于使成型周期过长，也可采用如下方法：在设计时，控制好型坯的壁厚，在型坯拉伸吹塑之前，增加加热及调温工位。

型坯的温度会影响制品的壁厚，在型坯壁厚的部位，由于预吹胀时冷却较慢，在拉伸吹塑时，这样的部位较易拉伸，成为制品较薄的部位；相反，型坯壁较薄的部位是对应于制品壁较厚的部位。为了得到优良的中空制品，无论采用哪些方法获得型坯，对型坯的要求都是透明度高、均质、内部无应力、外观无缺陷。

如 PET 虽为结晶塑料原料，但结晶速率小，在 130～220℃的范围内其结晶速率较快，而低于 130℃时结晶速率较慢，所以在拉伸中空 PET 制件时，要控制好温度才可得到透明型坯。一般成型温度高有利于增加制品的透明度而减少白化。一般高分子量的 PET 较容易得到透明的型坯。

另外塑料的干燥条件、模具温度、周围空气温度及成型过程中的颗粒处理等，也会影响型坯的性能，如处理不当会使型坯产生鱼眼、杂质、气泡、皱纹等。

4.1.13 拉伸吹塑中空成型时如何确定拉伸温度？

塑料拉伸吹塑成型是在其高弹态进行的，也就是说是在塑料的玻璃化温度与黏流温度之间进行拉伸吹胀操作，对于结晶型塑料一般在其熔点附近或稍低进行拉伸。无定型塑料实际控制在高于玻璃化温度 10～40℃的范围内（低于黏流温度）进行拉伸。如无定型 PET 的黏流温度为 67℃，其拉伸温度为 77～107℃。

型坯在拉伸吹塑成型时，将温度适于拉伸的型坯送到拉伸吹塑区合模，拉伸杆启动，拉伸杆沿轴向进行纵向拉伸时，通入压缩空气，在圆周方向使型坯横向膨胀，当拉伸杆达到模具底部，型坯吹胀冷却成型后，拉伸杆退回，压缩空气停止通入时即完成拉伸吹塑中空成型。

不同塑料由于其特征温度不同，所以适合拉伸的温度不一样。每种塑料都有其最合适的拉伸温度范围。因此，在成型时要控制好型坯的拉伸温度，以保证制品获得最好的性能。结晶塑料（如 PP）的拉伸温度比其熔点稍低 15～40℃较合适。一般为 150℃左右。无定型塑料（如 PVC）或因快速冷却而结晶度很小的塑料（如 PET），其拉伸温度比其玻璃化温度高10～140℃为宜。线型聚酯一般为 90～110℃，聚氯乙烯一般为 100～140℃。对于结晶性塑料（如 PP），拉伸过程中还要考虑晶核的形成与球晶生长的速率。若没有形成晶体，即使在最佳的拉伸温度下，拉伸型坯也没有意义。加入成核剂可提高晶核的生成速率，从而提高整个结晶速率。

拉伸温度过高，取向不充分；拉伸温度过低，会导致拉伸困难。一般来说，拉伸温度低，可取得较好的取向效果，但容器的耐热性也较低，容器受热体积收缩较大。常见拉伸吹塑中空成型塑料拉伸温度范围见表 4-1。

表 4-1 常见拉伸吹塑中空成型塑料拉伸温度范围

塑料	最佳拉伸温度/℃	塑料	最佳拉伸温度/℃
PET	85～105	PC	116～130
PVC	90～110	PS	140～160
PP	127～150	PAN	120

4.1.14 拉伸吹塑中空成型时的拉伸比应如何确定？

在拉伸吹塑中空成型中，根据拉伸与吹胀前后，从型坯到塑件相应部位尺寸的变化定义拉伸比。纵向方向尺寸变化之比称为纵向拉伸比，径向方向尺寸变化之比称为径向拉伸比（有时也称吹胀比），拉伸吹塑中空成型总的拉伸比是纵向拉伸比与径向拉伸比的乘积。型坯与拉伸吹塑件尺寸变化示意如图 4-10 所示。

$$纵向拉伸比：\lambda_1 = \frac{L_2}{L_1}$$

$$径向拉伸比：\lambda_r = \frac{D_2}{D_1}$$

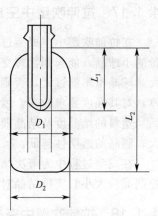

图 4-10 型坯与拉伸吹塑
件尺寸变化示意
D_1—型坯直径；
D_2—制品直径；
L_1—型坯可拉伸长部分度；
L_2—型坯拉伸吹胀后的高度

拉伸吹塑制品不同部位其拉伸比不同，一般来说，肩部与底部的拉伸比较小，制品中部拉伸比较大。

在拉伸吹塑成型过程中应根据拉伸比、制品的高度与径向尺寸，近似地确定相应型坯的尺寸；同时还可根据拉伸比确定成型周期，当拉伸比较大时，同时要求型坯有较大的壁厚，因此成型周期较长。对于制品，一般拉伸比大，拉伸强度和冲击强度高，跌落强度也高，能提高阻止气体渗透的能力。

拉伸吹塑时的拉伸比直接影响中空制品的性能，拉伸比越高，则中空制品的抗拉强度越高，而且气体阻隔性也提高。如PET中空制品的拉伸吹塑成型时，其纵向拉伸比一般在 2.5 左右，而径向拉伸比在 5 左右，型坯厚度大时取偏大值。

值得注意的是当型坯厚时，型坯高温时间也要求更长，目的是让型坯各部位温度均匀，便于后面的拉伸吹塑工艺操作。当型坯厚度小时取偏小值。若中空制品要求耐堆叠，则可让纵向拉伸比大于径向拉伸比，这样生产的制品纵向机械强度更好，在堆叠过程中不容易损坏。显然，耐内压中空容器生产时采用径向拉伸比大于纵向拉伸比。型坯拉伸吹塑时，应保证有一定的拉伸应变速率，以避免拉伸诱导分子取向的松弛。但是也不能太大，否则会使聚合物结构受到破坏，使拉伸中空吹塑制品出现微小的裂缝等缺陷。

4.1.15 拉伸吹塑中空成型时拉伸速率对制品性能有何影响？

拉伸吹塑中空成型是先让塑料型坯在高弹态下通过机械方法纵向拉伸，再用压缩空气径向吹胀（拉伸）而得到中空塑料制品。拉伸时的拉伸速率直接影响塑料的拉伸应变时间，即从开始拉伸到完全成型所用的时间。如果拉伸应变时间太长，则会使通过拉伸得到取向的大分子由于高温下停留时间过长而出现解取向，从而导致取向度变小，在一定程度上失去拉伸吹塑的优势。如果拉伸应变时间太短，则可能会导致制品出现壁厚不均匀及微小裂缝等缺陷。所以必须保证有合理的拉伸应变时间，即要合理控制拉伸速率，对于 PET 拉伸中空吹塑成型，其拉伸速率控制在 $500 \sim 1500$mm/s。

4.1.16 拉伸吹塑中空成型时冷却速率对制品性能有何影响？

在拉伸吹塑中空成型过程中，塑件从完全成型到离开模具所用的时间为冷却时间。一般要采用较快的冷却速率，以便将高分子链取向保持下来，并有助于缩短成型周期。冷却时间的大小与模具温度、结构、材料及制品的壁厚、质量等因素有关。如果冷却时间短则取向分子结构的松弛较小（强度好），同时取向程度也较高。故拉伸中空吹塑成型时模具冷却水温度要低，水压要较大，流量要大，冷却时间才能减短，冷却速率才高，生产效率才高，当然冷却水压增大，流量大，会在一定程度上提高冷却的成本，但这可从提高生产效率上得到补偿。

4.1.17 拉伸吹塑中空成型时塑料结晶性对制品性能有何影响？

在拉伸吹塑中空成型过程中，塑料结晶性对制品性能的影响比较复杂。一般塑料形成适量的小球晶，能起到物理交联点的作用，可以提高制品的力学性能。但塑料的结晶度不能过大，球晶也不能过大，否则制品的冲击强度会变小。如在吹塑成型塑料瓶时，由于瓶口较厚，对其强度要求较高，因此一般瓶口处的结晶度要求较大一些，通常称为"瓶口硬化"。

塑料的结晶度及结晶颗粒的大小还会影响到制品的透明性。塑料的结晶度越高，球晶越大，制品的透明性越低。

在成型过程中为解决结晶度及晶粒大小对制品性能的影响，通常可加入少量的成核剂来控制晶粒大小，实现结晶对拉伸吹塑中空成型制品的有利影响。

4.1.18 拉伸吹塑中空成型与非拉伸吹塑中空成型制品性能上有何区别？

拉伸吹塑中空成型过程中，通过拉伸工艺实现制品的纵向与径向双向取向，制品的透明度、冲击强度、表面硬度和刚度提高。如：用无拉伸注射吹塑技术制得的 PP 中空制品其透明度不如硬质聚氯乙烯吹塑制品，冲击强度则不如聚乙烯吹塑制品。但用拉伸吹塑成型制得的 PP 中空制品的透明度和冲击强度可分别达到硬质聚氯乙烯制品和聚乙烯制品的水平，而且拉伸模量、拉伸强度和热变形温度等均有明显提高。另外，制造同样容量的中空制品，拉伸吹塑可以比无拉伸吹塑的制品壁更薄。可节约物料 50% 左右，从而节约了原料成本，提高了经济效益。

聚丙烯注-吹与注-拉-吹中空成型制品的性能比较见表 4-2。从表中可以看出，注-拉-吹聚丙烯制品的性能较相应注-吹的聚丙烯制品除伸长率有所下降以外，其他性能均有较大提高。

表 4-2　聚丙烯注-吹与注-拉-吹中空成型制品的性能比较

成型方法	注坯吹塑	注坯定向拉伸吹塑		
原料聚丙烯				
密度/(g/cm³)	0.9	0.9	0.9	0.9
熔体流动速率/(g/10min)	7	3	7	7
制品物性				
体积/cm³	500	180	450	1350
质量/g	38	8	12	12
拉伸强度/MPa				
纵向	45	75	70	125
横向	45	86	65	115
伸长率/%				
纵	750	56	50	50
横	750	60	100	50
杨氏模量/MPa				
纵向	950	1280	1290	1370
横向	950	1690	1140	1470
雾度/%	50～60	5.2	13.3	10.5

4.1.19 什么是 PET 的 IV 值？在拉伸吹塑中空成型中有何作用？

PET 的 IV 值是指聚对苯二甲酸乙二酯的特性黏度，来源于 intrinsic viscosity（特性黏度），是其英文缩写。它代表了 PET 的聚合度或分子量的大小，其单位为 dL/g，通过 IV 大小可以换算成分子量大小。一般来讲特性黏度高的切片对应的瓶子强度也较高，能够耐压、耐冲；特性黏度低的切片对应的瓶子强度也较低，耐压、耐冲性能低。

在拉伸吹塑中空成型中知道原料 IV 值就可以知道其分子量大小，分子量大小又与黏度有关，分子量越大黏度越大，黏度又与成型加工工艺条件设定有关，所以，在拉伸吹塑中空成型时，知道原料 IV 值可以为设定成型工艺条件提供参考。另外不同的 IV 值 PET 用途也不同，所以还可以根据 PET 原料的 IV 值确定它制品的用途。如我国仪征化纤的瓶级 PET 的主要指标（含 IV 值）见表 4-3 所示，其主要用途见表 4-4 所示。

表 4-3　我国仪征化纤的瓶级 PET 的主要指标

项　目	单位	BG85		BG80	BG801	BG802	BG80H
		优等品	合格品	合格品	合格品	合格品	合格品
黏度	dL/g	$M_1 \pm 0.015$	$M_1 \pm 0.020$	$M_1 \pm 0.020$	$M_1 \pm 0.020$	$M_1 \pm 0.020$	$M_1 \pm 0.020$
乙醛含量	mg/kg	≤1.0	≤1.0	≤1.0	≤1.0	≤1.0	≤1.0
色度（b 值）	—	≤1.0	≤2.0	≤2.0	≤2.0	≤2.0	≤2.0
端羧基含量	mol/t	≤35	≤35	≤35	≤35	≤35	≤35
熔点	℃	$M_2 \pm 2$	$M_2 \pm 2$	$M_2 \pm 2$	$M_2 \pm 2$	$M_2 \pm 2$	$M_2 \pm 2$
粉末	mg/kg	≤100	≤100	≤100	≤100	≤100	≤100
灰分	%	≤0.08	≤0.08	≤0.08	≤0.08	≤0.08	≤0.08
水分	%	≤0.4	≤0.4	≤0.4	≤0.4	≤0.4	≤0.4
注：M 为指标中心值，也可根据用户要求确定		$M_1 = 0.875$ $M_2 = 249$		$M_1 = 0.800$ $M_2 = 249$	$M_1 = 0.780$ $M_2 = 253$	$M_1 = 0.830$ $M_2 = 248$	$M_1 = 0.800$ $M_2 = 249$

表 4-4　不同品种 PET 的主要用途

品种	主要用途
BG85	主要用于含气碳酸饮料包装用
BG80	主要用于纯净水、矿泉水等包装用
BG801	主要用于果汁、茶饮料等饮品包装
BG802	主要用于食用油瓶的包装及片材等
BG80H	高吸热水瓶片，具有优良的吹瓶吸热效果

4.1.20　注射拉伸吹塑不同结晶度的 PET 时应注意哪些问题？

PET 是半结晶高分子化合物，结晶度一般在 50%～55%。结晶度主要与原料在反应器中的停留时间有关，或者说与增黏时间有关。一般特性黏度高的原料结晶度相应高些，但基本不超过 60%。

结晶度高的原料需要相应高一点的成型加工温度，比如结晶度为 50% 左右原料，注射成型型坯时，温度设置为 280℃，则同样的机器加工结晶度为 55% 左右的原料，注射成型型坯时的温度则应设置为 290℃ 为宜。

拉伸吹塑中空成型过程中有时原料中会有高结晶的成分，在制品上可以看到白点，遇到这种情况可以适当提高注射加工型坯的温度、适当延长熔融时间。

4.1.21　在注射拉伸吹塑加工 PET 瓶时，工艺参数调整原则及规律？

① 在注射拉伸吹塑加工 PET 瓶时，工艺参数调整原则：在通过调整参数来克服产品局部缺陷的过程中，要采取单一的原则。例如在吹制中发现瓶子的标签处经常出现白雾，因此认为需要调整三区的加热参数，但无论是改变开灯的数量还是改变区域加热灯管功率的百分比，在没有把握的情况下，最好只改变这一区域的参数，甚至可以调到极限，而后观察瓶子

的变化，效果不明显时还可先将其恢复，再动其他参数。

② 工艺参数调整的一般变化规律见表 4-5。

表 4-5　工艺参数调整一般变化规律

工艺名称	变化规律
瓶坯加热后温度	温度高,瓶子会产生高温结晶,颜色为乳白色发白
	温度低,瓶子会产生拉伸过性结晶,颜色为雾状发白
底部加热温度	温度高,瓶子底厚度薄,会外凸,应力试验时间会较短
	温度低,瓶子底厚度大,会产生裂底瓶
颈部加热温度	温度高,瓶子颈部厚度薄,底部重量大,螺纹口容易膨胀
	温度低,瓶子颈部容易产生积料
灯架高度	高度高,瓶子颈部容易产生积料
	高度低,瓶子颈部厚度薄,螺纹口容易膨胀
预吹位置(相对拉升)	靠前,瓶子底薄,瓶脚厚度薄,严重时会雾状发白,底部重量轻
	靠后,瓶子底厚,瓶脚厚度厚,底部料吹不开
预吹压力	调大,瓶子底薄,瓶脚厚度薄,严重时会雾状发白甚至吹爆,底部重量轻
	调小,瓶子底厚,瓶脚厚度厚,底部料吹不开
预吹流量	调大,瓶子底薄,瓶脚厚度薄,严重时会雾状发白,底部重量轻
	调小,瓶子底厚,瓶脚厚度厚,底部料吹不开
排气位置	靠前,瓶子容量小
	靠后,瓶子容量大
底模冷却水温度	高于 12℃,瓶底部会冷却不良,严重外凸,应力试验时间较短
	过低,冷冻水机会结冰并低温保护停机
模身水温度	调高,瓶子容量小
	调低,瓶子容量大
瓶坯加热前温度 (环境温度)	温度高。加热功率小,速度快,容易出现螺纹口膨胀
	温度低,加热功率大,速度慢,容易出现底部裂纹及开裂

4.1.22　拉伸吹塑中空制品底部不饱满时应如何处理?

拉伸吹塑中空制品时，底部不饱满主要表现为中空制品底部花瓣轮廓不理想。一般底部轻微的成型不饱满对制品的使用性能影响不大，但当其严重时，则会影响制品的稳定性。吹塑时出现制品底部不饱满的原因主要有：吹塑压力不够高；吹气不足；或吹气时的型坯温度太低；型坯吹胀速率太慢等。因此成型过程中的解决办法应针对不同情况采取不的措施加以解决，主要有处理办法如下。

① 检查模具侧面的高压过滤器是否通畅，以免它影响高压气的供给。

② 检查吹气的气流控制元件，确保正确的设定值，且内部畅通无阻塞。

③ 保证吹气能够在最短时间内完成，否则吹瓶时会给物料带来额外的冷却。

④ 确保模具上所有的通风孔（排气孔）无阻塞。

⑤ 适当提高吹气压力。

4.1.23　拉伸吹塑塑料时，瓶口膨胀、吹瓶跑气应如何解决?

拉伸吹塑塑料时，瓶口螺纹区域膨胀扩张，特别是温度高时更为严重。产生膨胀时，开始可听见漏气声，可能像短时间的爆破。这主要是由于生产设备周围空间温度增高，使通过烘炉的气流的冷却效果降低，导致芯棒、螺纹区域温度上升。出现瓶口膨胀、吹瓶跑气时的解决办法主要有以下几种。

① 调整冷却板的位置，使其能够对瓶坯的螺纹区加以更强的保护。瓶坯的结构可能会

使其调整困难。

② 可采用外冷，以使瓶坯经过烘炉时控制其螺纹区域及芯棒的温度。

③ 改善冷却板的结构设计，提高冷却效果。

4.1.24 拉伸吹塑的型坯壁内出现气泡，应如何解决？

拉伸吹塑的型坯壁内存在一定尺寸大小的空气泡，通常产生的原因主要是物料水分含量过大；或物料塑化时混入了空气等。因此解决的办法主要有以下两种。

① 对塑料原料在成型加工型坯前进行严格干燥，如提高干燥温度或延长干燥时间。

② 在物料塑化过程中，适当提高塑化背压，将混入的空气排掉，或尽量少混入空气。

4.1.25 拉伸吹塑的型坯透明性不好，呈雾状，应如何处理？

型坯外观透明性不好，表现为型坯呈一定程度的乳白色，看起来呈雾状。产生原因可能是模具温度偏高，型坯冷却过慢，导致塑料结晶的晶粒过大或结晶度过大，从而影响型坯的透明性。另一大原因可能的加工温度过低，塑料原料中的原生结晶没有熔融破坏，仍保留在型坯中，影响了型坯的透明性。还有一个原因是塑料结晶时球晶尺寸过大，大于了可见光波的波长。型坯透明性不好，呈雾状的处理办法主要有以下几种。

① 适当提高型坯成型加工的温度，彻底熔融原料中的原生晶粒。

② 降低模具温度，让型腔中的型坯急冷，让其很快通过最大结晶速率温度，使塑料大分子来不及排入晶格就让其冷却冻结成无定型状态，从而提高透明性。

③ 合理使用成核剂，使塑料结晶的晶粒变小，让其小于可见光光波的波长，使型坯呈透明状。

4.1.26 拉伸吹塑的型坯表面出现条纹，应如何处理？

拉伸吹塑的型坯表面出现清楚可见的条状纹路，对于注射成型的型坯，可能是模具问题，如型芯或型腔上有损伤，导致型坯上出现条纹；对于挤出管状型坯，可能是机头流道有损伤或留存杂质，导致型坯上出现条纹。因此吹塑过程中应根据不同的情况采取针对性的处理办法。

① 对模具进行修理，抛光型坯生产模具的型腔与型芯。

② 修理挤出型坯的机头，抛光流道。

③ 清理挤出型坯的流道，将留存在流道内的杂质清理干净。

4.1.27 拉伸吹塑的型坯发黄，应如何解决？

拉伸吹塑的型坯发黄产生的原因主要是型坯成型时温度过高；或塑料原料中水分含量过大，在成型加工过程中出现了水解现象；或是干燥过程中物料就出现了分解现象。通常解决的办法主要有：

① 降低物料干燥的温度或时间；

② 适当降低型坯成型的温度；

③ 严格按物料干燥的工艺条件，对物料进行充分干燥，确保其水分含量在工艺规定的范围。

4.1.28 注射拉伸吹塑的型坯有熔接痕，应如何解决？

注射拉伸吹塑的型坯，在注射时如果注射压力过低；或成型温度过低；或注射速率太慢都易导致型坯出现明显的熔接痕。通常生产中的解决办法主要有：

① 适当增加注射压力，使模腔中的物料压得更为密实，减少熔接痕；

② 如果注射压力已经比较高，若再提高压力会对注射机产生较大损害，此时可考虑适当提高注射成型加工的温度，但前提是不能导致塑料原料分解而出现其他缺陷；

③ 提高注射速率，防止熔体在模腔中因冷却而出现明显熔接痕。

4.1.29 拉伸吹塑时型坯底为何出现脱落现象？应如何解决？

(1) 出现脱落现象的原因

① 型坯拉伸温度低。

② 型坯底部温度过高。

③ 机械拉伸速度过快。

④ 型坯底部的浇口受伤。

(2) 解决办法

① 提高型坯的拉伸温度。

② 调整型坯各加热段的温度，适当提高底部以外其他部位的温度。

③ 适当降低拉伸棒的拉伸速度。

④ 改善模具或浇口的修剪方法。

4.1.30 拉伸吹塑制品壁厚不均匀，应如何解决？

拉伸吹塑过程中，引起制品壁厚不均匀的原因主要有：型坯调温时间不足，调温不均匀；或树脂黏度过低；或型坯壁厚不均匀；或型坯拉伸温度过高等。因此在解决制品壁厚不均的现象时，应针对不同情况采取相应的措施，一般解决的办法主要有：

① 增加型坯的调温时间，调整型坯各加热段的温度；

② 选用特性黏度高的树脂；

③ 修整型坯模及芯棒的形状，提高型坯成型温度；

④ 降低型坯的加热温度。

4.1.31 拉伸吹塑制品容积缩减，应如何解决？

拉伸吹塑制品容积缩减的原因主要有：型坯吹胀压力低，吹胀时间不足；或拉伸吹塑模排气不良；或型坯再加热温度偏低；或拉伸吹塑模具的冷却效果不佳等，因此在生产中应针对不同情况采取相应的措施，其解决办法主要有：

① 适当提高压缩空气压力，延长吹气的时间；

② 修整或增设模具排气槽；

③ 适当提高型坯加热温度；

④ 检查和修整模具的冷却系统，增加模具冷却量。

4.1.32 拉伸吹塑制品出现变形，应如何解决？

拉伸吹塑制品出现变形的原因主要有：型坯温度低或温差过大；拉伸（吹胀）倍率过大；吹胀压力不足；吹塑时，模具型腔内的空气没排出；或吹塑模温度低。通常解决办法主要有：

① 提高型坯的再加热温度，调整各加热段的温度；

② 适当减小拉伸倍率，减小型坯壁厚度；

③ 提高压缩空气的压力，增大压缩空气的流量；

④ 修整模具型腔，改善模具排气性能；

⑤ 提高吹塑模温度，保证型坯能很好的吹胀，贴紧模腔壁，获得完整的形状。

4.1.33　拉伸吹塑制品颈部出现起皱、变形，应如何解决？

拉伸吹塑制品颈部出现起皱、变形的原因主要是由于型坯再加热时，型坯颈部受热变形；或型坯拉伸吹塑时，过早地拉伸型坯。生产中常用的解决办法主要有：

① 改进型坯再加热装置，在模颈圈处，增加隔热层；

② 调整拉伸吹塑的工艺条件，协调好拉伸及吹胀的动作起始时间。

4.1.34　拉伸吹塑制品壁为何出现斑点？应如何解决？

(1) 制品壁出现斑点的原因

① 拉伸吹塑模的型腔黏附杂质。

② 拉伸吹塑模的冷却水温过低，使型坯表面出现"冒汗"现象。

③ 拉伸吹塑模内排气不良。

(2) 解决办法

① 清洁、抛光拉伸吹塑模型腔。

② 适当提高模具的冷却水温度。

③ 修整模具，适当增加模具的排气孔。

4.1.35　拉伸吹塑中空成型过程中如何实现大分子的双轴定向？

拉伸吹塑中空成型的型坯经过再加热后达到高于玻璃化温度 $10\sim40^{\circ}C$ 的范围，在此温度范围内适合拉伸工艺操作，再送到拉伸吹塑区合模，拉伸杆启动，拉伸杆沿纵向进行拉伸时，通入压缩空气，在圆周方向使型坯横向吹胀，当拉伸杆达到模具底部，型坯吹胀冷却成型后，拉伸杆退回，压缩空气停止通入时，即得产品，从而得到双轴定向的拉伸中空成型制品，显然制品的纵向定向由拉杆实现，而径向的定向由通入压缩空气吹胀型坯完成。

4.1.36　拉伸吹塑瓶的结构设计应主要考虑哪些方面？

对于最常见的拉伸吹塑瓶结构设计应主要考虑以下几方面。

(1) 瓶口

为了使容器便于密封，瓶口多塑制出螺纹，一般采用梯形或圆形断面螺纹，而不采用尖牙螺纹，因其难以成型。为使分型面上的飞边不致影响螺纹旋合，可将螺纹在分型面处按纵向断开，这样，飞边易于除去。除螺纹瓶口外，还有凸缘式和凸环式。

(2) 瓶颈和瓶肩

对瓶肩与瓶颈、瓶身的接合部位，由于有较大转折，故应力较大，应当采用较大的圆弧过渡，有利于提高瓶子的垂直载荷强度。此外，瓶肩应有一定的倾斜角，避免采用水平线过渡。

(3) 瓶身

由于吹塑瓶壁厚较薄，塑料又具有较大的柔韧性，因此对瓶身的刚性应当特别注意，一般可采取下列方法提高瓶身刚度。

① 周向波纹结构　它是提高刚度的最常用的方法，并有装饰作用。周向波纹结构一般

分两类：一是全环状，如环状沟槽，环状齿槽；二是局部齿槽，局部齿槽多用于异型容器，可提高局部刚度。

② 添加凸凹花纹　有些容器在瓶身上需要用图案、文字等表示商标，可以将商标采用凸凹花纹进行显示，对提高刚度大有好处，还有浮雕的艺术效果。

（4）瓶底

从结构上考虑，瓶身与瓶底的连接处一般不允许设计为尖角，这会使应力集中，且难于成型。因此，这个过渡区一般采用大圆角过渡，而不应是小曲率突变。此外，瓶底中部应有一个上凸面，以减少容器底部的支承面积，特别是减少分型线与支承面的重合部分，使容器放置更加平稳。

4.1.37　拉伸吹塑时冷却时间与哪些因素有关？

拉伸吹塑时对制品进行冷却目的是防止脱模时由于强烈的弹性回复引起的制品变形，保证制品的外观质量和性能，提高生产效率。在拉伸吹塑成型过程中，通常冷却时间一般占成型周期的 $1/3 \sim 2/3$。一般应在保证质量的前提下，冷却时间越短越好，以提高生产效率。成型过程中影响制品冷却的因素主要有以下几种。

① 塑料的品种。例如：热导率较差的塑料，冷却时间长。结晶型塑料，冷却时间长，结晶度增大，韧性和透明度降低。

② 制品的形状和壁厚。冷却时间增长，制品外形规整，表面花纹清晰；如果制品壁厚增加，则冷却时间延长。常见塑料拉伸中空吹塑时壁厚与冷却时间的关系如图 4-11 所示。

③ 模具及型坯温度高，冷却时间延长。生产中为了缩短冷却时间，可降低吹塑模具

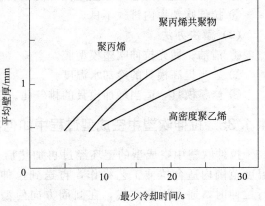

图 4-11　常见塑料拉伸中空吹塑时
壁厚与冷却时间的关系

温度，或向吹胀物的空腔内通入液氮和液态二氧化碳等强冷却介质。

4.1.38　拉伸吹塑中空成型过程中影响塑料取向的因素有哪些？

在拉伸吹塑过程中，塑料的取向程度与成型温度、应力、时间、骤冷度、拉伸比、拉伸速率等工艺控制因素有关，还与塑料本身的结构以及模具的结构有关。

（1）温度对取向的影响

温度对塑料的取向和解取向有着相互矛盾的作用，当温度升高时分子热运动加剧，可促使形变很快发展，但同时又会缩短松弛时间，加快解取向过程。塑料的有效取向取决于两个过程的平衡条件。

当温度高于 T_g（或 T_m）时，塑料处于黏流态，流动取向和黏流拉伸取向均发生在这一温度区间。取向结构能否冻结下来，主要取决于冷却速率。冷却速率快，则松弛时间短，不利于解取向过程的发展，尤其是骤冷能冻结取向结构。塑料在成型温度降低到凝固温度时，其温度区间的宽窄、冷却速率的大小（主要取决于冷却介质的温度、塑料的比热容、结晶潜热、热导率等）以及塑料本身的松弛时间，都直接影响塑料的取向度。

在玻璃化温度 T_g 到黏流温度 T_f 之间，塑料可通过热拉伸而取向，这个温度段是塑料

取向的最佳温度段，拉伸中空成型的取向也是发生在这个温度段。因为大分子在玻璃化温度 T_g 以上才具有足够的活动能力，在拉应力作用下大分子从无规线团中被拉开、拉直并在分子之间发生移动。所以，热拉伸可以减小拉应力，增大拉伸比和拉伸速率。为增加分子的排直形变、减小黏性形变，拉伸温度应在 $T_g \sim T_f$ （或 T_m）这一温度范围内选得越低越好。结晶性塑料所取的拉伸温度要比非晶态塑料高一些，这是因为含有晶相的塑料在拉伸时不易提高其定向程度，为保证其无定型，拉伸温度应选在结晶速率最大的温度以上和熔点之间，如纯聚丙烯的最大结晶速率温度为 $150℃$，熔点为 $176℃$，拉伸温度宜选在 $150 \sim 170℃$。

在室温附近进行的拉伸通称为冷拉伸。冷拉伸时，由于温度低，塑料松弛速率慢，只能加大拉伸应力，应力超过极限时容易引起材料的断裂。所以冷拉伸只适用于拉伸比较小和材料的玻璃化温度较低的情况。

（2）应力利时间对取向的影响

由剪切流动所形成的分子链、链段和纤维状填料的取向，是由于流动速度梯度诱导而成的。否则，细而长的流动单元势必以不同的速度流动，这是不可想象的。但速度梯度又依赖于剪切应力的大小，因此，在注射模塑、传递模塑等剪切速率较大的成型方法中，都会出现不同程度的剪切流动取向。

拉伸速率对拉伸取向的影响，实际上包含有时间的因素。如果在分子塑性形变已相当大而黏性形变仍然较小时（黏性形变在时间上落后于分子塑性形变）将取向制品骤然冷却，这样就能在黏性形变（分子间滑移）较小的情况下获得较大程度的取向度。不管拉伸情况如何，骤冷的速率越大，能保持取向的程度就越高。

（3）拉伸比和拉伸速度对取向的影响

在一定温度下，材料在屈服应力作用下被拉伸的倍数（拉伸后与拉伸前的长度比）称为自然拉伸比。拉伸比越大，则材料的取向程度也越高。各种塑料的拉伸比不同，这与它们的分子结构有关。结晶性塑料的拉伸比大于非结晶聚合物。多数塑料的自然拉伸比为 $4 \sim 5$。在拉伸温度和拉伸比一定的前提下，拉伸速率越大，取向程度也越高。因为拉伸速率越大，单位距离内的速率变化也越大。在拉伸比和拉伸速率一定的前提下，拉伸温度越低（不低于玻璃化温度），拉伸强度越高。

（4）塑料的结构及添加物对取向的影响

在相同的拉伸条件下，一般结构简单、柔性大、分子量低的塑料或链段的活动能力强、松弛时间短，取向比较容易；反之，则取向困难。晶态塑料比非晶态塑料在取向时需要更大的应力，但取向结构稳定。一般取向容易的，解取向也容易，除非这种塑料能够结晶，否则取向结构稳定性差，如聚甲醛、高密度聚乙烯等。取向困难的，需要在较大外力下取向，其解取向也困难，所以取向结构稳定，如聚碳酸酯等。

（5）模具对取向的影响

在模塑制品中大分子链、链段和填料的取向多属于剪切流动取向。由于模具浇口的形状能支配物料流动的速度梯度，所以浇口的形状和位置是流动取向程度和取向方向的主要影响因素。模腔深度大（制品厚），则相对冷却时间长（这与模温、料温升高造成的解取向同理），不利于大分子取向。

4.1.39 拉伸吹塑过程中塑料的拉伸取向过程中的变形情况是怎样的？应如何提高塑料的取向程度？

在拉伸吹塑中空成型过程中，在玻璃化温度与熔点之间的温度区域内，将塑料型坯沿着一个方向拉伸，在拉伸应力的作用下，分子链从无规线团中被应力拉开、拉伸和在分子之间发生移动，分子链将在很大程度上沿着拉伸方向作整齐排列，即分子在拉伸过程中出现了取向。由于取向以及因取向而使分子链间吸引力增加的结果，拉伸并经迅速冷至室温后的制品在拉伸方向上的拉伸强度、抗蠕变等性能就有很大的提高。

实质上，塑料在拉伸取向过程中的变形可分为三个部分。

① 瞬时弹性变形　这是一种瞬息可逆的变形，是由分子键角的扭变和分子链的伸长造成的。这一部分变形，在拉伸应力解除时，能全部回复。

② 分子链平行排列的变形　这一部分的变形即所谓分子取向部分，它在制品的温度降到玻璃化温度以下后形变不能回复。

③ 黏性变形　这部分的变形与液体的变形一样，是分子间的彼此滑动，也是不能回复的。

因此，为提高塑料制品的取向程度，可以采取以下一些措施。

在给定拉伸比拉伸后的长度与原来长度的比和拉伸速率的情况下，拉伸温度越低（不得低于玻璃化温度）越好。其目的是增加伸直链变形而减少塑性变形；在给定拉伸比和给定温度下，拉伸速率越大则所得分子取向的程度越高；在给定拉伸速率和定温下，拉伸比越大，取向程度越高；不管拉伸情况如何，骤冷的速率越大，能保持取向的程度越高。

4.2　拉伸吹塑中空成型设备实例疑难解答

4.2.1　一步法注射拉伸吹塑中空成型机的组成？

一步法注射拉伸吹塑成型机，实际上是一台具有特殊功用的注射成型机。它主要由注射装置、回转机构（设有三工位或四工位）以及液压装置、气动装置和电气控制系统等组成。其结构如图 4-12 所示。

一步法注射拉伸吹塑成型机以三工位居多，它包括型坯的注射成型，型坯的拉伸吹塑和制品取出等。其工位的转换是通过液压传动装置驱动，带动间隙回转工作圆盘。圆盘上安装了预型坯唇模（预型坯颈部螺纹模具），由唇模支承着预型坯回转运动，转角为 120°，转动机构包括液压缸齿轮齿条机构、液压缸曲柄连杆机构或伺服系统机构等。

(1) 型坯的注射装置

注射装置采用双缸结构，注射压力大且均匀；预塑液压马达采用低速大转矩，结构紧凑、调速方便；根据塑料性能的不同，螺杆的结构各有特点，但应保证有良好的塑化性能；液压控制采用压力、流量双比例阀，控制精度高，计量精确，制品性能好；操作采用可编程序控制器或计算机操作，便捷准确。

图 4-12　典型一步法塑料注射拉伸吹塑中空成型机

在注射工位，注射装置向模具注入熔融树脂，成型预型坯。注射模具的芯棒及型腔在垂直方向上相对闭合，冷却结束，芯棒向上运动，型腔向下运动，随后唇模夹持着未完全冷却的预型坯旋转 120°，到达拉伸吹塑工位。

(2) 型坯的拉伸吹塑装置

型坯从预成型工位转位 120°到达拉伸吹塑工位后，吹塑模闭合，拉伸杆下降至预塑型坯内底部，实现快速拉伸，同时经拉伸杆进气吹塑成型。

(3) 脱模装置

拉伸吹塑结束后，成型制品开模后转位 120° 至制品取出工位，唇模分开，可将制品脱模取出。从型坯成型至制品取出，唇模始终夹持并保护预型坯的螺纹部分回转，使制品封口精度不受损坏。

典型的三工位一步法成型机具有先进的直接调温方式，它不仅缩短了成型周期，降低了能耗，而且最终能够获得低成本、高效益的中空制品。除三工位一步法成型机外，还有四工位一步法成型机。两者的差别是后者增加了一个型坯加热工序，以保证拉伸吹塑时有最合适的成型温度。

一步法三工位成型机回转结构示意图如图 4-13 所示。一步法四工位成型机回转结构示意图如图 4-14 所示。

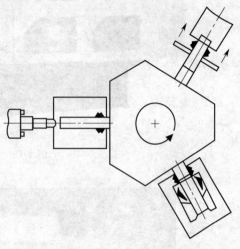

图 4-13 一步法三工位成型机回转结构示意

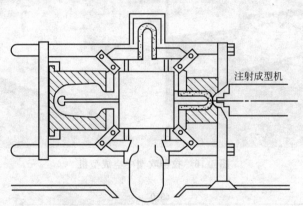

图 4-14 一步法四工位成型机回转结构示意

4.2.2 两步法注射拉伸吹塑中空成型生产线由哪几部分组成？

两步法注射拉伸吹塑成型机主要由注射成型机与拉伸吹塑成型机以及相关辅助装置组成生产线，如图 4-15 和图 4-16 所示为注-拉-吹专用注射机和拉伸吹塑中空成型机。

(1) 注射成型机

用来专门生产型坯的塑料注射成型机，由于 PET 材料在熔融状态下的黏度低，因而其螺杆、喷嘴的结构与普通的注射机稍有不同，另外在合模部件后侧装有机械手，其余与高效率注射成型机相同。所用型坯模具采用热流道结构。

(2) 拉伸吹塑中空成型机

拉伸吹塑中空成型机包括一套加热系统和拉伸吹塑部件。加热系统要保证瓶坯加热均匀，满足拉伸吹塑成型温度要求。加热可采用红外线加热、石英管加热器和射频加热法。如图 4-17～图 4-19 所示为两步法注射拉伸吹塑不同结构形式的示意。

图 4-15 注-拉-吹专用注射机

图 4-16 拉伸吹塑中空成型机

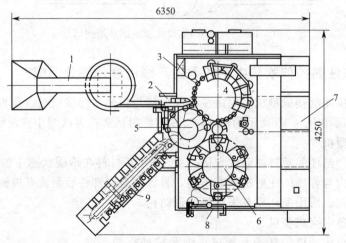

图 4-17 回转盘传送预型坯两步法结构示意

1—预型坯传送；2—供应站；3—控制仪表盘；4—加热回转盘；
5—取出回转盘；6—拉伸、吹塑回转盘；7—电气柜；8—压缩空气操纵盘；9—传送带

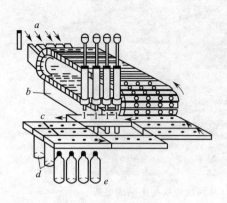

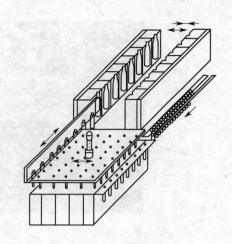

图 4-18 两步法吹塑（一）　　　　　图 4-19 两步法吹塑（二）

红外线加热器价格便宜，但其热量的传播比较缓慢，当热量从制品的外壁传至内壁时，有可能出现内壁达到所要求温度前，外壁已因温度达到最大结晶速率温度而使型坯出现较大的结晶度，即型坯及制品雾度较大。当采用石英管加热时，其热量一般较容易被 PET 型坯吸收，能够较快、较均匀地进入内壁。当型坯壁厚＞5mm 时，要求采用射频加热法。

通常，型坯沿加热区做旋转或直线运动，为了保证型坯加热均匀，其本身还应做自转运动。型坯按设定要求进入吹胀区，拉伸吹胀完成后取出，最后经传送带进入成品箱。

两步法注射拉伸吹塑成型中，型坯模具的型腔数量不断增加，目前最高可达一模 96 腔，如美国赫斯基（Husky）公司推出的 96 型腔的 PET 型坯模具，可注射成型 2L 碳酸饮料瓶拉伸吹塑用的型坯，其注射系统的塑化能力达 905kg/h（251.4g/s），注射量为 7.3kg，锁模力为 6468kN（660t）。

我国目前两步法型坯模具的型腔数量一模最高为 48 腔，如海天机械有限公司推出的 48 型腔的 PET 型坯模，可注射成型 1.25L 碳酸饮料瓶拉伸吹塑用型坯，其注射系统的塑化能力为 371kg/h（103g/s），注射量为 3.8kg，锁模力为 7644kN。

(3) 辅助装置

对普通型坯模具，若冷却水的温度控制在 5～10℃ 范围内，均能得到透明型坯（如碳酸饮料、矿泉水饮料所用瓶坯）。对厚壁型坯（如纯净水瓶所用瓶坯），水温要在 2～5℃ 范围内，所以必须配备提供冷冻水的设备或装置（模具温度控制机）。

对于结晶速率很慢的塑料，如 PET，为了使熔体急速冷却，迅速通过最高结晶速率的温度区，获得透明的型坯，必须对模具进行冷却，且要求型坯模具应具有高的冷却能力。但也必须注意到，模温过低时，有时会因水珠冷凝在模腔或芯棒上，影响成型性能和型坯性能，为此要降低模具周围的湿度。

4.2.3 拉伸吹塑中空成型机的结构组成如何？

目前拉伸吹塑中空成型机的规格型号有多种，但不同的规格型号其基本的结构及原理大致相同，均包含有大料斗、提升机、取向机、型坯进给装置、加热炉、机械手、吹轮、主传动部分、输出装置、随机辅机、电控系统、吹塑模具、拉伸机构、空气吹塑机构、冷却成型系统等，如图 4-20 所示为法国 SIDEL 公司制造的 SBO 系列拉伸吹塑中空成型机。

(1) 大料斗

大料斗主要是用于承装型坯的大容器，并将斗内的型坯送给提升机。采用塑料大料斗，重量

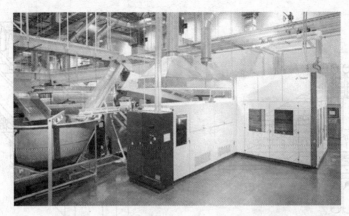

图 4-20　法国 SIDEL 公司制造的 SBO 系列拉伸吹塑中空成型机

轻，减少型坯碰伤程度，但刚性差。料斗内有型坯的进给结构，常用的进给结构有三种形式。

第一种是料斗底部有一个平面输送带，由电机经减速器减速带动皮带输送辊转动，输送辊再将转动传递给平皮带，落在平皮带上的型坯进行慢速直线运动进给，料斗内型坯数量的多少对送坯速度影响较大。

第二种结构的大料斗容积稍小，底部为尖形，料斗靠后的斜面装有一个凸轮振动装置，定时进行振动，靠振动将型坯送给提升装置，此种装置的振幅比较大，对型坯的碰损也大一些。

第三种结构的大料斗容积大，底部也为尖形，料斗靠后的斜面装有一个电机高频振动装置，靠振动将型坯送给提升装置，此种装置的振幅比较小，对型坯的碰损改善较多。

(2) 提升机

提升机主要是将型坯从低处提升到高处。提升机的结构形式有两种：一种是电机经减速器减速带动链轮，链轮带动长的双排平行提升链，双排链间挂有一定数量的塑料小料斗，小料斗循环转动，将瓶坯从低处提到高处倒入取向辊的高端，该结构瓶坯的提升连续性差，容易卡机，型坯碰伤程度大；另一种是电机经减速器减速带动平面输送皮带辊转动，输送辊再将转动传递给平皮带，平皮带外侧垂直粘有一定数量的胶板，呈 T 形，整条皮带倾斜安装并循环转动，将落在皮带外侧 T 形直角处上的瓶坯从低处提到高处倒入取向辊的高端，该结构瓶坯的提升连续性好，型坯碰伤程度小，但皮带容易跑偏，如果跑偏未及时调整很容易将整条皮带损坏。

提升机的提升速度一般要求是型坯供给稍大于吹塑速度。提升速度的控制一般是通过取向辊处的光电管控制，当取向辊监视处无坯时，光电管灯亮，信号接通，通过电器控制系统给提升电机通电，电机工作进行瓶坯提升；当取向辊监视处有瓶坯时，光电管灯灭，信号断开，通过电器控制系统给提升电机断电，电机停止工作，停止瓶坯的提升。

(3) 取向机

取向机主要是对型坯进行整理，将杂乱无序的型坯整理成型坯口朝上，坯身向下的统一方向，并排列整齐送给加热炉。

取向机主要由电机经减速器、皮带轮、取向辊、拨坯装置、回流装置等组成。取向机工作时由电机经减速器减速带动皮带轮，皮带轮再经皮带带动取向辊，两个取向辊旋转方向在内侧是相反的，但均朝上转动。在取向辊的末端均装有一个多叶片的拨坯装置，将取向不成功的瓶坯拨到取向辊高处重新取向，有的设备还开有溢流口，并装有回流装置，将多余的、取向不好的瓶坯拨出溢流口，落入回流输送带，送回大料斗再使用。一般取向辊的长度根据机型大小、长短不同，机型越大、速度越快，取向辊的长度越长。

取向机工作原理是根据型坯支撑环直径尺寸大小，两个平行旋转的取向辊间隙调整略小于支撑环直径而大于坯身直径，型坯往下落到取向辊处，由于重心在坯身，当支撑环被挡在两个取向辊上时坯身仍然往下落，所有的型坯便挂在了两条取向辊上。另外两条取向辊倾斜安装并旋转，作用是使型坯从高端滑向低端。

(4) 型坯进给装置

型坯进给装置是将取向机整理好的型坯依次送入加热炉，控制型坯的进入或停止，监视型坯的供给。其结构是在取向辊末端，安装两条平行的导轨，与加热炉的入口端相连。型坯的进给力来自型坯的自重，取向辊末端与加热炉的入口端高度差在 1～1.5m。关键是取向辊的接口要保证平滑过渡，型坯流动才会顺畅。根据机型及安装布局的不同，该段导轨有多种样式，只是形状不同而已。导轨间隙宽度调整到小于支撑环外径 2～3mm 为宜。在垂直于炉子入口处的导轨段上平面安装有上下两个光电管，作用分别是上光电管监视无瓶坯时报警提示，下光电管监视无瓶坯时停机。另外在垂直于炉子入口处的导轨段下平面安装一个可调节的限位杆，可防止长度超长的瓶坯进入加热炉。在垂直于炉子入口处的导轨末段上面安装一个汽缸，汽缸主轴端装有一个尖的锥头，由电磁阀控制，功能是控制瓶坯的进入或停止。

(5) 加热炉

加热炉是对型坯进行加热。它主要由主轴、芯轴、进坯小星轮、加热装置、冷却导轨、弯曲坯检测装置等部分组成。主轴部分是由来自于主电机方向的同步齿型皮带拖动，安装同步皮带轮的主轴中部装有一个大型的送坯盘，上端装有上载、下载瓶坯及拉动芯轴链的机构总成，该主轴中部还装有一个力矩限制器，当炉子部分的传动件卡住或炉子转动力超过力矩限制器的扭矩时该力矩限制器将炉子部分的传动与主电机部分脱开，并通过限位开关报警和停机。主轴底部有调节炉子与机械手的同步装置。

芯轴部分的芯轴数量根据机型的大小各不相同。芯轴与芯轴之间采用球连接。球连接的作用是芯轴链要旋转，同时在瓶坯上载和下载前要进行 180°的翻转。翻转运动靠翻转轨道和芯轴上的滚子来实现。芯轴底部装有一个链轮，在炉子的两直段以及后端转弯半径段安装有一条固定链条，芯轴链轮在链条的作用下做自转运动。芯轴的主轴可伸缩，上端装有一个卸坯套，当芯轴加热完毕进入下载装置时，下载叉提起链轮端，芯轴主轴上升，芯轴头缩入卸坯套内，瓶坯脱离芯轴。当芯轴进入上载装置时，上载叉压下链轮端，芯轴主轴下降，芯轴头伸出卸坯套进入瓶坯口内，瓶坯装载入芯轴。

进坯小星轮的作用是缓冲瓶坯轨道上瓶坯下落的冲击力，减少卡机。进坯小星轮通过炉子主轴上的同步齿型皮带传动，高度及位置需与主轴上的大型送坯盘一致，也装有力矩保护装置。当出现卡机时传动件脱离主轴，报警并停机。

炉子末端芯轴链转盘是从动盘，盘上的叉齿叉住芯轴做旋转运动，该盘位置可调，由一个张紧汽缸来实现，当芯轴链卡住过载时汽缸会压缩产生一定距离的移动，限位开关会报警并停机，防止将芯轴链拉坏。

加热原理是采用红外线灯管加热，照射移动并自转动的型坯，灯管对面安装有反射板，将部分光能反射回来再加热型坯。型坯靠吸收红外线光能而加热使温度升高。另外炉子安装有通风装置，均匀炉内热量。加热炉最上层灯管处装一个热电偶，检测炉内温度。

灯管水平安装，垂直方向安 8～9 层灯管，最下 1 层灯管称作 1 区，依次往上作 2 区、3 区……。水平方向上灯管数量与机型有关，数量多少不一，一般 1 个模具 1 个灯管，如 SBO10 有 10 个灯管，SBO20 有 20 个灯管，从型坯进入加热炉端开始，第 1 个灯管称作 1

炉，依次往后称作 2 炉、3 炉……。一般灯管装在灯架上，灯架高度可调节，以调整灯管与型坯的相对位置，同时还可调节灯管的垫块及支架，调整灯管和瓶坯的距离。灯管的线接头采用吹风予以保护。

加热灯管功率，一般 2~9 区采用 2500W，1 区为 3000W。1 区的灯管功率大主要是由于 1 区靠近冷却装置，散失的热量多，型坯易出现加热不充分，因而需加大此区的加热功率。连续生产过程中的总加热功率系数控制，采用自动调节的控制方式进行跟踪调整的情况比较多，保证出坯温度在设定的出坯温度值上下波动，调整频率和幅度可设定。出坯温度由装于型坯卸载处的红外测温仪检测。

冷却导轨采用铝材，中间钻孔通循环冷却水，一般通 6~12℃ 的冷冻水效果更佳。水温越高，坯口的保护越差；水温越低，型口的保护越好，但冷凝水较多，坯身可能出现水斑，特别在南方地区的夏季，湿度大，冷凝水相当严重。

弯曲坯检测：在型坯上载位置后与翻转轨道之间有一个弯曲坯检测装置，它由电机带动减速机减速，在减速机输出端轴上装有一个胶轮，当芯轴通过时摩擦芯轴转动，装载在芯轴上的瓶坯也跟着转动，如型坯弯曲则会触动限位开关，主机控制系统会接通弹坯汽缸电磁阀线圈，汽缸动作弹出该弯曲坯，防止弯曲坯进入炉内损坏灯管。

(6) 机械手

机械手是通过机械手座上的法兰装于转动盘上，高度通过法兰间的可剥式垫片调整。机械手座上装有做直线运动的轴承，在轴或导轨上装有速度和位置滚子，机械手在绕主轴旋转的同时一方面做水平方向的伸缩运动；另一方面对旋转的速度进行调整。在轴或导轨前端装有夹头、夹子。主轴的动力源来自主电机方向的同步皮带，同步皮带带动机械手主轴上的同步带齿轮，机械手主轴转动。在主轴下方有力矩保护器，一代机还有调整机械手与主吹轮同步的调节器。

在主轴上方是机械手转动盘，盘与主轴采用锥度圈固定，高度及水平位置可调整，一般不需调整，机械手转动盘上装有多套机械手，机型不同机械手数量也不同。转动盘下面有一个固定盘，盘上有凸轮轨道，称作速度凸轮，机械手的速度控制滚子在此凸轮上运动，作用是保证机械手夹口在夹坯、送坯到模具、到模具上夹制品、卸制品这四个位置段速度的同步。

(7) 吹轮

吹轮是实现模具工位的旋转连续工作的装置。吹轮底部装有一个大的轴承，与主机架装配，承载主吹轮的重量，同时保证转动。轴承上方装有一个大型齿轮，与主电机方向的小齿轮啮合传动。吹轮中心底部有两路循环水的旋转接头，接头上方安装的是两路循环水的分水盘，将循环水通向各模具工位。吹轮中部是模架安装工位，模架上方是吹嘴工位，再上方是拉伸工位，相同的工位要保证同轴度的一致。吹轮中心上部是压缩空气旋转接头，接头下方安装有压缩空气的管路、阀门、分气管等，将各种不同大小压力的压缩空气通向各模具工位。

模具工位是实现模具的开、合、锁、解锁的装置。模具工位上部由一副可开、合的模架构成，模架的转动轴装于吹轮上，开、合模具由开、合臂控制，开、合臂上装有滚子，滚子在机架上的开、合凸轮上运动，实现臂的转动，臂将转动传给开、合模轴，轴再将转动传给开、合铰链控制模架的开、合。模架上安装模托，模托上再安装吹瓶模具的模身，左右各安装半模。

吹嘴工位的作用是吹嘴能上、下运动，下运动压紧并封住瓶坯口进行预吹、高吹、排气，上运动脱离型坯便于制品从模具中脱离。吹嘴的上、下运动一般由吹嘴汽缸控制，预吹、高吹、补偿、排气是由电磁阀控制的。

拉伸工位是拉升杆的上下运动，对型坯进行拉伸。拉伸工位在最上面装有一个拉伸汽缸，拉伸汽缸的轴端通过球连接与拉伸座相连，拉伸座安装在直线轴承上，拉伸座上有装拉伸杆的夹具。在直线轴承的下方，有汽缸行程限制器并加装减震器碰撞缓冲，拉伸杆的高度也通过调整限制器的高度来调节。另外拉伸座上装有滚子，拉伸时滚子在拉伸凸轮上运动，保证拉伸的位置、速度固定，在拉伸回程时如遇卡住或动作缓慢，可被拉伸安全凸轮强行抬起来，避免损坏设备。

(8) 主传动部分

主传动部分的功能是将运动传递到各转动件。一般采用交流电机，速度由变频器调节。主电机的转动经变速器减速后经同步皮带分别传到机械手主轴、主吹轮过渡小齿轮轴、刹车盘主轴等各部。所有的传动件均采用齿轮传动，以保证准确的传动比，即保证各机件的相对位置（同步）不变。

(9) 输出装置

输出装置是将制品从机械手上刮掉，依次拨动制品往机外输送。在机械手靠外位置的机架上装有一个星轮盘主轴，由机械手方向的同步皮带传动。轴下部装有力矩过载保护器，当制品输出不顺卡机时与主机运动脱离，避免损坏机件。轴上部安装塑料拨动星轮板，星轮板可在轴上进行垂直高度和水平角度的调整，星轮板有不同的型号，以适合不同大小的制品。输出装置还有输出导轨和栏杆或板，导轨与机械手相交处为弧形，高度调整在制品支撑环下平面 2mm 处，作用是将制品从机械手上刮掉，刮掉的制品支撑环挂在导轨上，被星轮盘拨动往外送。

(10) 随机辅机

随机辅机主要包括水温机、油温机等。水温机的调节温度在 10～90℃，介质为水，循环流动。冷坯机型为模托提供冷却水，水温一般较低，一般在 15～45℃，通常为 20℃左右。热坯机为底模提供热水，温度较高，一般在 80℃左右。冷却水温度可设定并自动调节，升温靠机内的电加热管，降温靠机内的热交换器，热交换冷源介质为外部的冷冻水，另外冷冻水也是模温循环水的补给水源。

油温机是为模身提供高温热油，温度较高，一般控制在 160℃左右。油温机的介质为耐高温特殊油，循环流动，通常调节温度最高可达 180℃。热油温度可设定并自动调节，升温靠机内的电加热管，功率高达 50kW，降温靠机内的热交换器，热交换冷源介质为外部的冷冻水。油温机也可作水温机用，但要防止温度设定大于 100℃，否则水会形成蒸汽，发生安全事故。

4.2.4　拉伸吹塑中空成型机的主要参数有哪些？

拉伸吹塑中空成型机的主要参数有加热功率、吹塑锁模力、拉伸速率与行程、吹塑合模行程、最小模厚及模板尺寸等。

(1) 加热功率

加热装置的功率主要消耗于预塑型坯材料的温升以及加热过程的热损失。由于影响热平衡的因素很多，加热过程的热损失，包括与加热装置周围介质（空气）的热交换（辐射、对流）等可省略。按热力学基本理论，加热装置的功率可按下式计算。

$$N_H = A \frac{nG \Delta T c}{t \eta}$$

式中　N_H——加热装置功率，kW；

　　　G——每件预型坯的质量，kg；

　　　n——同时加热的预型坯数量；

　　　ΔT——预型坯加热温升，K；

　　　c——塑料材料比热容，J/（kg·K）；

　　　t——预型坯的加热时间，s；

　　　η——热效率，$\eta=0.4\sim0.5$；

　　　A——单位换算系数，$A=0.001$。

注射拉伸吹塑常用塑料的比热容见表4-6。

表 4-6　注射拉伸吹塑常用塑料的比热容

塑料名称	比热容 c/[J/(kg·K)]
PVC(硬质)	$(0.25\sim0.35)\times4186.8$
PP	$(0.46\sim0.50)\times4186.8$
PET	$(0.28\sim0.55)\times4186.8$

（2）吹塑锁模力

吹塑锁模力表示预型坯在拉伸吹塑成型时模具所需的夹紧力，一般可按下式进行计算。

$$P_c=A\alpha pFn$$

式中　P_c——吹塑锁模力，kN；

　　　p——吹塑压力，Pa，根据预型坯的材料及加热温度决定，通常一步法取（1～1.5）$\times9.8\times10^5$Pa，两步法则取较高值，甚至超过 $3\times9.8\times10^5$Pa；

　　　F——吹塑制品的投影面积，m^2；

　　　n——同时拉伸吹塑成型的制品个数；

　　　α——吹塑锁模力余量系数，α 取 1.20～1.30；

　　　A——位换算系数，$A=0.001$。

（3）拉伸速率与行程

拉伸速率和行程指预型坯的纵向拉伸速率和行程。拉伸速率按下列公式计算。

$$v=\frac{S}{t}$$

式中　v——拉伸速度，m/s；

　　　S——拉伸行程，m，取决于拉伸倍率，根据材料性质、制品形状、用途的不同，拉伸倍率有较大差异，一般纵向拉伸倍率为 1.5∶1，横向拉伸倍率为 2.5∶1；

　　　t——拉伸时间，s，拉伸时间一般越短越好，通常为 0.2～1s，但快速拉伸极限以不破坏材料为界限。

（4）吹塑合模行程、最小模厚及模板尺寸

无论是合模行程还是最小模厚和模板尺寸，均直接关系到机器所能吹塑成型制品的范围。为使成型后制品能在对开模具之间顺利脱出，模板的移动距离要大。

液压式吹塑合模装置的主要技术参数可用下式表示。

$$L_{max}=S_m+H_{min}=(3\sim4)D_{max}$$

$$S_m\geqslant2D_{max}$$

$$S_m\geqslant\left(\frac{1}{2}\sim\frac{2}{3}\right)L_{max}$$

式中　L_{max}——模板间的最大开距，m；

S_m——吹塑合模行程，m；

H_{min}——最小模具厚度，m；

D_{max}——吹塑制品最大直径，m。

4.2.5　选用注射拉伸吹塑中空成型机时应注意哪些问题？

由于注射拉伸吹塑的产品品种较多，在生产中应根据具体情况选择合适的成型方法。一般比量不大的制品，要优先考虑采用一步法成型；而比量较大的制品则应优先考虑两步法成型。在选用注射拉伸吹塑中空成型机时一般应注意以下几方面的问题。

① 根据市场、厂房、资金等条件，决定选择一步法还是两步法注射拉伸吹塑中空成型机。一般对于产品品种较多、批量又不大的制品，应考虑选用一步法设备。

② 在选用一步法注射拉伸吹塑中空成型机时，应注意注射装置、塑化能力和一次注射量必须平衡；选用两步法设备时，应注意注射成型机加工预型坯的能力和吹塑成型机要相匹配。

③ 注射拉伸吹塑中空成型机的注射装置应考虑采用一线式往复螺杆结构，并配有合适的螺杆和喷嘴，以保证均匀的塑化质量，使预型坯的尺寸和热变形控制在较窄的范围内。如成型 PET 制品时，采用一线式往复螺杆结构可以减少黏度损失。一般成型 PET 的螺杆长径比多采用 18~20，且宜选用带有长度为 $(1~2)D_s$ 的混炼头，压缩比通常取 2.3 左右。

④ 为了缩短成型周期，提高生产率，对一步法设备必须考虑所用模具应具有充分、有效的冷却，尤其是在一模多腔的情况时。预型坯受模具热流道的影响较大，因此模具设计，包括热流道、阀式浇口等，都必须以保证从各个预型坯的均一性方面着手。对于两步法注射拉伸吹塑中空成型机，缩短成型周期的主要措施是提高加热效率，缩短加热时间。

⑤ 选择加热方法时，除考虑经济性外，还应尽可能采用速度快、加热均匀的加热方式。要求预型坯在厚度方向上加热均匀，且四周加热均一时，可考虑采用波长较长的红外线加热法。对一步法可采用加热芯和加热罐，并必须在靠近预型坯内、外表面加热时，保证处于中心的位置。对两步法设备，可考虑采用夹持预型坯的芯轴，带着预型坯旋转进行加热的方式。预型坯的轴向温度分布可预先设定，并能严格控制，轴向温度控制可设 3~8 段，甚至更多。

⑥ 拉伸速率、时间、吹塑能力和吹塑时间对制品的成型性能影响很大，设计选型对拉伸行程、拉伸汽缸进气量以及吹塑气压、吹塑时间能进行控制和调整。

⑦ 在选用一步法注射拉伸吹塑中空成型机时，必须同时考虑物料干燥、冷却水和压缩空气供应等方面的辅助配套设备。选用两步法注射拉伸吹塑中空成型机时还要考虑预型坯输送、对中及配套设备。

4.2.6　注射拉伸吹塑中空成型机的安全保护措施有哪些？

拉伸吹塑中空塑成型机的安全保护措施主要如下。

① 操作工在注射成型生产过程中，经常要到两个开合模具间取制件、调试模具或清理成型模具内的异物。所以，在开合模部位应设有安全门。安全门的作用是：安全门关闭，才能合模。安全门关不严或打开时，合模动作停止。主要由行程开关限制动作，门关闭，压合合模行程开关，合模油缸才能工作，开始注射动作。打开安全门，合模行程开关复位断电，这时才能接通开模开关，模具才能动作。如果两种开关同时压合或不压合，便会发出故障报警。为了确保安全，在开关端还设有油路行程开关。只有安全门关闭，才能使换向阀接通合

模油缸油路，使活塞前移并推动模板合模。行程开关应安装在隐蔽处，以避免人为碰撞或误压，造成事故。操作台附近设有紧急停车红色按钮，供有意外事故紧急停车时使用。

② 应设有模具保护装置。模具是注射制品的主要成型部件，它的结构形状和制造工艺比较复杂，造价费用高。如果模具出现问题，不仅会影响塑料制品的质量，甚至会使生产无法进行，所以，模具的安全也应重点保护。为了防止模具闭合时有冲撞现象，合模至模具要接触时，行程速度要放慢，同时要低压合模，待两模具接触并碰到微行程开关时才能升高压合模。如在低压合模过程中，两模间有异物，两模具面不能接触，碰不到微行程开关，则不能高压锁模。这样，即可达到保护模具不受损坏的目的。

③ 应设有液压系统的安全报警装置，并具有以下功能。

a. 润滑油不足报警，以保证各相互运动配合部位有良好润滑。

b. 液压油量不足报警，防止因吸油量不足而影响液压传动工作。

c. 液压油温过高报警，防止液压传动各元件损坏，保证液压传动工作正常运行。

d. 吸油管路部位滤油器供油不足报警，防止因空气混入液压油中而影响液压传动工作。

4.2.7 拉伸吹塑中空成型机的安装应注意哪些问题？

拉伸吹塑中空成型机的安装要根据公司厂房具体情况及产品要求进行，具体主要考虑如下四个因素。

① 安装机器的车间必须清洁、通风，应按地基平面图的要求提前准备好，做到地基平整、承载能力符合要求，并留有地脚螺栓安装孔。

② 机器安装时应校调水平，以保证机器平稳工作。对两步法设备，应考虑整条流水线，包括制坯、输送、二次加热、拉伸吹塑、贴标、制品收集等配套设备的合理布置。

③ 机器的辅助设备，包括物料干燥装置、空压机以及制冷设备等另室安装。

④ 应配备有足够压力和流量的冷却水接口，用于冷却液压系统的液压油等。用于冷却模具的冷水管道应包覆隔热材料。

4.2.8 拉伸吹塑中空成型机的保养内容包括哪些方面？

为了确保拉伸吹塑中空成型机能随时投入正常生产及延长其使用寿命，必须对其进行定期保养，保养的内容主要包括以下几方面。

① 保持机器清洁和环境整洁。

② 机器各运动副要经常加润滑油。

③ 停机期间，应对注射和吹塑模具进行防锈处理。

④ 加工硬质PVC材料后，必须及时清洁机筒和螺杆。

⑤ 经常检查气动三大件（分水滤气器、减压阀、油雾器），及时放水和加润滑油。

⑥ 经常检查液压系统油箱的液面位置，定期更换液压油。

⑦ 液压油冷却器应定期用三氯乙烷溶液或四氯化碳溶液进行清洗，以提高其热交换率，保障液压油处于正常的温度下进行工作。

4.2.9 注射拉伸吹塑中空成型机的发展趋势如何？

注射拉伸吹塑中空成型机主要是向高速、高效、多功能方向发展，具体发展趋势主要有以下几点。

(1) 创新伺服驱动在注射拉伸吹塑设备中的应用

瓶坯的输送、合模机构的驱动、拉伸杆的移动等可由液压、气动改为伺服驱动，提高瓶坯定位精度、成型质量和效率，进一步提高设备的科技含量及成型性能。交流伺服系统具备优良的加速性能和低速性能，可实现弱磁高速控制，能拓宽系统的调速范围，具备精确的定位性能，实现简化瓶坯输送结构，达到低噪声高速传动；根据不同瓶坯的拉吹工艺，快速调整运行速度；瓶坯快捷精确定位，提高成品率。间隙高速运转快速定位瓶坯输送系统，离开伺服电机动力驱动及其控制系统是不可能的。

（2）智能化控制技术的应用

智能化控制技术是提高拉注射拉伸吹瓶质量和效率的关键。德国 Krones 研制出了一种瓶坯质量检测装置，能检测瓶坯的同心度、内径等质量，每小时可检测 72000 个瓶坯，该装置可安装在自动堆垛台之后，也可以安装在 Contiform 拉吹塑料成型设备的横进给轮上。

SIG Corpoplast 公司的 PETWallplus 吹塑机厚度监测系统，采用红外线吸收技术，精确测定容器中指定区域的厚度，可以检测每个瓶子材料分布的偏差、移位、加工中出现的问题以及和材料分布相关的其他问题，将连线校验的工艺参数集成于拉伸的工艺控制系统中，自动识别并去除材料分布不均的容器，对诸如瓶坯的各种数据进行监控，形成一个闭合的、自动控制和自动调节相结合的生产循环过程，即使各瓶坯的数据不同，在初始设定的工艺参数仍保持不变的情况下，生产出的瓶子质量仍稳定可靠。系统可精确检测不同形状和颜色的 PET 容器，速度达到每小时 32000 支。

（3）注坯、拉吹、模具三位一体无缝结合成型设备的开发

注射拉伸吹塑瓶成型设备成套开发，是现代开发的方向，也是适应市场对 PET 注射成型设备快节奏更新速度的需要。注射瓶坯、拉吹成型瓶、瓶坯模和吹瓶具等三位一体连线综合开发，为用户提供放心工程生产线，是新的瓶成型设备的开发模式和供应模式。意大利 SIPA 公司是国际上著名的 PET 瓶成型设备的研发商，为用户提供注射瓶坯、拉吹成型瓶、模具、辅助设备等生产线，也为用户提供和解决从瓶坯设计到吹瓶成型的生产方案，取得了一定的市场份额。

（4）注射拉伸吹吹塑成型设备与灌装线无缝结合的开发

注射拉伸吹塑设备与灌装线的无缝结合生产线是指将瓶坯的拉伸吹塑成型、原料的灌装、贴标、封口、包装等多道工序集于一次完成，尤其在生产医用、食品包装的灌充清洁卫生方面得到了可靠的保证。原料的灌充不需要对瓶进行再清洗，不需要空气输送带，灌充在封闭、无污染的环境中进行，真正实现了生产全过程的"无人手接触"，从而确保了产品的洁净卫生。瓶坯在过滤空气下有效除尘。灌装环境与外界环境隔离。瓶盖除尘，正压密闭封盖。

4.2.10　拉伸吹塑中空成型时，加温机无法上坯是何原因？应如何解决？

（1）拉伸吹塑中空成型时，加温机无法上坯的主要原因

① 进坯盘内型坯运动的轨迹线与加温机传动链内型坯的轨迹垂直投影段的直线段不重合，圆弧段不相切。

② 进坯盘内型坯运动的轨迹线与加温机传动链内型坯的轨迹不同步。

③ 上、下坯机构的上坯位置不正确。

（2）解决方法

① 调整进坯盘与加温机传动链的相对位置。

② 调整进坯盘圆周方向位置与加温机传动链上坯位置同步。

③ 调整上、下坯机构的上坯位置，使上坯时加温头部件中心对准进坯盘槽中心。

4.2.11 拉伸吹塑时，型坯在转坯盘内有卡坯现象，是何原因？应如何解决？

(1) 型坯在转坯盘内出现卡坯现象的原因

① 进坯盘内型坯运动的轨迹线与加温机传动链内型坯的轨迹垂直投影段的直线段不重合，圆弧段不相切。

② 进坯盘内型坯运动的轨迹线与加温机传动链内型坯的轨迹不同步。

③ 上、下坯机构的下坯位置不正确。

(2) 解决方法

① 调整进坯盘与加温机传动链的相对位置。

② 调整进坯盘圆周方向位置与加温机传动链上坯位置同步。

③ 调整上、下坯机构的下坯位置，使下坯时加温头部件中心对准进坯盘槽中心。

4.2.12 拉伸吹塑机模内有型坯，但吹塑机无封口、锁模、拉伸及吹塑等动作，是何原因？应如何解决？

(1) 产生原因

① 光传感器无信号输出。

② PLC故障。

③ 电磁换向阀堵塞或卡死。

(2) 解决方法

① 修复或更换光传感器。

② 检查、修复PLC。

③ 检查、修复电磁换向阀。

4.2.13 拉伸吹塑机锁模轴上升时导向轴无法插入导向套内，是何原因？应如何解决？

(1) 造成原因

① 开合模导轨工作面磨损。

② 开合模连杆按块角度不正确。

③ 左、右模导向套在合模位置不同心。

④ 撞头弹簧过紧。

(2) 解决方法

① 修复开合模导轨工作面。

② 调整开合模连杆按块角度。

③ 调整左、右模，使左、右模导向套同心

④ 调整撞头弹簧的松紧度。

4.2.14 拉伸吹塑机锁模后，锁模轴自行下滑，是何原因？应如何解决？

(1) 造成原因

① 撞头弹簧过松。

② 锁紧延伸导轨复位弹簧太松，导向轴末完全进入导向套内。

(2) 解决办法

① 调整撞头弹簧的松紧度。

② 调整或更换延伸导轨复位弹簧。

4.2.15　拉伸吹塑时中心（切口）不在正确位置,是何原因? 应如何解决?

（1）造成原因

① 拉伸杆顶端与吹塑模之间的间隙太大（1.5mm 以上）。

② 二次吹塑发生太早,空气压力太高。

③ 型坯下部温度高。

（2）解决办法

① 调节拉伸杆的可调节螺钉和尼龙限位器。

② 移动向下限位器,调节压力至 $1.37 \sim 1.47$MPa。

③ 降低型坯下部的温度。

4.2.16　挤出拉伸吹塑中空成型机的分类与特点?

挤出拉伸吹塑中空成型机根据是一步完成制品成型还是分两步完成制品成型,可将设备分为两类：即一步法挤-拉-吹中空成型机与两步法挤-拉-吹中空成型机。一步法挤-拉-吹中空成型机主要用于 PVC 的加工,两步法挤-拉-吹中空成型机主要用于 PP和 PVC。

一步法挤-拉-吹是将挤出的型坯置于预吹塑模中进行预吹胀和封端（瓶底）,再将预制型坯调温到适于拉伸取向的温度,然后将其置于成型模中进行纵向拉伸、吹胀和冷却定型,如图 4-21 所示为其成型过程。挤出拉伸吹塑设备是由挤出机、型坯口模、预吹塑模、成型模、回火箱和锁模装置等构成的。其特点是由于挤出拉伸吹塑的双轴取向作用,制得瓶子的强度高、光泽好、成本低,但投资较高。

两步法挤-拉-吹是将挤出的型坯冷却结晶,然后将型坯在低于熔点的温度加热,

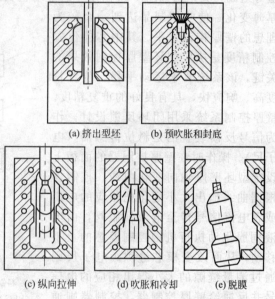

(a) 挤出型坯　　(b) 预吹胀和封底

(c) 纵向拉伸　　(d) 吹胀和冷却　　(e) 脱膜

图 4-21　PVC 的一步法挤出拉伸吹塑成型过程

以保持其结晶结构,并进行拉伸和吹塑。其成型过程如图 4-22 所示。用两步法制得的中空容器其特点是改进了低温脆性,提高了强度、透明度和阻隔性等,可用于食品包装。

4.2.17　挤出拉伸吹塑中空成型的拉伸装置有哪些类型?

挤出拉伸吹塑中空成型过程中的拉伸装置有两种类型,即拉伸芯棒和拉伸夹具两种。

（1）拉伸芯棒

拉伸芯棒从型坯上部插入,在液压作用下顶住型坯底部,进行纵向拉伸,然后芯棒上的气孔通入压缩空气吹胀,进行径向拉伸。多数拉伸成型都采用这种拉伸装置。

（2）拉伸夹具

拉伸夹具从外部夹往管状型坯的两端,在液压作用下进行纵向拉伸,然后再吹胀进行径向拉伸。颈部与底部都有飞边需要修整,飞边经破碎后可回收利用。

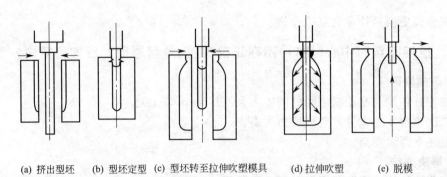

(a) 挤出型坯　　(b) 型坯定型　(c) 型坯转至拉伸吹塑模具　(d) 拉伸吹塑　(e) 脱模

图 4-22　两步法挤出拉伸吹塑成型过程

4.2.18　挤出拉伸吹塑成型机的壁厚控制装置结构组成是怎样的？

挤出拉伸吹塑成型机型的壁厚控制系统是一个位置控制系统，主要由液压伺服系统、塑料机头的伺服液压缸、电控装置、电液伺服阀、料位传感器（电子尺）以及连接的管道等组成，其结构如图 4-23 所示。通过对机头芯模或口模开口量的控制来控制塑料型坯的厚薄变化，使吹塑制品达到一个较为理想的壁厚控制水平。其中芯棒位置控制精度是决定型坯壁厚控制效果的关键。该系统要求运动平稳，位置精度高、响应快，具有良好的重复精度。壁厚控制系统采用闭环反馈设计，作为信号反馈装置的是料位传感器（电子尺）。操作时在壁厚控制器的面板上设定型坯壁厚轴向变化曲线，控制器根据曲线输出大小变化把相应的电压或者电流信号传至电液伺服阀，由电液伺服驱动执行机构控制模芯的上下移动，从而改变模芯缝隙。电子尺则通过测量缝隙的大小得出相应的电信号并反馈给壁厚控制器，控制器则通过比较给定信号与反馈信号的大小来

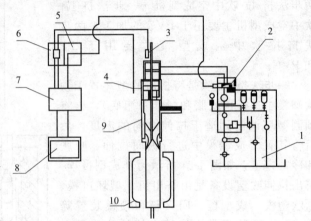

图 4-23　型坯轴向壁厚控制系统

1—伺服液压系统；2—电液伺服阀；3—芯模开口位移传感器；4—贮料缸料位传感器；5—伺服阀放大器；6—位移传感器变送器；7—PLC 数模转换器；8—触摸屏显示器；9—贮料机头；10—模具

确定调节方式和调节量的大小，以确保系统按要求工作，这就构成了闭环壁厚控制系统。

4.2.19　挤出拉伸吹塑成型机的安装与调试？

（1）挤出拉伸吹塑中空成型机的安装

① 机器应安装在干净、通风的车间。安装机器的地基应按地基平面图的要求施工，要求具有足够的承载能力，并留有地脚螺栓的安装孔。

② 机器安装时，应用水平仪调整好水平，以确保机器工作时运行平稳。同时，必须注意到机器与墙壁、机器顶部与屋顶天花板有足够的距离。前者通常要求≥1.5m，后者要求≥2m。

③ 主机和辅机设备的安装应有合理布局，同时应考虑留有成型制品的堆放空间或输送通道。空气压缩机应放在靠近主机并具有较好隔音效果的专用房间。

④ 电、水、气等管线应布置在地下，地面上留有多个电源线、水管、气管接口，冷却水要有一定压力和流量，并考虑循环使用。

⑤ 电气控制柜安装在操作方便的位置。

（2）挤出拉伸吹塑中空成型机的调试

挤出拉伸吹塑中空成型机安装完成后，需要进行调试工作。调试的步骤如下。

① 接通电气控制柜上的电源开关，将操作的选择开关调到点动或手动位置。

② 检查机器各部位的连接情况是否正常。

③ 机器润滑部位加好润滑油。

④ 液压系统油箱内加好工作油。

⑤ 将气泵启动，运转至所需压力。

⑥检查主机电动机与液压泵电动机的转向是否正确。

⑦ 检查吹气杆的动作是否同步。

⑧ 接通冷却水系统，进行循环冷却。

⑨ 接通加热与温度控制调节系统。

⑩ 机器不工作时，液压系统应在卸压状态下运转。

⑪ 关闭安全门。

⑫ 调整好所有行程开关。

⑬ 如加工的是PVC，在开始加工PVC制品前，应先加入PE料，待塑化正常后再加入PVC料。

⑭ 在生产PVC制品前，停机前加入PE料清洗机筒，以免机筒内的PVC受热时间过长而分解，影响下次开机生产。

4.2.20 一步法挤出拉伸吹塑成型机的操作步骤如何？

一步法挤出拉伸吹塑成型机的操作步骤如下。

（1）预热升温

按工艺要求在温控仪上设定温度值，启动加热系统进行升温，并检查各段加热器的电流指示值是否正常，待达到加工温度后，恒温 $1\sim2h$。

（2）启动挤出吹塑机的辅助系统

启动各辅机，如空气压缩机，并检查各装置运转是否正常。

① 型坯的挤出 在第一工位，由挤出机机头成型的型坯达到预定的长度时，预吹塑模具合模，截取型坯。

② 预吹塑 预吹塑模具截取型坯后，将转至第二工位，预吹胀型坯并成型颈部螺纹。型坯温度继续降低。

③ 纵向拉伸 型坯预吹胀完成后，模具开启，将预吹胀的型坯移入拉伸和吹塑模具中，随后芯棒上顶实现型坯的轴向拉伸取向。

④ 径向吹塑 轴向对型坯的拉伸完成之后，由芯棒上开设的气针口吹入压缩空气，使型坯径向吹胀至模具内壁形状，同时对制品进行冷却，定型后开启模具，取出制品。

（3）停机

① 关闭上料系统，并关闭料斗下料挡板。

② 排净机筒内的物料，待物料排空后关机。

③ 关闭各辅机。

④ 关闭各段加热器、冷却水泵、润滑油泵，最后切断控制总电源。

⑤ 关闭各进水管阀门。

4.2.21　两步法挤出拉伸吹塑成型机的操作步骤如何？

两步法挤出拉伸吹塑成型机的操作步骤如下。

(1) 吹塑型坯的生产

① 预热升温，按工艺要求在温控仪表上设定温度值，启动加热系统进行升温，并检查各段加热器的电流指示值是否正常，待达到加工温度后，恒温1~2h。

② 投料生产，牵引机开车，切割机合闸供电。

③ 牵引机的夹紧输送装置缓慢运行，观察电动机工作电流是否正常，运行速度是否平稳。

④ 调整牵引机上夹紧输送装置的运行速度，使其接近于管坯从模具口的挤出速度。

⑤ 当冷却定型管材进入牵引机后，管材被夹紧运行时，微调变速装置，使牵引速率与管坯挤出速率匹配。

⑥ 调整牵引管材速率后，检查管材成品质量。如果管材的直径规整，表面光滑、发亮、无横向皱纹，则说明牵引装置的牵引速率和管材的夹紧力都比较合适，可以正常生产。

⑦ 当管材向前运行至延伸长度端面碰到限位开关时，切割机的夹紧装置就会夹住管材，切割锯片转动，管材切割开始。整个切割装置随管材的运行同步沿轨道向前移动，直至管材被切断后，切割装置返回原位，等待第二次切割工作的开始。

⑧ 贮备存用。

(2) 管坯加热

按工艺要求对加热装置进行加热，并控制好加热温度。待温度达到工艺要求后，将预制好的管坯用专用夹紧装置送入加热装置。

(3) 插入芯棒

管坯加热到所需温度后，从一端置入芯棒。芯棒设有进气孔，并可轴向移动。

(4) 焊接管底

加热装置上端模块压下，使管坯底焊接形成瓶子底部。

(5) 压制瓶颈部

封底后的管坯套在芯棒上转入拉伸吹塑模具，模具迅速闭合压制出瓶颈部螺纹。

(6) 拉伸吹胀

芯棒向上伸出，轴向拉伸整个管坯，同时注入压缩空气，径向吹胀管坯，从而实现双向拉伸定向。

(7) 制品定型

模具通入冷却介质，使被双向拉伸的制品迅速冷却定型，得到所需形状的中空制品。

4.2.22　如何对挤出拉伸吹塑中空成型机进行维护？

挤出拉伸吹塑中空成型机的维护时应注意以下几点。

① 要定期对挤出机（主要是螺杆、机筒、机头）进行预防性检修、清理。

② 对型坯加热及拉伸吹塑模具温度控制装置要经常进行检查。

③ 对芯杆的进气孔要经常检查是否被堵塞，在生产过程中气压是否适当，尤其要注意对压力表的检查和维护。

④ 对拉伸吹塑部件的液压系统和润滑系统要定期检查。

4.2.23　挤出拉伸吹塑成型机的发展趋势？

根据国内外塑料机械工业技术的发展方向，挤出拉伸吹塑成型机的发展的趋势主要是以下几方面。

（1）微型化与大型化

微型化是各类产品今后的重要发展方向，有越来越多的市场需求，在电子、信息、电器、医疗、生物等部门已表现出明显的发展。目前虽然已有生产 3mL 塑料瓶的中空吹塑成型机，但是生产更小容积的应用于医疗、生物方面的中空容器设备，已经有一些国家正在研发中。

大型化也是今后发展的方向之一。目前已出现生产 5000L 中空容器的商品化生产设备。而工业用各种大型中空容器的需求明显，10000L 甚至更大容积的塑料贮装容器也已有需求。

（2）个性化

长期以来中空吹塑成型机的机型、功能、规格的划一和固定不变已不能满足市场需求。中空容器生产厂家需要灵活应变，以适应日新月异的市场需求，促使中空吹塑成型机的模块化设计、技术集成、专业化生产、国际采购能力与水平的提高，这既要求塑料机械企业在技术人才、技术创新方面具有雄厚实力，也要求企业能在第一时间内准确把握客户的个性化需求。

（3）智能化

自动控制技术在塑料机械工业中的应用已发展到相当高的水准。设备单元的自动控制、过程联动、在线反馈控制等都借助电子技术与计算机技术在中空吹塑成型机中得到较广泛的应用。简单地说，智能控制系统主要是指具有能理解工作人员的理念和意图、能识别和检测工作失误、能回答人员提出的问题、能提出解决问题的办法和措施并发出指令实施相应的生产等功能的控制系统。智能化塑料机械的发展，将会明显提高塑料机械的运行稳定性和可靠性，切实提高塑料机械高质量、高效率、低损耗的生产能力，并为实现无人车间、无人工厂提供坚实技术基础。

（4）网络化与虚拟化

这在理念上和模式上都是全新的技术，它会使中空吹塑成型机的生产企业在质量、效率、成本、服务、销售等方面的竞争力大幅提高，从而使企业的经济效益显著增大。虽然虚拟技术的发展在各个工业部门都处于初始发展阶段，但是，由于虚拟技术可带来巨大经济效益的潜力，将为虚拟技术今后的发展提供强大的推动力。

4.2.24　拉伸中空吹塑成型时，物料常用干燥装置有哪些类型？

拉伸中空吹塑成型时，物料常用干燥装置的类型主要有鼓风干燥箱、真空干燥装置及除湿干燥装置等。

（1）鼓风干燥箱

鼓风干燥箱主要用于小批量生产或塑料成型加工实验，是将塑料原料放入烘箱格盘中，开启鼓风烘箱，加热空气，用热空气与格盘中的原料进行热交换，以此将原料中的水分带走，从而起到干燥的作用。与鼓风烘箱干燥原理相同的是热风干燥料斗干燥，其结构如图 4-24 所示。这种干燥方法在塑料生产过程有应用，鼓风机从外部吸入空气，经一个加热器加热后从料桶底部进入料桶，经过待干燥的塑料原料，成为湿热空气，从料桶上方排出。这种干燥方法因只是简单地吸收外部空气进行加热后作为干燥空气，故如果外部空气湿度过高，则无法达到原料干燥的要求。

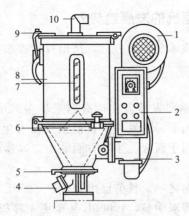

图 4-24　热风干燥料斗

1—鼓风机；2—温控箱；3—电热器；4—排料口；5—开合门；6—物料分散器；

7—视窗；8—料斗；9—料斗盖；10—排气口

（2）真空干燥装置

真空干燥装置主要有静置真空干燥箱、回转真空干燥器及真空干燥料斗。真空干燥又称负压干燥，是让塑料原料处于负压状态下进行加热干燥，通过抽真空产生负压，使挥发组分的沸点降低，从而使水分迅速变成水蒸气，从固体原料中分离出来快速脱离。静置真空干燥箱和回转真空干燥设备投资大，能耗高（加热耗能、真空耗能、回转耗电），常见真空干燥装置如图 4-25 所示。

图 4-25　常见真空干燥装置

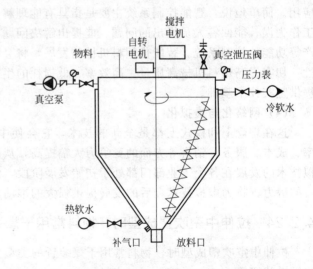

图 4-26　单螺旋混合干燥机示意

真空干燥装置与热风干燥装置相比，如达到同样的干燥效果，真空干燥的速度平均要快6倍。真空干燥机可以在满足挤出机或注射机用量的前提下，干燥的批量小，实现连续干燥，可以保证原料的干燥效果，并且可以减小原料对水分再吸收的可能性，另外，真空干燥时由于物料内空气被抽出，而减少干燥环境中的含氧量，可避免物料干燥时的高温氧化现象，主要用于在加热时易氧化变色的物料，如 PET、PA 等。

目前实现真空干燥的还有真空干燥单螺旋混合干燥机，如图 4-26 所示。干燥物料时，首先将物料加入干燥机中，物料占干燥机容量的 80% 为宜；启动真空泵，将干燥机内的压力降至真空状态（30kPa左右）；抽真空时，用一台小型除湿干燥机不断地给干燥机补充少量干燥空气，形成负压和干燥的环境，以促进物料内部的水分逸出；启动自转电机和搅拌电机，开启夹套上的阀门，热软水从进水口进入夹套，对物料进行加热。

（3）除湿干燥装置

塑料粒子静止堆积在料筒中，由分子筛除湿加热后的热空气由下往上对流通过塑料粒子层，吸湿后的分子筛通过加热再生可重复使用。

塑料粒子除湿干燥装置原理如图 4-27 所示。需要干燥的塑料粒子静止堆积在机筒中，除湿加热后的干热空气经风嘴 1 由下往上吹，吹过塑粒层，带走从塑料粒子中汽化的水分，再从料筒顶部逸出，由鼓风机 6 吹进分子筛吸湿罐 12，经除湿加热后从新循环进入料筒中。待分子筛吸湿罐 12 中的水分达到饱和时，只切换方向阀（5、11）便会自动切换到分子筛吸湿罐 10，而分子筛吸湿罐 12 则进行加热再生，以重复使用。如上所述，除湿空气干燥机的干燥过程主要依靠塑料粒子表面的水汽分压与热空气中水汽分压之差 Δp 来推动，所以热空气越干，Δp 越大，干燥效率就越高。而热空气的干湿程度是用露点来衡量的，露点是指在冷却过程中，空气中的水分开始凝露时的温度值。空气露点越低，空气越干。一般来说，空气的极限露点温度为 $-15 \sim -18 ℃$。除湿空气干燥机中热空气流的露点温度通常控制在低于 $-30 ℃$。

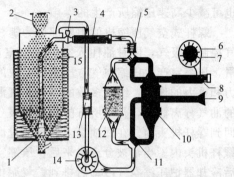

图 4-27　塑料粒子除湿干燥装置原理

1—风嘴；2—塑料原料；3—关闭阀；4—加热器；
5，11—方向阀；6，14—鼓风机；
7，13—微型过滤器；8—再生加热器；
9—出风管；10，12—分子筛吸湿罐；
15—温度传感器

4.2.25　拉伸吹塑型坯所用空压机的工作原理如何？

拉伸吹塑型坯所用空气压机压缩机简称空压机，根据其结构不同主要有活塞式与螺杆式之分，不同结构的空压机其工作原理有所不同。

（1）活塞式无油润滑空气压缩机

活塞式无油润滑空气压缩机由传动系统、压缩系统、冷却系统、润滑系统、调节系统及安全保护系统组成。压缩机及电动机用螺栓紧固在机座上，机座用地脚螺栓固定在基础上。工作时电动机通过联轴器直接驱动曲轴，带动连杆、十字头与活塞杆，使活塞在压缩机的气缸内做往复运动，完成吸入、压缩、排出等过程。该机为双作用压缩机，即活塞向上、向下运动均有空气吸入、压缩和排出。

在拉伸吹塑时的空气压缩机控制系统中，普遍采用后端管道上安装的压力继电器来控制空气压缩机的运行。空压机启动时，加载阀处于不工作态，加载汽缸不动作，空气压缩机头进气口关闭，电机空载启动。当空气压缩机启动运行后，如果后端设备用气量较大，贮气罐和后端管路中压缩气压力未达到压力上限值，则控制器使加载阀动作，打开进气口，电机负载运行，不断地向后端管路产生压缩气。如果后端用气设备停止用气，后端管路和贮气罐中压缩气压力渐渐升高，当达到压力上限设定值时，压力控制器发出卸载信号，加载阀停止工作，进气口关闭，电机空载运行。

（2）螺杆式空气压缩机

螺杆式空气压缩机由螺杆机头、电动机、油气分离桶、冷却系统、空气调节系统、润滑系统、安全阀及控制系统等组成。整机装在一个箱体内，自成一体，直接放在平整的水泥地面上即可，无需用地脚螺栓固定在基础上。螺杆机头是一种双轴容积式回转型压缩机头。一对高精密度主（阳）、副（阴）转子水平且平行地装于机壳内部，主（阳）转子有五个齿，而副（阴）转子有六个齿。主转子直径大，副转子直径小。齿形呈螺旋状，两者相互啮合。主、副转子两端分别由轴承支承定位。工作时电动机通过联轴器（或皮带）直接带动主转子，由于两个转子相互啮合，主转子直接带动副转子一同旋转。冷却液由压缩机机壳下部的喷嘴直接喷入转子啮合部分，并与空气混合，带走因压缩而产生的热量，达到冷却效果。同时形成液膜，防止转子间金属与金属直接接触及封闭转子间和机壳间的间隙。喷入的冷却液也可减少高速压缩所产生的噪声。

螺杆式空气压缩机的主要部件为螺杆机头、油气分离桶。螺杆机头通过吸气过滤器和进气控制阀吸气，同时油注入空气压缩室，对机头进行冷却、密封以及对螺杆及轴承进行润滑，压缩室产生压缩空气。压缩后生成的油气混合气体排放到油气分离桶内，由于机械离心力和重力的作用，绝大多数的油从油气混合体中分离出来。空气经过由硅酸硼玻璃纤维做成的油气分离筒芯，几乎所有的油雾都被分离出来。从油气分离筒芯分离出来的油通过回油管回到螺杆机头内。在回油管上装有油过滤器，回油经过油过滤器过滤后，洁净的油才流回至螺杆机头内。当油被分离出来后，压缩空气经过最小压力控制阀离开油气筒进入后冷却器。后冷却器把压缩空气冷却后排到贮气罐供各用气单位使用。冷凝出来的水集中在贮气罐内，通过自动排水器或手动排出。

螺杆式空气压缩机的工作过程分为吸气、密封及输送、压缩、排气四个过程。当螺杆在壳体内转动时，螺杆与壳体的齿沟相互啮合，空气由进气口吸入，同时也吸入机油，由于齿沟啮合面转动将吸入的油气密封并向排气口输送；在输送过程中齿沟啮合间隙逐渐变小，油气受到压缩；当齿沟啮合面旋转至壳体排气口时，较高压力的油气混合气体排出机体。

4.2.26 拉伸吹塑中空成型模具应如何装拆？

拉伸吹塑中空成型模具应拆卸步骤如下。

(1) 拆卸模具前的准备工作

换模具前，应熟悉各部分的结构原理，明确需拆卸的模具结构。除特殊需要外，安装和更换模具必须在切断主电源的前提下进行。

(2) 拆卸底模和吹瓶模

① 首先接通操作气路，合上主电源开关，转换到"手动"模式。

当机器处于生产状态时，先按"AUTO"键，使其停止运行，然后按"MANUAL"键，控制电脑显示出如图4-28所示的画面。当处于停机状态时，先合上主电源，然后按触摸屏幕上的"手动操作"键换到手动画面，如图4-29所示。

② 按下列指令打开吹瓶模。

按下吹塑模合/开模键，打开吹塑模，按下底模上/下键，使底模处于上的位置；按下拉伸杆上/下键，使拉伸杆处于下的位置。

③ 用排气阀排掉操作气（切断压缩空气气源）。

④ 拆卸底模和吹瓶模。

先拆下底模上的水管、气管和底模杆上的底模装配螺钉，再拆卸水管及其接头，并把模具中的水排出，以免干扰操作，再拆下型腔装配螺钉，如图4-30所示。注意保护底模及模具型腔内表面不被损伤。当吹模拆卸后，需暂停较长时间时，务必在其表面涂上防锈剂。

(3) 吹瓶模和底模的安装

安装吹瓶模步骤是先将一边模背面的定位销孔与模具垫板上的定位销孔对齐配合，使其

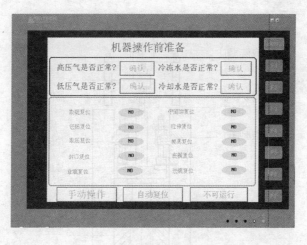

图 4-28 机器操作前准备电脑界面

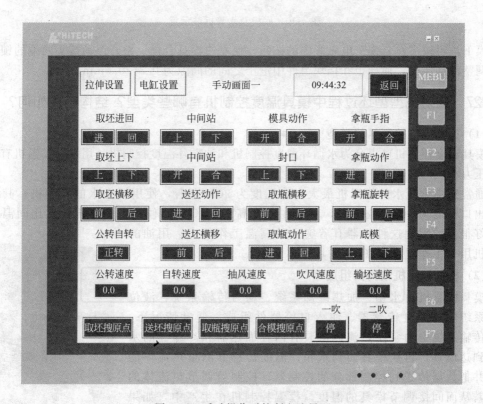

图 4-29 手动操作时控制电脑界面

背面与模具垫板面相贴。然后，用螺钉锁紧固定再装另外一边模，用螺钉稍微拧紧后，将底模打下，排掉低压气，让模具自由合上，合到位后，再充上低压气。将后装的边模固定螺钉锁紧即可。

底模的安装步骤是先按下底模上/下键，使底模处于上的位置；按下拉伸杆上/下键，使拉伸杆处于下的位置。再将底模组件用底模装配螺钉与底模安装板紧固，然后进行底模位置的调整。

底模位置的调整方法是：手动操作控制底模"上/下"的电磁阀上"底模下"手按按钮。

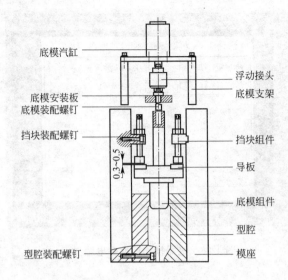

图 4-30 底模及水管拆装示意

使底模下，再按"左合模"电磁阀侧的按钮，使左边模具合模。松开浮动接头两端的锁紧螺母，调整浮动接头，使导板和挡块组件中滚子之间的间隙为 0.3～0.5mm。

4.2.27 注射成型型坯过程中模具温度控制机有哪些类型？结构组成如何？

(1) 模具温度控制机的类型

模具温度控制机可以分为水循环温度控制机和油循环温度控制机，用水的模温机有常压水和压力水的两种。

通常采用常压水的模温机最大出口温度为 90℃ 左右，使用压力水的模温机，其可允许的出口温度为 160℃ 或更高，由于在温度高于 90℃ 的时候，水的热传导性比同温度下的油好很多，因此这种机器有着突出的高温工作能力。用油的模温机用于工作温度≥200℃ 的场合。

(2) 模具控温机结构的组成

模具控温机由水箱、加热冷却系统、动力传输系统、液位控制系统以及温度传感器、注入口等器件组成。通常情况下，动力传输系统中的泵使热流体从装有内置加热器和冷却器的水箱中到达模具，再从模具回到水箱；温度传感器测量热流体的温度并把数据传送到控制部分的控制器；控制器调节热流体的温度，从而间接调节模具的温度。模温控制机在生产中，如果模具的温度超过控制器的设定值，控制器就会打开电磁阀接通进水管，直到热流液的温度，即模具的温度回到设定值。如果

图 4-31 模温机的结构

模具温度低于设定值，控制器就会打开加热器。模温机的结构如图 4-31 所示。

4.2.28 模具温度控制机应如何操作？

模具温度控制机的操作方法如下。

① 将机台用水与模温机循环水路，按正确进出方向连接。

② 将模具温度控制机的热传递油管与模具连接。

③ 检查媒介液（油或水）的存量，及时补充。
④ 按要求设定温度。

| 8～20℃ | 用冻水机 | 35～85℃ | 用水温机 |
| 20～35℃ | 用常温水 | 85～160℃ | 用油温机 |

⑤ 打开进、出油（水）阀门，插上电源，打开电源开关。
⑥ 打开泵开关，泵运转方向应正确，反转时必须把两根相线调换。
⑦ 打开电热开关，开启电热。
⑧ 停止生产时，先关模具温度控制机电热 → 冷却降温至 60℃ 以下 → 关电源 →
拆油管，使油回流至模具温度控制机内 → 关阀门 。

4.3　拉伸吹塑中空制品实例疑难解答

4.3.1　聚氯乙烯瓶的拉伸吹塑工艺有哪几种？

聚氯乙烯瓶通过拉伸吹塑工艺来生产，不但可以降低瓶子的材料成本，而且可以提高其性能，主要可以改善瓶子如下性能。
① 提高制品的透明度和降低粗糙度。
② 提高制品的耐冲击性能和耐压力破裂性。
③ 提高制品的阻隔气体与水蒸气的渗透性。
④ 提高耐化学品腐蚀性。
拉伸吹塑聚氯乙烯瓶可采用注射拉伸吹塑与挤出拉伸吹塑，每种方法又包括一步法与两步法，所以聚氯乙烯瓶的拉伸吹塑工艺可分为四种。

（1）一步法注射拉伸吹塑工艺

粉状或粒状聚氯乙烯原料 → 注射成型 → 型坯 → 调整温度 → 拉伸吹塑 → 制品

（2）两步法注射拉伸吹塑工艺

粉状或粒状聚氯乙烯原料 → 注射成型 → 型坯 → 冷却 → 再加热 → 拉伸吹 → 制品

（3）一步法挤拉伸吹塑工艺

粉状或粒状聚氯乙烯原料 → 挤出成型 → 型坯 → 调整温度 → 拉伸吹塑 → 制品

（4）两步法挤拉伸吹塑工艺

粉状或粒状聚氯乙烯原料 → 挤出成型 → 管坯 → 加热 → 加工瓶口封底 → 型坯 → 再加热 → 拉伸吹塑 → 制品

4.3.2　拉伸吹塑聚氯乙烯瓶的原料应如何配制？

无论是采用粉料或粒料进行拉伸吹塑聚氯乙烯瓶，原料在成型加工前都需要进行配制，配制工艺主要是高速捏合，如果使用的是料粒，还需要进行挤出造料。聚氯乙烯瓶的常用配方见表 4-7。

表 4-7　聚氯乙烯瓶的常用配方

瓶类型 原材料名称	硬质透明瓶[①]		软质透明瓶	
	通用	抗冲级	1	2
聚氯乙烯树脂 XS-6(VCM<5×10⁻⁶)	100	100	—	—
聚氯乙烯树脂 XS-5(VCM<5×10⁻⁶)	—	—	100	100
邻苯二甲酸二辛酯	2	—	37	37
环氧大豆油	2	2	—	—
环氧脂肪酸辛酯	—	—	3	3
MBS	5	12	—	—
硫代甘醇酸异辛酯二正辛基锡	3	—	—	0.5
硫代甘醇酸异辛酯二甲基锡	—	1.5	—	—
月桂酸二丁基锡复合物	—	—	3	2.5
亚磷酸苯二异辛酯	1	—	—	1
硬脂酸正丁酯	—	0.5	—	—
E-蜡	—	—	—	—
硬脂酸	0.5	—	0.3	0.3
硬脂酸钙	—	0.3	—	—
丙烯酸酯类加工改性剂(K-120N)	1~2	1~2	—	—
蓝紫颜料	适量	适量	适量	适量

① 为无毒配方，可用于饮料包装。

　　根据配方所用的原料进行配料捏合，先将聚氯乙烯树脂和各种液体助剂加入高速混合机或普通捏合机中，开动搅拌，待料温升至 75℃ 时加入 MBS 等，再升至 85℃ 时加入润滑剂，继续搅拌到适当温度出料。硬料一般控制出料温度为 100℃，而软料为 110℃ 左右。其工艺条件见表 4-8。

表 4-8　聚氯乙烯配料捏合工艺条件

品种 工艺条件	硬质瓶料		软质瓶料	
	500L 高速混合机	500L 普通 Z 型捏合机	500L 高速混合机	500L 普通 Z 型捏合机
加料量/kg	不大于 200	不大于 250	不大于 200	不大于 250
加热蒸汽压力(表压)/MPa	0.2	0.3~0.4	0.2~0.3	0.3~0.4
捏合时间/min	低速 5~7 高速 3	40	低速 5~7	50~60
出料温度/℃	90~100	95~110	90~110	90~110

　　如果采用粒料进行拉伸吹塑，则需对捏合好的物料进行挤出造粒，它将捏合好的物料置于混炼挤出机中，经塑化从多孔机头挤出后被装在机头的旋转切刀切断，切断的粒料经吹风机冷却得到聚氯乙烯的颗粒。聚氯乙烯挤出造粒的工艺条件见表 4-9。

表 4-9　聚氯乙烯挤出造粒的工艺条件

品种 技术工艺参数	硬质瓶料	软质瓶料
螺杆直径/mm	65、90、120	65、90、120
长径比(L/D)	15~25	15~20
压缩比(ε)	2~2.5	2~3
螺杆转速/(r/min)	10~30	20~50
挤出温度/℃	110~190	140~180

4.3.3　聚氯乙烯的拉伸吹塑时的拉伸温度和拉伸率应如何控制?

(1) 拉伸温度

由于聚氯乙烯是无定型塑料,玻璃化温度为80℃左右,因此其最佳拉伸温度一般是在玻璃化温度以上10～20℃,即90～110℃。所以在一步拉伸吹塑过程中,对于挤出成型型坯温度在190℃左右,拉伸吹塑时型坯温度从190℃冷却至拉伸温度90～110℃后,即可进行拉伸吹塑。对于注射拉伸吹塑,注射成型型坯时,成型温度在220℃左右,型坯需从220℃冷却至拉伸温度90～110℃后,即可进行拉伸吹塑。

(2) 拉伸倍率

拉伸倍率也是双向拉伸重要的工艺参数。拉伸倍率决定着分子的定向程度,也就决定了制品改进的程度。拉伸倍率是拉伸比与吹胀比的乘积,拉伸比是制品长度与型坯长度之比,称纵向拉伸率。吹胀比是制品最大直径与型坯直径之比,称径向拉伸率。

拉伸倍率太低,起不到分子重新定向和改善制品性能的作用,拉伸倍率过高,会使加工条件难于控制,严重时型坯会吹破,而且纵向、径向拉伸率应趋于一致,防止两向异性。一般聚氯乙烯的拉伸倍率取4～6,其中纵向拉伸比为1.3～2.0,径向拉伸比为2～3。采用中等的拉伸应变速率$0.5～2.5s^{-1}$,并准确控制拉伸温度时总的拉伸比可适当提高,可达到10。拉伸比大时要求有较大的壁厚,成型周期也相应要长些。

型坯在拉伸前要进行调温,以使型坯壁厚方向的温度分布尽可能均匀,以便于拉伸吹塑的工艺控制,得到壁厚均匀的聚氯乙烯拉伸吹塑瓶。

4.3.4　聚丙烯瓶的注射拉伸吹塑成型工艺如何控制?

聚丙烯塑料奶瓶生产工艺可采用一步法或两步法注射拉伸吹塑进行生产,其工艺过程如图4-32所示。

$$原料干燥→加料熔融→注射型坯→调节温度→拉伸/吹塑\xrightarrow{保压}脱模→冷却$$

图4-32　聚丙烯奶瓶注-拉-吹工艺过程

PP熔融、塑化后,通过平衡的热流道系统注入型坯模具内,成型为有底的管状型坯,并得到冷却。然后型坯转台转动90°至调温工位,以调节型坯的温度分布。调节温度以后,型坯被转动90°至拉伸/吹塑工位,被拉伸吹胀成瓶子,并得到冷却;瓶子被转动90°至取出工位,如图4-33所示。

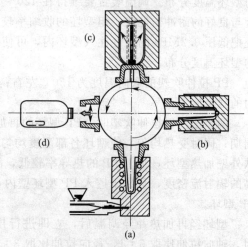

(1) 原材料的选择

拉伸瓶用聚丙烯可以是均聚聚丙烯,也可以是共聚聚丙烯。均聚聚丙烯的拉伸吹塑瓶具有更高的刚性及强度,而共聚聚丙烯的拉伸瓶则以低温冲击韧性较差最为突出。从拉伸吹塑的工艺性来讲,均聚聚丙烯较差,其拉伸温度区域较窄,要求控制在±1℃范围内,对设备及工艺的要求较高。含乙烯共聚单体的聚丙烯,其可拉伸的温度范围较大,较易拉伸吹塑成型。

图4-33　聚丙奶瓶四功位生产流程
(a) 型坯注射成型工位;(b) 加热调温工位;
(c) 拉伸/吹塑工位;(d) 取出工位

一般可选择拉伸吹瓶级专用聚丙烯料，如 Phillips 公司的 Marlex BP546 均聚聚丙烯，MFR 为 12g/10min 左右；以及 Eastman 公司的 Tenile P5L2K-025 共聚聚丙烯，其 MFR 为 2.0g/10min 左右。

(2) 工艺条件控制

① 瓶坯成型的工艺条件　成型瓶坯时，一般应选择较高的模温和较低的保压压力，有利于减小制品的应力开裂。因为当模具温度较低时，保压压力的大小对制品的应力开裂影响小；当模具温度较高时，保压压力的大小对制品的应力开裂影响大。采用一步法拉伸吹塑时，要求快速将熔体冷却至 80~100℃，为了提高 PP 的流动性和减小制品的变形，模具温度应控制在 30~65℃之间；两步法拉伸吹塑，要求快速将熔体冷却至室温，型坯模具的模腔与芯棒需要冷却，冷却水温度为 15~65℃；这样有助于避免型坯发生过量的收缩，防止型坯因收缩而套在芯棒上。另外采用一步法成型型坯时要求注射速度要快。如某企业采用一步法生产 PP 奶瓶时型坯的成型工艺见表 4-10。

表 4-10　某企业采用一步法生产 PP 奶瓶时型坯的成型工艺

工艺参数	规格		工艺参数	规格	
预热和干燥	温度/℃	95~110	成型时间/s	注射时间	0~3
	时间/h	2~3		保压时间	9~18
料筒温度/℃	后段	150~170		冷却时间	11~20
	中段	180~195		总周期	30~40
	前段	230~240	螺杆转速/(r/min)		30~60
喷嘴温度/℃	230~240		后处理	方法	冷却水
模具温度/℃	35~65			温度/℃	45~60
注射压力/MPa	60~100			时间/s	20~40
调温温度/℃	120~150		吹气压力/MPa		16
保压压力/MPa	48~80				

② 拉伸吹塑工艺条件控制　PP 注射吹塑时型坯温度的准确控制需采用特殊的调温装置。只有通过围绕型坯的多段调温装置并采用热油来分段控制各段的温度，才能获得所需的型坯温度分布。调温装置要维持在 120~150℃。较低的调节温度可使瓶子有极好的透明度与良好的耐冲击性能，但型坯的收缩率较大；较高的调节温度，效果则相反。通过吹气系统把低压 0.2MPa 的空气注入型坯内，可使型坯与调温装置良好地接触，有利于获得所要求的型坯温度分布。

PP 拉伸吹塑的取向温度为 150℃左右；拉伸吹塑模具的温度为 35~65℃，以减少瓶坯内的残余应力。

两步法注射拉伸吹塑时，PP 型坯的再加热一般要求能尽快达到拉伸温度，以缩短成型周期；同时受热均匀，使型坯各部温度均匀一致。由于 PP 型坯壁厚一般较大，且一般只能从外壁加热型坯，加上 PP 的热导率较低，故采用红外辐射来加热。短波辐射灯加热器有较高的辐射流密度，且易于透入 PP 型坯壁内，并被其吸收，因此很适于加热厚壁的非着色的 PP 型坯。

型坯经再加热并经调温后，立即进行拉伸吹塑。采用两步法注射拉伸吹塑成型 PP 瓶时，轴向拉伸比取 5:1，径向拉伸比取 3:1，即总控伸比为 15:1，这时瓶子的力学性能、光泽度与透明度均有明显提高。不过，对给定直径的瓶子，拉伸比较大时，要求型坯有较小的直径与较大的壁厚，这样，型坯内壁的径向拉伸比较外壁的大许多，而型坯再加热后，内壁的温度却比外壁的低，故使取向分布有明显的不均匀性。采用一步法注射拉伸吹塑成型PP瓶时，拉伸比可取得小些，即型坯壁厚可小些（最佳值为 4.0mm±0.5mm，不应小于3mm），因为球晶已在型坯调温过程中破裂了。

4.3.5 聚对苯二甲酸乙二酯冷灌装瓶的生产工艺如何？

目前出现了瓶的生产与饮料的冷灌装相结合，成为饮料灌装生产线的一部分。瓶子生产后需用蒸汽雾化消毒剂均匀喷射到瓶子内壁实现瓶子内壁的消毒作用，或采用了浸泡灭菌的方法，即先将空瓶灌满消毒液，经过设定的浸泡时间实现彻底的灭菌。瓶外部采用消毒剂多次喷淋，对瓶子外部进行彻底消毒灭菌。这个过程对瓶子的要求高，由于双向拉伸聚对苯二甲酸乙二酯（PET）有良好的气体阻隔性和透明性，有光泽、耐化学品腐蚀性且重量轻，壁薄等优点，能满足这些要求，故 PET 在灌装瓶生产中较为多用。聚对苯二甲酸乙二酯冷灌装瓶的生产工艺如下。

(1) 原料选择

一般宜选用瓶级 PET 树脂，分子量为 $(2.3\sim3.0)\times10^4$，特性黏度（IV）为 $0.7\sim1.1dL/g$。1.5L 以下容量的 PET 瓶可选黏度较高的 PET 树脂，容量较大的 PET 瓶应选择黏度较低的树脂以保证瓶较高的强度。

(2) 工艺流程

聚酯瓶两步法注射拉伸吹塑工艺流程如下。

PET 粒料 → 去湿干燥 → 瓶坯注射 → 冷却 → 再加热 → 瓶坯吹胀 → 冷却 → PET 瓶

(3) 成型工艺控制

① 干燥工艺　PET 在注射前要经过干燥处理，否则吸湿 PET 在加工过程中会发生水解，使制品的物理性能显著下降。干燥温度为 110～120℃，干燥时间为 4～5h。

影响干燥质量的工艺条件主要是干燥温度和干燥时间。干燥温度过低，水分不能很快排除，易使型坯出现银斑和发霉；若干燥时间短，PET 不能完全熔融塑化，易使瓶坯表面不光滑，出现毛糙细粒；若干燥温度过高，干燥时间太长，则瓶坯会发黄；而干燥温度较低，干燥时间较短，都有利于减少 PET 中乙醛的形成。经干燥的物料应立即使用或贮存在 80～100℃的恒温烘箱中稍后使用。

② 瓶坯的注射成型工艺控制　料筒温度为 240～290℃；模具温度为 10～40℃；注射时间为 12～15s；冷却时间为 8～10s；高压注射压力为 70～78MPa；低压注射压力为 35～40MPa。

注射成型的瓶坯需存放 48h 以上方能使用。加热后没用完的瓶坯，必须再存放 48h 以上方能重新加热使用。瓶坯的存放时间不能超越 6 个月。

③ 瓶坯加热工艺控制　瓶坯的加热由加热烘箱来完成。瓶坯加热恒温箱的温度一般控制在 190～225℃；瓶坯再加热后的温度控制在 95～115℃；瓶坯再加热时间为 60～80s；瓶坯调温时间为 10～20s。

④ 瓶坯的拉伸吹塑工艺控制　预吹胀瓶坯的压力为 0.75～1.00MPa；第二次吹胀瓶坯的压力为 2.0～2.5MPa；一般容量大，预吹压力要小；较小的预吹压力即可使瓶子底部的大分子正确取向。瓶坯吹胀比为 (12.0～12.5)∶1，其中，轴向拉伸比为 (4.5～5.0)∶1，径向拉伸比为 (2.0～2.5)∶1；成型周期时间为 1.5～3.0s。

由于时温等差效应，对于已加热二次使用的瓶坯或存放时间超标的瓶坯，两者成型工艺相似，与正常瓶坯相比，其要求的热量要少，预吹压力也可适当降低。

瓶底温度控制在 5～8℃为佳，由于其底部的冷却效果决定了分子定向的水平。

4.3.6 聚对苯二甲酸乙二酯热灌装瓶的生产工艺及生产过程如何?

聚对苯二甲酸乙二酯热灌装瓶的生产也分为一步法注射拉伸吹塑与两步法注射拉伸吹塑,一步法生产热灌装 PET 瓶与普通 PET 双向拉伸吹塑瓶的生产方法相似,不同之处在于生产热灌装瓶时,拉伸吹塑过程中模具处于高温状态下(150℃左右),吹塑瓶与高温模接触、热定型处理一段时间之后,再使模具骤冷,然后取出 PET 瓶。

两步法生产热灌装 PET 瓶,有两次吹塑过程,即预拉伸吹塑与成型吹塑过程,两次吹塑分别在两个不同的模具中进行,首先在预吹塑模中经拉伸吹塑制得尺寸略大于最终产品的预吹塑瓶(即预吹塑模腔尺寸略大于最终产品的尺寸),然后用远红外加热,对 PET 预吹塑瓶进行热处理,使其结晶化,结晶的同时预吹塑瓶产生收缩,完成热处理后,将其移至成型模中吹塑而得到最终产品。

(1) 热灌装 PET 瓶成型工艺流程

由于热灌装 PET 瓶的瓶口有特殊要求,因此其一步法和两步法的成型工艺流程有所不同。一步法要求在成型瓶坯时对瓶口做相应处理;而两步法只要求在再加热前进行处理即可。一般而言,如果瓶口材料用 PC,则可用一步法和两步法成型,成型时先成型瓶口后再用嵌件注射的方法或采用共注射法生产出瓶口不再收缩的瓶坯;如果瓶口与瓶身都采用 PET 树脂,则只能用两步法加工。

一步法生产热灌装 PET 瓶工艺流程为:

两步法生产热灌装 PET 瓶工艺流程为:

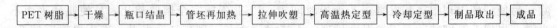

(2) 聚对苯二甲酸乙二酯热灌装瓶生产过程

① 先由供坯系统对瓶坯进行整理后输送到瓶坯加热炉。

② 对瓶口进行冷却,再由炉子风机对瓶坯吹风,使瓶坯的内、外壁受热均匀。

③ 由输坯机械手把加热好的瓶坯输入吹瓶工位。

④ 瓶坯进入吹瓶模具后,预吹气进入,对瓶坯进行环向拉伸;当拉伸杆到达模具底部时,高压气进入模腔对瓶坯进一步拉伸,使瓶壁紧贴模壁。

⑤ 高压气在模具内保持一定时间,一方面消除因瓶坯拉伸而产生的内应力;另一方面使瓶壁紧贴模壁以提高瓶身塑料的结晶度。

⑥ 高压吹气结束后开始排气,同时从中空拉伸杆中吹出高压冷却气对瓶壁进行冷却定型。在脱模的同时从底模吹出低压气以便脱模,如底模中无气吹出,则会造成瓶底凸出及瓶子取不出等问题。

⑦ 整个吹瓶过程结束,输瓶机械手把瓶子从模具中取出,送入输瓶流水线。

4.3.7 如何提高 PET 瓶的耐热性?

提高 PET 瓶耐热性的方法主要有以下几种。

① 选择合理的瓶坯与瓶体的设计。最优化的瓶坯形状设计与瓶子模具设计有助于改善瓶子的壁厚分布状况,避免在瓶身不同区域产生扭曲或收缩变形。

② 控制瓶坯注射冷却时间。严格控制瓶坯注射冷却时间，让瓶坯尽早脱模。这样既可缩短成型周期并提高产量，又可因较高的残余温度而诱发球状结晶。球状结晶的晶体直径极小（仅为 0.3～0.7mm），并不影响透明度。

③ 严格控制注射和拉坯-吹瓶工艺参数以及各区域温度分布，避免残余应力在 PET 玻璃化温度（>75℃）下释放而导致 PET 瓶变形。

④ 吹瓶模调温控制。通常用热油循环法给吹瓶模加热，吹瓶模调温共有三种循环：瓶身热油循环。将吹瓶模加热至 120～145℃，这样瓶坯与吹瓶模腔间的温度差减小，促发进一步结晶。延长吹瓶保压时间，使瓶壁与型腔长时间接触并有充足时间来提高瓶身结晶度，达到 35％左右，但又不破坏透明度。100℃以下的模温对瓶身结晶度的影响极小，因为瓶身结晶发生在 100℃以上。瓶底冷却水循环。瓶子底部保持低温（10～30℃），避免未经拉伸的瓶底部分过度结晶而发白。

⑤ 循环吹气。吹瓶模开模前吹入空气并排空循环，对瓶身进行冷却并定型，从而控制脱模后的变形量。循环冷却空气的进气通过与初吹、二次吹相同的通道，但从拉坯杆头部小孔经拉坯杆内排气。循环吹气时间为 0.5～2s。

4.3.8　聚碳酸酯奶瓶注射-拉伸-吹塑成型工艺如何？

聚碳酸酯奶瓶因具有极高的冲击强度、高透明、能进行高温蒸煮、无毒、无味、不破损、易运输等优点而得到广泛的应用。聚碳酸酯奶瓶一般要求透光率在 90％以上，其强度应能在装满常温水的情况下，从 1.5m 高度上自由落体至水泥地面 20 次而不破裂，且在沸水和冰水中（温差 80℃）各浸 20min，反复 10 次，奶瓶的强度和透光率应无明显变化。在瓶体中央或最大外径部分施加 19.6N 的压缩负荷，其弯曲率≤3％。因此为了能达到产品要求，聚碳酸酯奶瓶大都采用注射-拉伸-吹塑法成型。

（1）工艺流程

聚碳酸酯奶瓶生产工艺流程：

原料干燥→注射型坯→调整温度→拉伸吹塑→脱模→产品

（2）原料选择

一般可选用比较价廉的中、低黏度树脂，分子量在 2.5 万左右。如日本帝人公司生产的 L-1225，德国拜耳公司 2858 型号的 PC 树脂等。

（3）设备

一般采用长径比为（20～24）:1 的单螺杆注射机就能满足 PC 加工要求。由于 PC 的流动性在很大程度上取决于成型温度，因此机筒必须配有精确的温度控制装置。温度沿机筒顺序而递增。为了避免产生熔接痕，喷嘴孔越短越好，可不用配置截流阀或逆流阀，喷嘴要抛光并加大浇口。如企业采用日精 ASB-100，螺杆直径为 48mm；注射容量为 226cm³；注射速率为 122cm³/s；注射压力为 136.7MPa；塑化能力为 109.9kg/h；螺杆转速为 0～160r/min；成型周期为 15s 左右。

（4）工艺控制

聚碳酸酯（PC）极易吸水，成型加工前必须对树脂进行干燥处理，否则会产生气泡、银丝，以及引起制品力学性能下降。干燥温度应控制在 120℃以下，以避免结块；干燥时间为 4h 左右，水分含量控制在 0.015％～0.020％之间。

塑化温度为 290～300℃；注射模具冷却油温为 85～95℃；加热槽（芯）电热调温至 300℃；吹塑模具冷却水温为 85℃；吹塑压力约为 $16×10^5$ Pa。型坯注射成型时宜选择较高的模温和较低的保压压力，有利于减小制品的应力开裂。

（5）回收料的利用

PC 的边角料、废次品破碎后可与新料按一定的比例混合后再利用，回收料的掺用比例不超过 30%。回收料循环使用时，分子量会降低，因此，必须控制回收料的掺用比例和回收料的使用次数，同时要注意保持回收料的清洁，防止金属异物混入，每次都要对混合料进行干燥。

第5章

多层共挤复合吹塑中空成型实例疑难解答

5.1 多层共挤复合吹塑中空成型工艺实例疑难解答

5.1.1 什么是多层共挤复合吹塑中空成型？

多层共挤出中空成型是多台挤出机向造坯机头供料，获得多层的熔融型坯，然后将型坯引入对开的模具，闭合后向型腔内通入压缩空气使其膨胀并附着在模腔壁而成型，最后通过保压、冷却、定型、排气而获得所需的多层共挤制品。显然多层吹塑是指不同种类的塑料，经特定的挤出机头形成一个坯壁分层而又粘接在一起的型坯，再经吹塑制得多层中空塑件的成型方法。由于多层共挤吹塑工艺是通过复合模头把几种不同的原料挤出吹制成型，因此中空制品可获得优异的综合性能，不同层的塑料性能之间具有取长补短的效果，达到对水蒸气、二氧化碳或汽油等的阻隔性能。

多层共挤塑料中空制品的原料主要有：HDPE（高密度聚乙烯）、UHMWPE（超高分子量聚乙烯）、PP（聚丙烯）、PA（聚酰胺，俗称尼龙）、EVOH（乙烯-乙烯醇乙烯共聚物）、黏合树脂等。

多层共挤供坯系统包括两部分：一部分是根据制品结构设计的多台挤出机，目前国内拥有比较成熟的技术，国产的挤出机在制品的塑化、挤出的稳定性、高产高效性等方面已经有了明显的进步；另一部分是多层共挤内复合机头，它是多层共挤中空成型的关键部件，也是共挤出的核心。在加热系统方面，多层共挤中空成型技术无需在后续工艺中再对管坯进行加热。多层共挤中空成型技术在吹塑系统和控制系统方面要求较高。通常，吹塑系统包括两方面：一方面是吹入压缩空气，通过保压、定型、排气而获得所需的制品；另一方面，还要求通过吹塑系统获得一定要求的颈口质量。

5.1.2 多层共挤复合中空吹塑与其他吹塑技术相比有何特点？多层共挤吹塑中空成型存在哪些问题？

(1) 多层共挤复合中空吹塑特点

多层共挤复合中空吹塑是用两台或两台以上挤出机将同种或不同种热塑性塑料分别在不

同的挤出机内熔融塑化后，在机头内复合、挤出具有多层结构的型坯，然后在吹塑模具内吹胀成型。多层共挤复合中空吹塑可以把多种聚合物的优点综合在一起，提高容器的阻渗性能，如阻氧、二氧化碳、湿气、香味与溶剂等的渗透性，提高容器的强度、刚度、尺寸稳定性、透明度、柔软性或耐热性，改善容器的表面性能，如光泽性、耐刮伤性与印刷性，在满足强度或使用性能的前提下，降低容器的生产成本；可在不透明容器上形成一条纵向透明的视带，以观察容器内液面的高度。

（2）多层吹塑共挤成型存在的问题

① 层与层之间的熔接，因为除少数品种外，在异种树脂之间的热合性都极差，现在主要是用黏合剂或粘接树脂于各层之间来解决此问题。

② 层厚度及均匀性，应严格控制多层机头中料的流量及流速，满足各层的厚度与均匀性。

③ 由于是多种树脂及黏合剂的复合，塑料的回收利用较困难，使用注-拉-吹成型工艺能很好地解决此问题。

④ 多层复合机头结构复杂，设备投资大，成本高。

5.1.3　采用塑料的多层共挤复合吹塑中空成型可改善制品的哪些性能？

在实际生产过程中采用多层共挤复合吹塑中空成型，得到的中空容器可在如下几方面的性有得到改善。

① 提高容器的阻渗性能（如阻氧、二氧化碳、湿气、香味与溶剂的渗透性）。

② 提高容器的强度、刚度、尺寸稳定性、透明度、柔软性或耐热性。

③ 改善容器的表面性能。

④ 在满足强度或使用性能的前提下，降低成本。

⑤ 吸收紫外线，防止容器内的包装物受紫外线照射而损坏。

⑥ 可在不透明的容器上形成一条透明的视带，以观察容器内液体高度。

多层共挤吹塑中空制品的生产，主要是为了满足化妆品、药品和食品等对塑料包装容器阻透性、阻燃性、耐候性、隔热性、内外两色性和立体效应等的更高需求。

例如外层为PVC而内层为PE的双层吹塑瓶，PVC外层能提供良好的阻透性、刚性、阻燃性和耐候性，而内层PE则使瓶对包装物无毒和优异的耐化学品性。多层吹塑容器所用塑料的品种和必要的层数，应根据其使用的具体要求确定。当然制品层数越多，型坯的制造就越加困难，其生产成本也会越高。

5.1.4　多层吹塑中空成型有哪几种类型？

多层吹塑的关键是控制各层树脂间的熔融粘接，其粘接有两种方法：一是混入有具有黏结性能的树脂，可使复合层数减少而保持一定的强度；二是添设粘接剂层材料，但设备操作复杂。

多层吹塑类型一般分为三种，即多层注坯吹塑、多层挤坯吹塑、多层共挤吹塑，其中以多层共挤吹塑应用较多。

（1）多层注坯吹塑

多层注坯吹塑是在阳模上注射第一层后，改变模腔在第一层上再形成第二层，重复操作即可形成多层型坯，然后进行吹胀成型。多层注坯吹塑的工艺特点是：无废边，瓶底无切割残痕；不需要热熔或化学作用即能制成多层容器。但成本较高，适合大批量、广口容器的生产。

(2) 多层挤坯吹塑

多层挤坯吹塑是指不同品种的塑料经多个挤出机塑化后，经特殊机头形成一个坯壁分层而又紧密粘接在一起的型坯，再送入吹塑模内吹胀而制得多层中空制品的技术。这种吹塑技术是在单层挤坯吹塑的基础上发展起来的。

(3) 多层共挤吹塑

其成型进程与单层挤坯吹塑大致相同，只是成型设备采用多个挤出机分别塑化不同品种的塑料，而所用机头应能挤出多层结构的管型坯，三层型坯挤出机头的典型结构如图 5-1 所示。

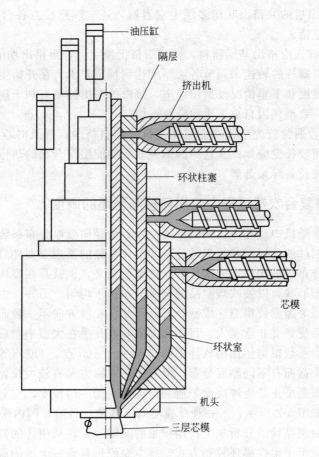

图 5-1　三层型坯挤出机头的典型结构

5.1.5　多层共挤中空成型操作应注意哪些问题？

共挤出吹塑设备的操作中对挤出速率的调节及稳定性有较高的要求，因为共挤出多层吹塑中空制品的功能层与黏合层的厚度很薄，并分别是由相应挤出机的进料速率来保证，如果进料速率不当，则可能使制品的层间因黏合不均而导致脱层。而功能层太薄或缺乏，则使中空制品达不到预期的功能性设计要求，因此共挤多层复合吹塑成型的操作必须严格根据操作程序进行。操作应注意以下几方面。

① 操作前首先应对主机（挤出机）、型坯机头和吹塑辅机进行全面检查，各部分所需的水电气接线正确牢固。再次核实各台挤出机及型坯机头的温度的设定值是否符合工艺要求，由于各台挤出机所挤出的物料不同，故各台挤出机料筒的温度设置应满足挤出该种物料的工

艺，然后根据功能层与黏合层的要求做适量调节。

②　按工艺要求在温控仪表上设定温度值，启动加热系统进行升温，并检查各段加热器的电流指示值是否正常，待达到加工温度后，恒温1～2h。成型温度设定时，一般机头的基本温度按基层塑料的要求设定，再根据其他层的挤出情况调整；在要求不同温度的几种熔融体复合处，按基层塑料的要求设定温度，再根据功能层及黏合层的要求调整，当芯层很快被基层包覆时允许芯层采用较高的加热温度；由于熔体温度能影响机内各层汇合线的性能，通常可使芯层挤出的温度较高，以提高和改善各层汇合处的汇合线强度。

③　对于多台挤出机的共挤出吹塑多层中空容器，还应注意检查各台挤出机的供料品种及顺序位置不能出差错。

④　正常开机时首先应挤出基层物料，待基层挤出稳定后，再挤出功能层和黏合层物料。通过调节各台挤出机螺杆的转速来调节各层厚度达到预定要求。在开始生产时，应特别注意挤出的多层型坯的温度和下垂情况及挤出速率，缓慢的挤出速率有利于局部壁厚的控制，但若速率太慢，则会导致型坯因自重下垂而壁厚不均。

⑤　正常停机时，通常首先应将功能层挤出机的物料挤净，并及时趁热清除机头内的残料，尤其是停机时间较长更应如此。这是因为大多数功能层聚合物的热稳定性较差，物料反复受热及停留时间较长易导致分解。

5.1.6　多层共挤复合吹塑过程中应如何控制型坯的厚度？

多层共挤复合吹塑机中型坯厚度控制系统主要分为径向壁厚分布系统与轴向壁厚分布系统。随着中空吹塑制件的几何形状越来越复杂，设计良好的预成型型坯对以最小的材料消耗获得所需求的壁厚分布且结构稳定的制件有着重要的意义，也就是在型坯成型阶段通过采用调节型坯的壁厚分布形状，以使吹塑制品的壁厚分布趋于均匀。另外，由于型坯形成时的挤出膨胀、下垂、回弹等因素使得型坯成型阶段其尺寸在长度方向不一致而变得非常复杂。因此，采用型坯控制系统意义非常重大。目前大多数商家几乎在大型中空成型机都使用轴向壁厚分布系统。其控制点数根据使用的软件不同有64点、100点、300点等。轴向壁厚分布系统只能对轴向的各个截面有不同厚度分布，但对于在对称方向有较大拉伸要求的制品却无法控制。径向壁厚分布系统正是为解决此矛盾而应运而生的一门技术。它分为两种形式：一种是柔性模环控制，如图5-2所示；另一种是模芯局部修整。目前，国内采用最多的形式为模芯局部修整。通过对制品状的分析加上长期积累的实际经验，从模芯的修整位置、修整量和修整形状做出判断。至于柔性模环控制方式，其主要原理是通过电液伺服控制柔性模环在一个或两个对称方向上的变形来改变挤出型坯的厚度。因而对于提高中空制品的质量和改善曲面部件外部半径的厚薄均匀性具有重要的意义。同时它还能在保证质量的情况下，减轻制品重量，但成本较高。

5.1.7　目前共挤出多层吹塑用塑料材料主要有哪些品种？

目前共挤出多层吹塑中空容器所用的塑料材料主要有 LDPE、MDPE、HDPE、LLDPE、EVA、EAA、IONOMER、EVOH、PA-6、PA-66、PP、PET 等。按其功能，原材料可分为三大类，即阻隔层材料、基层材料和黏结材料。

（1）阻隔层材料

阻隔层材料是指对气体（氧气、二氧化碳）具有良好阻隔性能的热塑性树脂。含阻隔材料的多层共挤复合膜特别适用于食品包装。

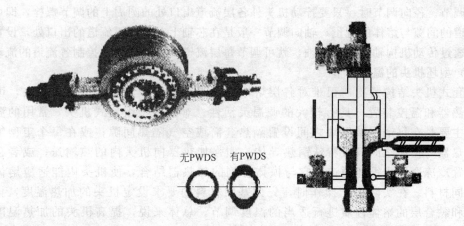

图 5-2　共挤出多层吹塑中空容器型坯径向壁厚分布系统

(2) 基层材料

基层的目的是使薄膜具有一定的机械强度、热封性、阻隔潮湿性、透明度和可印刷性等。基层主要采用聚烯烃材料。根据用途，可采用蒸煮级 CPP 粒料、复合级 CPP 粒料、LDPE、LLDPE、茂金属 LLDPE，要求 MI 值在 2～8 的范围，熔融挤出性能良好，热封性能良好。

(3) 黏结材料

在优化组合聚合物过程中，需了解两种不同材质之间是否具有自然的黏结力，从而决定是否需要采用黏结层。EVOH、PA 等阻隔性树脂与 PE、PP 等树脂无自然黏结性，这些材料共挤出时，需要加入黏合树脂把它们黏结在一起。共挤多层吹塑常用原料及其性能特点见表5-1。从表中可以看出，各种不同的原料具有不同的特性：HDPE、PP 等除对气体的阻隔性差外，其加工性、成本和对水蒸气的阻隔性能优异，而 PA 和 EVOH 却对气体的阻隔作用非常优秀，但原料价格偏高。因此，单纯采用某一种原料都无法满足包装的各种需要。多层共挤技术作为一种特殊的生产技术，正是利用材料的特点优势互补，大大改善了制品的各项性能，如：阻隔、密封、耐腐蚀、耐高温、抗低温、抗菌、无毒、保鲜等性能。

表 5-1　共挤多层吹塑常用原料及其性能特点

原料	力学性能	气体阻隔性	水蒸气阻隔性	光学性能	热合性能	耐候性	适用功能	加工性能	原料成本
HDPE	好	一般	好	差	良	良	增挺	良	低
PP				很好	一般	差	热封		
EVA	良	差		差	良			好	中
PA	很好	好	差	好	差	好	阻隔	良	高
EVOH	良	极好		好	差				

例如，通过共挤出高阻隔性的 PA、EVOH 等塑料，可提高制品对气体或液体的防渗透能力，明显提高被包装物的存放时间。

5.1.8　在多层共挤复合吹塑过程中，共挤复合机头应如何调节？

在共挤多层复合吹塑过程中，共挤复合机头的调节方法主要有以下两种。

(1) 各层厚度的调节

为保证共挤出吹塑制品的性能，必须调节好熔体层的流动与厚度，有助于保证层厚的均匀性。对于定型组块式机头厚度的调节，一般比较容易，通常可通过径向调节和轴向调节两方面来调节。径向调节时，只要拧动机头外各层流道出口处的圆周上的调节螺栓，即可调节各层流道的间隙与熔体的流量。轴向调节一般是在芯轴上对应每层流道的出口处，设置一节流环。通过传动机构轴向移动芯轴，就可调节每层流道出口的间隙，控制各流道的流动。

（2）型坯机头的温度调节

管套式机头结构紧凑，很难对各层熔体分别进行温度控制；定型组块机头，可单独设置加热器和温控装置，具有较大的调温灵活性。对于定型组块式机头，常用的温度控制方法主要是在每个定型组块之间设置隔热套筒或空气隔热间隙；或在每个定型组块的外侧加热器与模体之间设置特殊铜热导体，加强加热器向机头内的热输送；或者在机头内部设置冷冻介质内循环通道，它与模体外侧的加热器结合，使机头内能适应熔体温差大的不同材料。在实际生产操作时，先按基层材料的要求设定机头的加热温度，再根据功能层和黏合层的熔体性质进行适当的温度调节。总体来说，提高机头的加热温度有利于改善型坯各层熔体的熔接缝强度。

（3）机头进料速率的控制

在多层容器内，功能层和黏合层在复合结构中的厚度相对较薄，在成型加工中，若某一层暂时或长久中止进料，也不易在最终产品中检测出来。因此，必须很好地控制机头的进料速率，使黏合层及功能层保持设定的厚度。此外，黏合层及功能层熔体的加热温度过低或过高会造成熔体黏度不均衡，以致熔体产生异常，使相邻熔体界面不稳定，层厚度不均匀，甚至产生层的缺损。复合层的缺损常造成共挤出吹塑成型产生大量的不合格品。黏合层的丧失，会造成多层容器脱层；功能层的丧失，会使多层容器失去设计的功能。在成型过程中，机头的进料速率可通过挤出机加料量与挤出速率印证：在挤出机与机头不连接的情况下，采用相同的工艺条件，变换挤出机的挤出速率，测定同一种材料在不同挤出机上的挤出量，并做好记录。根据测试数据的整理，可以粗略地推算：在不同速率下各台挤出机的挤出量，在相同速率下各台挤出机的挤出量的比率，以此来确定多层容器的复合结构中各层次的壁厚比（层次比）。

5.1.9 共挤多层复合中空吹塑制品的结构应如何设计？

共挤多层复合中空吹塑制品的结构设计主要有各层材料的选择、层厚的确定、功能层的位置及黏结层的确定。

（1）各层材料的选择

根据制品的要求选择基层树脂、功能层树脂及黏合层树脂。

（2）层厚度的确定

选择好多层容器壁内各层所用的聚合物后，就可确定各层与总壁厚。功能层的厚度根据所要求的性能（如阻隔性能）确定。一般情况下，阻隔性树脂与黏合剂价格较高，因此，在满足性能要求的前提下，厚度尽量薄一些（最薄为 $20\sim30\mu m$）。容器的强度、刚度、尺寸稳定性、耐内压性与承受的最高载荷等决定基层厚度与总壁厚。

（3）功能层的位置

功能层在多层容器壁的分布是在内层、中层还是外层，其位置不是固定的，完全取决于容器的用途。若要阻止盛装物的成分从容器壁渗出，阻隔层应尽量贴近或位于容器的内壁，如化学品的包装容器其复合结构为 PA/黏合剂/PP，位于内层的 PA 可阻止化学品中的活性成分的渗透；若要阻止外界气体渗入容器内，阻隔层应贴近或位于容器的外壁；当阻渗层为 EVOH 时，常位于中间层或稍近容器外壁处；黏结层总是紧贴功能层的一侧或两侧；容器要求避光而设置的功能层，置于容器的中层或内层。

（4）黏合层的确定

黏合层的黏结强度在共挤复合中与共挤出机头内熔体的复合方式、各层熔体复合后在机头内的停留时间、熔体的温度及复合界面所受的压力有关。一般以聚烯烃为基层的共挤出吹塑复合制品的黏合层树脂宜采用聚烯烃类树脂的接枝共聚体。黏合层树脂中一般含有活性基团，对被黏合的聚合物有良好的亲和力，但吸水后会影响其黏合性能，故应保持黏合层树脂的干燥。

5.1.10　塑料气辅多层共挤吹塑精密成型工艺如何？

多层共挤吹塑成型制品的壁厚是由吹胀成型前初始型坯的形状和尺寸控制的，而初始型坯的形状和尺寸受控于型坯芯、壳层熔体离模膨胀和垂伸效应。但由于聚合物黏弹特性与工艺参数波动的破坏作用，会产生型坯芯。壳层熔体离模膨胀的波动，会导致多层共挤吹塑成型制品的壁厚出现波动，而无法精密控制多层共挤吹塑成型制品的壁厚。目前实现传统多层共挤吹塑成型工艺的精密成型的技术关键是通过高精密的过程参数在线检测装置和闭环控制系统，严格控制成型的过程参数恒定，消除型坯离模膨胀波动，实现塑料的精密成型。其基本原理是型坯成型过程中口模出口处芯壳层熔体的二次流动是产生型坯成型离模膨胀的直接、关键因素，消除多层共挤吹塑型坯成型离模膨胀的理论前提是消除型坯成型过程中芯壳层熔体的二次流动。型坯成型过程中芯壳层熔体的二次流动是由芯、壳层熔体第二法向应力差驱动作用形成的，因而消除型坯成型过程中芯壳层熔体的二次流动的理论前提是在型坯成型过程中，使芯壳层熔体的第二法向应力差趋于零。由此可见，成型流动由速度分布不均匀的剪切成型流动转化为速度均匀分布的柱塞成型流动是消除型坯离模膨胀，实现尺寸精密控制的科学前提，突破多层共挤吹塑成型制品尺寸难以精密控制问题的技术关键是研究一种创新成型工艺，使现有的成型流动由速度分布不均匀的剪切成型流动转化为速度均匀分布的柱塞成型流动。而传统挤出成型由于熔体黏度大，熔体存在黏着性，成型流动过程中熔体与口模壁面形成黏着无滑移条件，则必然导致成型流动在壁面处速度为零，而在模腔中心流速最大，形成速度分布不均匀的剪切成型流动。如在成型流动过程中，在熔体与模壁之间形成气垫膜层，由于气体无黏度，因而气垫膜层就会使熔体与模壁之间形成无黏着完全滑移条件，从而使成型流动转化为速度分布均匀的柱塞成型流动。

塑料气辅多层共挤吹塑精密成型工艺是通过气辅控制系统和气辅型坯共挤机头，在熔体与模壁之间形成稳定的气垫膜层，通过气垫膜层的滑移作用可使其成型流动实现上述转化，从而对成型进行精密控制。

5.2　多层共挤复合吹塑中空成型设备实例疑难解答

5.2.1　多层共挤复合吹塑中空成型设备主要由哪些部分所组成？各有何要求？

多层共挤出复合吹塑中空成型工艺虽然是通过采用两台或多台挤出机将各种不同功能的树脂分别熔融挤出，通过各自的流道在模头内复合，再经吹胀、冷却成型，但是，这绝不是将原来的两台或多台单层挤出机简单地组合起来就可以实现的。一般而言，一台多层共挤设备主要由挤出机、吹塑机头、冷却系统、控制系统等几部分组成。

（1）挤出机

共挤复合是将基础料、功能料、填充料同时塑化挤出一次复合，因此挤出系统要求能够适应多种原料,方便用户根据制品的需要选择不同的配方。由于不同的原料加工工艺性能(熔融指数、流变特性等)不尽相同,设计时在考虑通用的塑料材料加工技术之外,更要综合分析差异。

(2) 吹塑机头

吹塑机头的主要功能就是将不同的树脂材料汇集复合,可以说是关键中的关键。第一流道设计要求科学,减少弯道,避免熔融状态的树脂原料滞留结焦分解;第二要求保证各层分层清晰均匀,不得存在层间漏料串料现象;第三必须考虑到温差很大的不同塑料原料要求,各层能够独立加热和温控,并且各层之间互不影响;第四要求结构尽可能简单,方便拆卸清洗。

(3) 冷却系统

传统的冷却方式存在冷却效果差、冷却速率慢的缺点,影响了生产效率和制品质量,这对于提升多层包装材料的档次是不利的,因此多层共挤设备必须采用强制冷却装置。

(4) 控制系统

包括各层组分原料用量的控制、制品形状、总厚度以及各分层厚度的控制,还包括设备运行状态的检测和控制。设计的机器不仅能够在保证制品质量的前提下精确控制价格昂贵的功能料的用量,节约成本,而且能够提高机器的自动化程度,减轻工人的操作和维护的工作强度。要考虑到包装制品还必须经过其他后道加工工序诸如印刷处理、旋转牵引装置、纠偏装置、收卷装置都可能对制品的质量产生影响。

5.2.2 多层共挤中空塑料成型机的设计原则有哪些?

多层共挤中空塑料成型机的设计原则以生态环境体系为指导,在传统技术设计基础上,应用现代化的全部科学的设计技术,在方案设计和技术设计中,不但要达到设备所要求的功能和性能,更重要的是预先防止设备制造及其成型工艺对生态、环境、能耗、资源、污染等生命周期全过程产生的负作用。

(1) 节能技术设计

多层共挤中空塑料成型机的节能技术,主要包含五个方面:节能成型技术;节能的执行机构;节能的动力驱动系统;节能的控制技术;能量回收利用技术。五者合为一体,才能达到完满的节能性能。

(2) 可靠性设计

可靠性设计实现整机各零件、部件、系统的关联使用寿命的合理化,资源节约化,把故障率降到可控制的目标,实现设备与人的和谐关系。国内自主开发的设备,绝大多数仍沿用传统的安全系数的设计方法,普遍呈现使用材料不合理、零件结构设计不合理、热处理选用不合理、强度刚度设计不合理等缺陷,导致设备重量大、故障率高等问题。

(3) 材料选用设计

材料选用是绿色设计环境属性的一个组成部分。在满足使用功能的前提下,尽量减少材料的用量和品种,选用标准型材、型钢,使用可再生、可回收、易于回收利用、易于修复、易于再制造的材料。考虑使用寿命结束后,回收材料的处理和再利用,实现第二次使用寿命。报废材料的回收及回收工艺尽量不产生二次污染。

(4) 模块化技术设计

模块化技术设计是落实可拆卸性、可维修性的环境属性的重要举措。简化产品的连接结构和部件数量,使所设计的产品由多个功能模块组成。每个模块材料力求材料统一,保证产品部件使用寿命的一致性,同时还要保证模块之间的相似性、整体性,模块产品造型采用系列化造型方法，延长产品的使用寿命周期，既减少能源的消耗，又能减少空气、水的污染。

(5) 零件工艺性设计

产品在设计时应该充分考虑工艺效率和能源消耗，考虑废弃后产品零部件的有效回收，优化零件制造工艺，精简工艺步骤，提高零件的合格率，减少零件在加工过程中污染的排放。力求零件加工过程中，实现切削材料最少化、能源消耗最小化、污染物的排放最少化。

(6) 清洁技术设计

应用无环境污染的动力驱动，设计无环境污染的传动系统，达到设备运行不对环境产生二次污染；液压传动系统防渗、防漏、防污、防噪等环境设计。

(7) 清洁生产设计

多层共挤中空塑料成型机清洁生产技术设计就是把设备在成型加工过程中对环境的污染及交叉污染降到不断发展的清洁度标准上；根据设备成型加工的不同对象的清洁度要求，采用不同的清洁度标准。

① 清洁生产标准　食品、饮料、医疗塑料制品对洁净度有很高的要求，成型设备应符合清洁、卫生要求，防止对产品产生污染及交叉污染，达到清洁生产的标准。按照GMP的要求，制定成型洁净包装制品的设备的行业标准及国家标准，规范净房注塑包装设备的设计、生产、检测、验收。洁净医疗塑料制品成型设备必须达到美国US联邦标准209E和国际通用标准EN ISO 14644-1的要求，符合GMP认证标准要求。食品、饮料塑料包装制品注射成型设备应符合《食品用包装、容器、工具等制品生产许可通则》、《食品用塑料包装、容器、工具等制品生产许可审查细则》及相关标准等的具体要求。

② 整套清洁生产技术设计方案　设备制造企业必须提供从原料的贮存、干燥、制品成型及贮存等完整的整清洁解决方案。制品功能的洁净特殊性，要求主机厂商能够提供可实现洁净生产的全套成型加工方案生产线，包括清洁多层共挤中空塑料成型机、洁净室及周边设备等。主机厂商需与其他相关设备厂商展开广泛的联合开发和制造，共同研发清洁生产线。

(8) 再制造技术设计　每种设备运行中，不可避免都有一些易损金属零件。习惯的做法是易损件一次寿命法，即易损件达到使用寿命，用新的零件更换。在技术设计中也没有考虑易损如何实现二次使用寿命，甚至三次使用寿命，以及废弃后的回收技术。

5.2.3 共挤多层复合中空吹塑制品对挤出设备有何要求？

多层挤出吹塑是采用数台单螺杆挤出机来提供不同的聚合物熔体，挤出系统的任务就是要能同时稳定、均匀地向型坯机头提供塑化良好的熔体。而且，这种方法对功能层与粘接层物料的均匀性要求更高，因此对挤出装置的要求相应也比较高。为了使多层挤出吹塑成型的挤出装置具有稳定的塑化性能，一般应具有以下要求。

① 结构先进的螺杆及机筒。挤出系统（螺杆与机筒）设计得当，可明显改善挤出稳定性。螺杆设计应充分考虑各种塑料在操作条件下的特性。螺杆长径比是影响挤出稳定性的一个主要参数，最好能取到25以上。为了能具有良好的混炼效果，还可采用新型螺杆结构（如分离型、销钉型及波状螺杆等）来保证各种添加剂能良好地分散混炼，并由此改善熔体温度的均匀性。在机筒进料段应设置开槽衬套，提高挤出稳定性，以保证制品质量。

② 在挤出机和机头之间设置齿轮泵，以提高挤出的稳定性，即将由挤出机挤出的熔体，在经过齿轮泵增压后再由泵进入机头内。齿轮泵是一种强制排量装置，每转一圈可排出固定体积的熔体，而与挤出的塑料特性无关。

③ 采用计量加料装置控制挤出机加料量，以改善挤出稳定性。由于螺槽处于非完全充满状态，调节螺杆转速便可改变塑料的熔融与混炼性能，以利于控制各层的厚度比。

④ 加工多层回收料用的挤出装置，应考虑回收料的成分及其在加工中的受热历程，要求螺杆能在尽可能低的温升下充分混炼各种树脂。尤其对含有热敏性树脂的料层，如 PVDC 阻渗层，挤出装置的螺杆结构更是要求选择得当，使其能在较低的温度下保证有良好的混炼能力。螺杆进料段螺槽可深些，并设置连续过滤装置与齿轮泵，且采用排气式挤出机为最佳。

5.2.4 共挤出吹塑机头有哪些类型?

共挤出多层吹塑型坯机头的类型常见的有连续式共挤出机头、贮料式共挤出机头和多头型坯共挤出机头。连续式共挤出机头能连续挤出多层型坯；但容易产生型坯下垂现象，较适合型坯量较小、容器体积小的多层容器。若使用熔体强度较高的塑料，也能吹塑大容量的多层容器（最大可达 120~220L）；贮料式共挤出机头适用于较大型制品的吹塑。可以在很短的时间挤出大量熔体，有利于减小型坯的自重下垂现象，优化型坯的轴向壁厚分布；多头型坯共挤出机头可以一次挤出 2~4 个型坯，有利于提高多层容器的产量，适宜于大批量、小容量的多层容器的成型。

5.2.5 共挤多层复合吹塑型坯的机头结构组成形式有哪些?

共挤多层复合机头是共挤吹塑成型加工的心脏，在共挤多层复合机头内，由不同挤出装置挤出的熔体依照机头设计的次序和厚度组成具有多层结构的型坯。一般共挤多层复合机头主要由模体和模芯组成。

机头模体有管套式和定型组块式两种形式，管套式机头各层结构供料的模芯是平行安装的，并全部在模体内形成多层结构中的各个层次。这类机头结构紧凑，流道长度较短，熔体在机头内的停留时间短，机头的总高度较低。但机头内各流道的熔体流动较难调节，难于把各层熔接线安排在同一位置上；机头温度用安装在模体外侧的加热器控制，不能单独地控制各流道内的熔体温度。因此，无法对机头内的不同材料提供不同的加热温度，故只有当各层材料（特别是黏结层和阻隔层的材料）的熔融温度相近时才能顺利地共挤出。

定型组块式机头是由各定型组块层叠而成的，层的扩展可用增加组块数形成。在机头内，共挤出是从最内层开始的，位于模芯的最高处，然后从上往下、由内往外顺序地把各层复合在一起。定型组块具有基本一样的外形设计，而每一组块的模芯都是特殊设计的，它考虑到从该组块挤出的物料和所需要的层厚度是一致的，定型组块的数目与挤出的层数是一致的。这类机头的优点是结构较简单，易于调节各流道的流动，能按设定的要求安排各层熔接缝的位置；定型组块可单独地直接加热，按组块正在挤出的材料特性进行温度控制。这一点，对共挤出是很重要的。因为，每一个新增加的层面的内侧，是和前一组块已形成层面的熔体相接触流动的。只有单独地控制每一层面熔体的温度，才能使性能相差较大的熔体复合。

共挤出机头的模芯可以变化机头内熔体流动的通道。它使从机头进料孔输入的熔体转变为形成多层型坯所需的环形；它直接影响各层及复合型坯径向壁厚的均匀性，以及熔体各层熔接线的质量。共挤出机头模芯主要包括环形模芯、心形模芯、螺旋形模芯等。

5.2.6 国产双工位五层共挤双模头中空成型机基本结构组成如何? 国产双工位五层共挤双模头有哪些特点?

(1) 基本结构组成

双工位五层共挤双模头中空成型机主要由五台自动加料机、五台单螺杆塑料挤出机、热流道、五层共挤双模头、型坯壁厚自动控制、管坯自动封切、吹塑、双工位移模、锁模成型、中空成型模具、余坯切除、制品自动输送、制品在线自动测漏、液压、气动、机架及计算机集中控制系统等构成。生产工艺流程如下。

自动加料 → 塑化挤出 → 管坯成型、型坯壁厚控制 → 管坯封切 → 移模合模夹管坯、预吹塑 →

移模吹塑成型 → 开模 → 制品自动输送 → 余坯切除 → 制品自动测漏 → 制品收集

(2) 特点

五层共挤双模头是产品成型的关键部件是一种塑料多层共挤机头装置。设计模头时必须充分考虑以下若干关键问题：为了追求高生产率（经济效益），模头设计为双模头结构（即互相平行的两个并联的模头），能够同时挤出互相平行的两条熔融的管坯（即吹塑制品的毛坯），为了保证两条管坯的挤出长度和重量相等，模头流道的尺寸必须保持一致，两个模头必须保持很高的对称度。对各种塑料原料有丰富的熔体流道设计经验，结合熔体流道设计理论，清楚地知道主流道、支流道、料流分布流道设计应有一定的压缩比，而且模头内压力分布要合理，避免流道设计出现死角。流道要光滑，才能使物料流动通畅、无积料等不良现象和避免熔体受热过度分解产生焦料。由于 PA 与 EVOH、PE 的加工工艺温度相差很大，每一个模头必须分为上下两级，同时使模头的加热器能够分段设计，达到模头分段加热的目的，大大减小温度对不同模头流道中挤出物料的影响。还具有模头清洗通道功能，因为塑料加工过程存在两个普遍的问题：一是模头必须定期拆卸清洗，清除粘贴在模头流道表面上的积料，拆卸模头十分麻烦；二是模头熔料并合口熔体压力较低，不可避免要产生积料，造成制品更换颜色或配方时要耗用大量的原料和时间排挤旧颜色及旧原料。经反复改进设计及试验，最终在模头熔料并合口处增加模头的清洗通道。通道平时用螺塞旋合封闭，当改变制品颜色或更换配方时，只要旋下螺塞，大量的旧颜色、旧原料可通过该通道迅速地挤出模头外，整个清洗的挤出时间通常小于 20min。这一技术创新既能延长模头定期拆卸清洗的周期，又大大方便了平时设备变更制品的颜色和配方，此创新减少模头清洗时间 8～24h，节约挤出熔料清洗模头的原料 400～1300kg。

5.3　多层共挤复合吹塑中空制品实例疑难解答

5.3.1　以尼龙为阻隔层的多层共挤复合吹塑中空容器有哪些？

以尼龙为阻隔层的多层共挤复合吹塑中空容器有两类：一类是以尼龙 6 为阻隔层的多层容器；另一类是以芳香尼龙为阻隔层的多层容器。

(1) 以尼龙 6 为阻隔层的多层容器

此类容器，聚烯烃类物质应用最多的是聚乙烯和聚丙烯。聚烯烃与其相容性差，为了改善层间结合的结合力，通常必须置以黏合层，因此其结构一般为：PO/黏合性树脂/PA 黏合性树脂/PO，也有采用 PO/黏合性树脂用/PA 型结构的。目前由于原料及生产设备的不断完善，此类容器已成为质量稳定、价格低廉、应用广泛的产品，是阻隔性中空容器中的主流产品之一，已成功地应用于食品、药品、化工原料等众多的商品包装。但对于需要高阻隔性容器包装的商品（例如蛋黄酱等），其阻隔性则尚感不足。

(2) 以芳香族尼龙为阻隔层的多层容器

芳香族尼龙（MXD）是己二胺和苯二酸的缩聚物，它有接近于高阻隔性树脂 EVOH 相近的阻隔性，用它与聚烯烃配合，可以制得高阻隔性多层吹塑容器，结构形式为 PO/黏合性树脂/PA-MXD6/黏合性树脂/PO。但是 MXD6 的价格昂贵，所以其应用受到限制。

5.3.2 多层共挤复合中空吹塑制品的复合结构如何？不同的结构层材料应如何选用？

多层共挤复合中空吹塑制品的基本结构一般都可分为基层（结构层）、黏合层、功能层。

（1）基层

基层是多层复合结构的主体，其厚度较大，主要用于保证制品的强度、刚度与尺寸稳定性等。基层树脂一般根据制品的要求来选择，通常采用价格低廉、易于成型加工的聚乙烯树脂或聚丙烯树脂。聚乙烯或聚丙烯具有很好的防潮性，能有效地防止制品外的水分通过制品壁，保护制品的内容物不受水分的影响，同时能保护中间层或内层的阻隔性树脂免受水分的影响而处于干燥的状态，保持高度的阻隔性，还能有效地防止制品中内容物的水分逃逸。当制品需要透明度时，可选用 PVC、PC、PET 等；当制品需要高温性能或高冲击强度时，常选用 PC；柔性结构制品（如挤压瓶）常选用软 PVC、EVA 等。

（2）功能层

功能层多数为阻渗层，用以提高制品使用温度与改善外观性能。阻渗层的要求由被包装物品确定。阻渗层可阻止（实际上是大幅度减小）气体（氧气、二氧化碳与氮气等）、湿气、香味或溶剂的渗透。这样，既可以阻止制品内的各成分渗透到制品外，也可以阻止外界气体或湿气等向制品内渗透。

阻隔层用树脂应符合 25℃、65% RH(相对湿度) 下的透氧率小于 4cm³·mm/(m²·24h·MPa)；40℃、90% RH 下的透湿气率小于 409cm³·mm/(m²·24h·MPa)；还要易于成型加工，具有极好的阻香味渗透性。常用作阻隔层的树脂有 EVOH、PVDC、PAN、PA、PET、EVA 等，其中 EVOH 的阻隔性能最为突出，属于高阻隔性材料，且加工处理方便，具有良好的透明性和可靠的卫生性、耐油、耐有机溶剂性优良、保香性能好。EVOH 热稳定性最好，PAN 次之，PVDC 最差；EVOH、PVDC 对氧和二氧化碳有极好的阻隔性能；EVOH 的含水量会影响其阻隔能力。改变阻隔层的树脂的型号、用量、厚度都会影响制品的阻隔性能。

（3）黏合层

黏合层使基层材料与功能层材料能很好地黏结，防止层之间产生剥离现象。共挤出吹塑多层复合制品的基层树脂与功能层树脂之间的黏合性较差，如果不能改善层间的黏合性，在制得多层复合制品后，会产生层间分离现象，制品的机械强度及阻隔性能也将因此而下降，使多层复合制品失去使用价值。改善其黏合性最经济、最有效的途径是在它们之间增加一层黏合层，黏合层所用的树脂称为黏合性树脂。黏合层常用的树脂有：侧基用马来酸酐、丙烯酸或丙烯酸酯进行接枝改性的 PE 或 PP、直接合成特殊的共聚物，如 EVA、EAA、离子型聚合物等。

目前工业化的黏合性树脂的产品较多，如日本三井石油化学公司的黏合性树脂 ADMER，日本三菱油化公司的黏合性树脂 MODIC、美国杜邦公司的 BYNEL 等。以聚烯烃为基层的共挤出吹塑复合制品的黏合层树脂一般采用聚烯烃类树脂的接枝共聚体。

另外多层复合时也可在至少在一层内混入有粘接性的树脂，这种方式可不需另外单独的黏合层，并能保持一定的强度，但成本往往较高，并且要求混入粘接性树脂的量应在不损害构成各层树脂的阻隔性和强度等性能的范围内。

5.3.3 多层挤出中空吹塑燃油箱的基本结构如何?

国产塑料多层共挤吹塑中空成型机生产的多层吹塑汽车燃油箱一般由六层共挤结构组成,按其功能可分为基层、功能层、黏合层、回收料层和装饰层。其基本结构示意如图5-3所示。

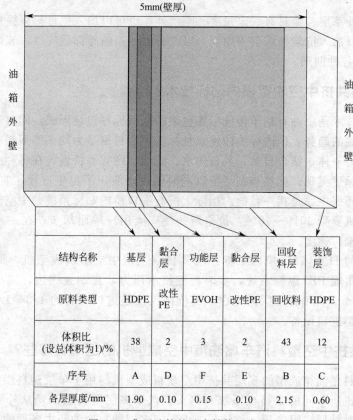

结构名称	基层	黏合层	功能层	黏合层	回收料层	装饰层
原料类型	HDPE	改性PE	EVOH	改性PE	回收料	HDPE
体积比 (设总体积为1)/%	38	2	3	2	43	12
序号	A	D	F	E	B	C
各层厚度/mm	1.90	0.10	0.15	0.10	2.15	0.60

图 5-3　典型油箱的基本结构示意图

(1) 基层

基层是多层共挤结构的主体,厚度较大,主要确定制品的强度,刚度及尺寸稳定性,同时也起一定的功能作用,基层聚合物主要是 HDPE 新料。

(2) 黏合层

黏合层主要解决基层和功能之间的相互黏合不良的问题,多层燃油箱壁内各层之间的黏合是难点和要点,黏合不良会发生层间剥离现象,进而影响塑料油箱的强度和阻渗效果,黏合层聚合物一般用改性聚乙烯,黏合剂价格一般较高,故在满足性能要求的前提下,其厚度应尽量小些。

(3) 功能层

功能层也称阻渗层,是多层共挤结构高阻渗作用的关键层,它不仅可以阻止燃油有效成分渗透至燃油箱外,而且可以阻止外界气体或湿气等向燃油箱内的渗透,功能层聚合物主要是 EVOH。一方面,EVOH 的价格较高;另一方面,EVOH 在很薄的情况下,其阻隔性能已很高。因此,在满足阻渗性能要求的前提下,阻渗层应设计得尽量薄。

(4) 回收料层

在共挤吹塑油箱的过程中,会产生一些飞边和废件,其回收再利用,可降低成本,同时，多次回收通常也不会影响 HDPE 的性能。单种聚合物油箱的回收料破碎后按一定比例加入挤出机即可，比较容易，多层共挤吹塑料油箱的回收料包含多种聚合物，回收比较复杂，因此，在复合共挤结构中增加回收料层，以解决回收料的重复利用，回收料层主要为回收料和 HDPE 新料的混合物。

(5) 装饰层

装饰层也叫外基层。除具有一定强度、刚度外，也可以加入色母，以提供燃油箱不同的外部色彩，也可以加入抗紫外线剂等助剂，以改善燃油箱的外部适应性，装饰性聚合物主要为 HDPE 新料和各种助剂。

5.3.4 什么是共挤中空吹塑模内贴标技术？

模内贴标签技术是一种有别于传统标签包装的全新标签包装形式，同时适应绿色环保包装、产品防伪包装的趋势。模内标签的优点是标签与塑料制品为同一类型塑料树脂，在模内高温下可以熔合为一体，结合自然，具备防水、防油、防霉等特性，在各种恶劣环境下，不易脱落，而且商标更美观；标签与制品可以同时回收，简化了再生过程，兼顾了环境保护，这与现行倡导的环保主题是一致的。国际上配有进口模内贴标系统的中空塑料成型机比普通中空塑料成型机要贵 30%～40%，价格瓶颈使广大用户望而却步，在一定程度上迟滞了模内贴标技术的推广速度。

某公司开发的 HYB-75D 模内贴标三层共挤双工位中空塑料成型机，采用四模头双工位，配备精确的集成 PID 温控系统，实时检测挤出压力，自动去飞边，减小中层及内层厚度（0.03～0.05mm），填补了国内空白，其价格仅仅是进口产品的 1/3～1/2，产品性能已经达到和超过同类进口设备。

5.3.5 多层共挤中空塑料汽车燃油箱中空成型机的组成有哪些？

汽车多层塑料燃油箱成型的多层共挤中空塑料成型机与用于单层塑料燃油箱成型的贮料式中空塑料成型机所不同的是挤出系统和机头。汽车多层塑料燃油箱从外到内分别是焊接层、回收料层、黏结层、阻隔层、黏结层、内层。多层塑料燃油箱中各层的厚度比例由挤出系统控制。各挤出机稳定的挤出性能是实现这一目标的基础，所以内层、焊接层、回收料层、黏结层都必须采用 IKV 结构的塑化挤出结构。回收料层所用的是型坯的料头及废制品的粉碎料，回收料层中有多种原料成分，该层挤出机要有很好的混炼能力，使得 EVOH 或 PA-6/66 在 HDPE 中以小于 0.02mm 的微粒状态均匀分布，达到资源节约。失重式加料系统也广泛采用，实现稳定计量加料。

我国某公司自主开发生产的 SCJC500×6 六层共挤中空塑料成型机，最大可成型 500L 的六层中空容器及 200L 多层塑料汽车燃油箱（标准型）。为达到各层的厚度成比例、稳定的挤出，内层、焊接层、回收料层、黏结层都采用"IKV"结构的是挤出结构。不仅配备轴向型坯壁厚控制系统，还在国内首家配备径向壁厚控制系统。电气控制系统采用高功能 PLC 控制动作顺序，采用触摸式显示器进行画面显示及参数修改。液压系统采用比例伺服控制技术等，结束了国产设备不能生产高档多层汽车塑料中空燃油箱的历史，填补了国内在此领域的一项空白，标志着我国多层共挤中空塑料成型机技术进入世界先进行列。

5.3.6 共挤出吹塑 PA6/PP 复合瓶时，如何进行工艺控制？

挤出吹塑以 PA-6 为外壁，以 PP 为基体内壁的复合瓶，由于 PA-6 与 PP 性能相差较大，树脂的相容性差，因此挤出吹塑时内壁和外壁之间需采用黏合层，黏合层树脂一般可选择专用 PA 黏合用树脂，如 MODIC(P-IOB)等。故挤出吹塑时需三层共挤复合吹塑成型，位于外壁的 PA-6 具有阻渗、抗静电、易印刷、光泽度好与耐刮伤等性能，其厚度可小些，内壁 PP 基体可厚些，中间层应黏合强度较高。

挤出吹塑复合瓶时，由于是采用三种不同的原料进行共挤复合，因此需三台挤出机共挤复合成型，其工艺流程如图 5-4 所示。

外层树脂→挤出熔融
中间层树脂→挤出熔融 ⟩ 复合型坯→吹塑成型→冷却→脱模→制品
内层树脂→挤出熔融

图 5-4 共挤出吹塑 PA-6/PP 复合中空容器工艺流程

各层挤出塑化物料的挤出机应提供稳定而均匀的熔体，以保证各层厚度的均匀分布，挤出应采用计量加料器以控制进入挤出的物料量。物料挤出塑化的工艺控制应根据不同层物料的性能加以确定。

如某企业生产 PA-6/P-10B/PP 400mL 复合瓶时，挤出外壁 PA-6 用的挤出机采用 ϕ65mm 挤出机，内壁 PP 层采用 ϕ45mm 挤出机，中间黏合层采用 ϕ40mm 挤出机，挤出物料的塑化温度控制为 225～230℃，吹胀比为 2.5∶1，吹气压力为 0.8MPa，吹塑模具有温度为 55～60℃。

第6章

其他中空成型实例疑难解答

6.1　旋转中空成型实例疑难解答

6.1.1　用于旋转成型的塑料有何要求?

① 用于旋转成型的塑料应是液体或固体粉状料,以利于塑料能均匀分布在模具内壁。在旋转成型中,粉体粒子的特点很重要。粒子形状是在把粒子磨碎成粉的过程中形成的。最合适的粒子直径是 35~200 目,更细的粒子则分散于粗的粒子之间。尺寸分布非常窄的粒子并不适合密实固化。细粒子含量高的粉体密度低,也固化不密实。大粒子含量高的粉体加热慢,会延长加工时间,增加制品制造成本。纤维状的长粒子和片状粒子容易架桥,形成空隙导致夹裹空气。球状粒子也不合适旋转成型,因为其固化不密实。固化不密实的制品密度低,脆性大,冲击强度低。而卵形粒子是比较理想的。

② 与中空吹塑成型相比,旋转成型的过程需要时间较长,因此,要求使用的塑料必须有很好的热稳定性。PE 有很好的热稳定性,占旋转成型用塑料的 85%,其他用到的塑料有PMMA、PC、PVC、PP 和尼龙等。

③ 塑料熔体的黏度应相对较低,熔体弹性应非常低。在旋转成型的固化过程中,聚合物不受剪切。通常,用于吹塑成型和热成型的聚乙烯并不适合旋转成型。含橡胶组分的聚合物如 ABS 是热敏性的,黏度和弹性高,很难用于旋转成型。

④ PVC 糊、硅树脂、反应性己内酰胺或尼龙 6、不饱和聚酯及热固性聚氨酯是液体,可用于旋转成型。虽然 PVC 不经历热固性树脂那样的反应,但在适当时间,加热可以使PVC 从溶胶转变为固体。黏性液体很难旋转成型为壁厚均匀和恒定的制品。模具常不加热或仅适当加热。

一般催化反应常控制为缓慢进行,以免形成气泡、滴状或液体桥接,这样固化时间就很长。己内酰胺和不饱和聚酯的反应要比聚氨酯的难控制,而 PVC 糊的加工则最好控制。用于旋转成型的塑料最好是在室温有适当的黏度,改变温度时黏度变化不大,反应放热很少。

6.1.2　旋转成型的生产过程怎样? 具体步骤如何?

旋转成型就是将适量的粉料加入铝或钢的蚌壳式模具的半模中,然后合模,使模具连同物料在两个方向旋转，并将旋转的模具放到一个热空气对流炉中加热。

旋转成型的生产过程为：先将旋转成型的模具放置在旋转成型机的转臂上，旋转成型机一般由加热室和转臂组成，有的还带有冷却装置如喷水雾化或冷却风扇。然后，将一定量的物料放入模具内，再从垂直和水平的两个角度边旋转边加热，使物料边旋转边熔融塑化，塑化了的物料将炙热的模具和外层包装均匀紧密地黏合在一起。一定时间后停止加热，但要继续旋转模具，使各部分的物料厚度均保持一致，直至模具冷却至脱模所需的温度时，即可打开模具，将产品从模腔中取出，然后加入新的树脂，进入下一个产品的成型。在整个成型过程中，模具转动的速度、加热和冷却的时间都要经过严格而精确的控制。

成型的具体步骤一般可分为加料合模、加热塑化、冷却固化及脱模四个步骤。

① 加料合模　根据产品的大小，确定物料的用量，然后计量所需物料量，将定量的液体或粉料的物料加入模具内腔。

② 加热塑化　旋转成型机带着模具在纵横两个方向转动的同时对模具进行加热，物料受热逐渐熔融塑化并黏附于模腔的内表面。

③ 冷却固化　随着模具的不断旋转，模具同时转出加热炉进入冷却室，在冷却室中的料冷却成型。

④ 脱模　成旋转型机转到开模位置，模具停止旋转，打开模具，取出制品。

6.1.3 旋转成型工艺方法有哪些？成型工艺应如何控制？

(1) 旋转成型方法

旋转成型工艺主要有单旋转法、双旋转法、旋转摇动法三种。单旋转法是一根轴带动模具沿一个方向旋转成型的方法。双旋转法是由主轴和芯轴同时相对旋转成型的方法。旋转摇动法是一根轴转动，两侧带有顶出装置，使模具摇动的成型方法。三种成型方法的比较见表6-1。

表6-1 三种成型方法的比较

项目	单旋转法	双旋转法	旋转摇动法
制品种类	开口或闭口	开口或闭口	开口
制品规格	大型	大、中、小型	大型
成型周期	长	中	短
制品壁厚控制	不易控制	易控制	不易控制
模具数量	单个	单个或多个	单个
生产批量	小批量	中、小批量	小批量

(2) 旋转成型工艺的控制

① 树脂的选用　在旋转成型中，塑料可采用黏性液体或碾碎的粉料，粉料是通过研磨塑料颗粒并筛选得到的，大小为 $75\sim500\mu m$。目前以粉料（尤其是聚乙烯粉料）的旋转成型应用最为广泛。工业上经常采用 MFR 为 2.8g/10min 的 LLDPE 专用旋转成型牌号来生产，例如：美国 Dow Chemincal 公司的 Dowlek 2440、2476、X 061500.40、X 061500.60、XD 6150.01、XD 6150.02 等 LLDPE 牌号。也可采用 LDPE 或 HDPE 作旋转成型原料，其MFR 为 1～6g/10min，或 MFR 为 10～20g/10min 的高流动性专用牌号树脂。此外，尼龙、PC、纤维素酯等均可用。

② 加热周期　加热周期分以下几步：加热模具，把原料加热到熔融塑化温度，聚结物料到坚实的结构，排除气泡和孔隙等。物料加入模腔后，模具以低速旋转，造成在至少1/3的加热周期时间里，粉料滞留在型腔底部或底部附近。和型腔相接触的粉料通过型腔壁外表

面的对流或空气运动最先被加热，然后将能量通过模具传导给内表面。当型腔达到粉料开始粘连的温度时，粉末层性状改变，做一种叫做阻滞和摩擦的流动。松散的粉料在型腔内四处运动，黏附在型腔表面的粉料开始熔融。粘在一起的粉料微粒聚结并且开始结合成单层的液体塑料。当粉料与其他粉料微粒或型腔表面黏附在一起时，粉料开始聚结。

聚结作用是在大批粉料微粒中集结成单层液体聚合物的过程。对于那些几乎没有熔体弹性的聚合物来说，低剪切黏度比高剪切黏度的塑料聚结得更快。例如，LLDPE 比 HDPE 聚结快得多。而熔体弹性很高的塑料（如 ABS）聚结性很差或者几乎不聚结。在聚结过程中液体层继续增厚，曾经在粉末层中是连续相的空气现在成了分离相，以球形气泡的形式存在。随着塑料层温度的增加，球泡中的空气开始溶解到塑料中并且球泡尺寸变小，如图 6-1 所示为旋转成型过程中塑料随时间的变化。理想状态下，如果塑料保持高温足够长时间，那么聚结液体中的绝大多数气泡都会消失。当几乎所有的气泡都消失时，这时塑料被认为是完全密实状态。

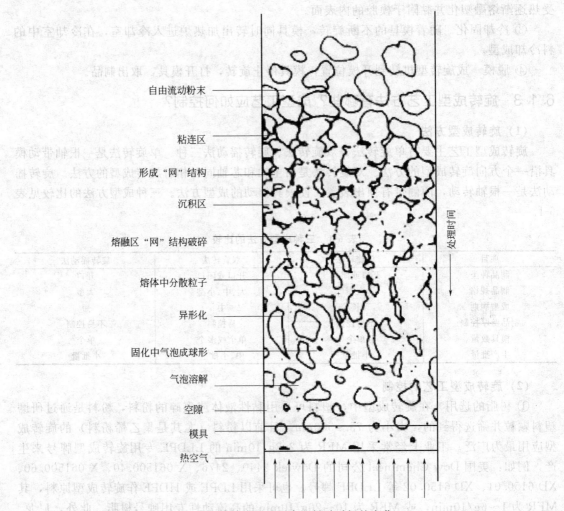

图 6-1 旋转成型过程中塑料随时间的变化

加热介质的移动速率提高，可提高加热速率，缩短加热时间；提高模具表面积与塑料体积之比，可缩短加热周期；加热周期太短，塑料塑化熔融不充分，制品强度不足，加热周期太长，易发生分解，强度也降低，一般加热周期为 13～14min（热风加热），直接明火加热

9min。LDPE 加热温度为 $288\sim370℃$，HDPE 为 $340℃$，加热时间为 $5\sim25min$。

③ 冷却　在塑料熔融并附着于型腔内壁时，旋转模是一直连续旋转的。当塑料完全熔融聚结并变得密实时，模具从加热炉移出至冷却区。工艺上，当合拢的模具移出加热炉时，模具比制品温度高，而制品又比内型腔中的空气温度高。当模具冷却时正好相反，此时模具比制品温度低，而塑料又比内型腔的空气温度低。在温度逆转的第一阶段，一定要严格控制冷却过程。室温的空气通常作为第一步的冷却介质。当发生温度逆转时，合拢的模具可以冷却得更快，特别是用细细的水雾喷洒在模具表面时尤为如此。对于结晶性聚合物，冷却后它将再结晶。固态聚合物比液态聚合物密度高，因此，旋转成型的中空制品冷却时会收缩，会脱离型腔表面。所以要严格控制收缩量，否则，制品的某些部位会比其他部位收缩得更多、更早，制品就会翘曲或者变形。

因为模具在两个方向旋转，所以很难通过驱动臂将冷却剂送入型腔。因此，所有旋转成型的中空制品都是从型腔内表面接触的部分开始冷却的。同样，冷却时间和制品壁厚的平方成正比。

旋转成型制品冷却时，冷却不均匀，会易发生翘曲，因此一般应先风冷到 $140℃$ 以下，再水冷至常温。同时还要严格控制冷却速率，冷却速率太快，结晶度低，强度达不到最大；冷却速率太慢，不仅影响产量，结晶晶体变大，也会使制品的冲击强度和耐应力开裂性变坏，一般为 9min 左右。

④ 模具自转和公转的速度比　模具公转速度比自转速度低，一般模具公转速度与自转速度之比为 $1：4$ 左右，取决于制品形状和模具的悬挂方式，表 6-2 为不同形状制品旋转成型时的旋转速度。

表 6-2　不同形状制品旋转成型时的旋转速度

制　品	公转转速/(r/min)	自转转速/(r/min)
长方形桶(卧式放置)	8	9
防水装置管道	5	6
球或球形容器	8	9.75
正方形、球或特殊形状制品	$8\sim10$	$10\sim13.5$
球状中空容器(如轮胎)	$6\sim12$	$9\sim18$
扁平矩形中空制品	$4\sim9.6$	$15\sim36$

常用塑料旋转成型的工艺控制见表 6-3。

表 6-3　常用塑料旋转成型的工艺控制

树　脂	加热炉温度/℃	加热时间/min	冷却时间/min		
			风冷	水冷	风冷
LDPE	340	$6\sim7$	1	3	2
HDPE	340	$7\sim8$	4	2	2
交联 PE	$230\sim260$	$12\sim15$	6	4	5
EVA	290	$8\sim10$	3	4	3
PVC	290	$6\sim10$	3	4	3
ABS	320	$10\sim12$	4	4	4
PS	320	$10\sim15$	4	4	4
尼龙	$260\sim290$	$8\sim10$	空冷		
PC	$370\sim400$	10	空冷		
POM	$260\sim290$	$12\sim15$	空冷		

6.1.4 旋转成型机的类型有哪些？应如何选用？

（1）旋转成型机的类型

旋转成型机主要有单轴旋转机、双轴旋转机和摇动旋转机三大类。

① 单轴旋转机是由一根轴带动模具向一个方向旋转成型。此法所用设备的结构简单，但成型周期较长，且制品的壁厚不易控制，适合制作管状制品。

② 双轴旋转成型机是滚塑成型的应用最广的机型。其温度控制容易，制品厚薄较均匀，精度好。双轴旋转成型机有主轴和副轴，双轴间夹角一般为90°。

工作时，主轴和副轴同时相对旋转成型，主轴作横向旋转，使模具中物料在横向上黏附均匀；副轴作纵向旋转，使模具内的物料在纵向上黏附均匀。通过主、副双轴的复合运动，使模腔内的物料均匀地黏附在整个模腔内壁上。成型机的两轴各自独立旋转，其转速及主、副轴的速比关系到制品的成型厚度及其均匀程度。一般轴的最高转速不超过35r/min，两轴速比的选择范围在1∶1～0∶1之间。主轴的转速一般不超过15r/min。主轴不仅承担横向旋转力，而且还承担整个模架的重力。模架结构根据制品大小和形状，以取模数量而定，并应考虑容易卸模。

③ 摇动旋转机由一根单轴驱动，但可以通过架子两端的上下移动来获得双轴旋转效果，非常适合制作超大型制品，但温度不易控制。

成型大型制品时，模具在加热装置和冷却装置之间来回移动是较困难的。所以一般采用在一台架上完成加热和冷却过程。加热常采用煤气火焰加热方式；冷却通常采用空气和喷水冷却并用的方法。回转轴使模具横向旋转，曲轴承担摇动动作。制品越大，其旋转速度和摇动频率越慢。其速度之比仍由制品的大小和形状决定。模具固定在带沟槽的环形轨道上，为使模具受热均匀，应尽量固定在环形轨道的中心部位上。

（2）旋转成型机的选用

① 工位数的确定　工位数主要取决于成型制品形状、大小及生产批量。一般情况下，尺寸较小、生产批量较大的制品，适宜选用多工位；反之，选用单工位较合理。对中、小型、有一定生产批量的制品，通常选用三工位为宜，即装料、取模为一个工位，加热冷却各一个工位，而且各工位时间应一致。

② 模具最大重量的确定　模具最大重量主要取决于制品形状、尺寸及其精度和生产批量等因素。

③ 模具尺寸的确定　模具尺寸取决于制品尺寸的大小，并应考虑模具重量的最大允许范围以及各种树脂固化后的收缩率。

④ 双轴旋转速度的确定　双轴旋转速度主要取决于制品的尺寸大小和几何形状。为了适应各种形状制品的生产，一般主轴与副轴的转速比范围为1∶1～1∶5。产品小，转速范围大；产品大，则转速范围小，一般取1.5～25r/min。

⑤ 主、副轴结构的确定　副轴结构主要取决于模具大小、模具最大重量及旋转速度。副轴的旋转结构与模具的大小、数量及总的重量有关，由于主轴与副轴的旋转方向成直角，因此，多采用锥齿轮结构。

⑥ 加热炉最高加炉温的确定　一般最高炉温设定在480℃为宜。加热炉的热容量要大。

⑦ 冷却装置的设定　在滚塑成型过程中，风冷和水冷必须同时选用。风冷对制品的性能有利，但冷却时间较长；水冷则相反，故成型过程中两者应兼而有之。风冷一般采用鼓风机，水冷一般采用喷淋或者喷雾。对厚壁制品，必要时可在模内注水冷却。

6.1.5 旋转成型模具结构怎样？如何选用？

(1) 旋转成型模具结构

旋转成型模具通常由上模、下模、凸缘、定位销、锁紧螺钉、开模螺钉、排气孔及脱模用零件几部分组成，结构如图 6-2 所示。小型旋转成型模具常用铝或铜的瓣合模，大型旋转成型模具多采用薄钢板做成。

上模是指没有固定在旋转架上的模具。下模是指固定在旋转架上的模具。在上、下合模处设凸缘。在上、下模合模处设定位销。上、下模型体的固定可采用锁紧螺钉，上、下模中有一侧设置开模螺钉，排气孔为不使模腔内承受压力而开的孔。在旋转架上为了方便制品取出，设置了脱模用零件的部件。

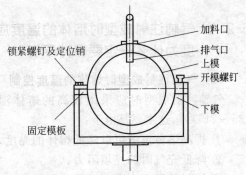

图 6-2 旋转成型模具结构

旋转成型的模具结构简单、造价低廉。一般要求所用材质耐热不变形，而且还要有良好的导热性，一般小型旋转成型模具常用铝或铜的瓣合模，大型旋转成型模具多采用薄钢板做成。

(2) 模具的选用

① 模具分型面结构。旋转成型中的分型面主要起密封和定位作用，特别是成型大制品时，在分型面处易漏料或因错位而造成制品在合模线上凸起，甚至产生废品。

② 制品壁厚与沟槽宽度。一般制品厚度应大于沟槽宽度。如果不能满足这个条件，则在沟槽入口处很容易形成物料架桥现象。但对沟槽比较大又浅时，不受这一条件限制。

③ 模具壁厚对制品厚度的影响。如果模具壁厚突然变化，当厚度变化大于 2:1 时，对制品的厚度有明显的影响。

④ 加强肋的结构形式。凹型肋的结构形式必须满足沟幅大于沟深的条件。

⑤ 棱角和拐角的关系。在旋转成型中尽量避免模腔内存在棱角和拐角，特别是应避免尖角。凹型肋和凸型肋都要设一定的圆角。根据经验，在粉末成型时棱角或者拐角的圆角都要大于 $R5mm$，在液体树脂成型时棱角的圆角要大于 $R10mm$，拐角的圆角大于 $R50mm$。

⑥ 圆形口径和深度关系。在旋转成型的制品中，可能有管状凸起部分。在同一深度条件下，口径越大，制品的厚度越厚。因为受热状态好，凸型圆口状制品的厚度比较容易保证；而对凹型圆口状制品的厚度就难保证，因为热风不容易吹进去。

⑦ 模具表面影响。模具表面积越大，物料受热机会越多，成型周期越短。为了提高模具表面积，可在模具表面上采用"散热片"式的结构。

⑧ 旋转成型用模具一般不承受压力，也不需要装冷却水通道。

6.1.6 采用 PVC 糊塑料生产小型中空制品的工艺应如何控制？

采用 PVC 糊塑料生产小型中空制品时，可将定量 PVC 树脂及助剂加入模腔，闭合模具并将模具固定在能绕着两根正交的（或几根互相垂直的）轴进行旋转的成型机上。模具旋转的同时，用热空气或红外线等对其加热。

模具的旋转速度，主轴为 $5\sim20r/min$，副轴的转速为主轴的 $1/5\sim1$，并且是可以调整的。模内半液态的物料依靠自重而总是停留在模具的底部。当模腔表面旋转而触及这些物料时，就能从中带走一层，直至所有液态料用尽。模内的糊状塑料一边随模具旋转，一边在受热状态下均匀分布在型腔表面,逐渐由凝胶而达到完全熔化状态。物料完全熔化后再经冷却固化,即可开模取出制品。

模具加热时间为 5～20min,温度为 290℃左右。

6.2　气辅注塑成型实例疑难解答

6.2.1　气辅注射成型时熔体的温度应如何控制?气辅注射成型过程中模具的温度为什么一定要保持平衡?

(1) 气辅注射成型时熔体的温度控制

气辅注射成型时应采用较高的熔体温度,如 HIPS 的气辅注射成型时物料可设置在235～245℃。这主要是由于:

① 提高熔体温度可以降低熔体的黏度,保证快速充模;

② 降低充气时的充填阻力;

③ 熔料的温度高有利于减小制品的内应力,以保证制品的质量。

(2) 气辅模具的温度保持平衡的目的

气辅注射成型过程中模具的温度的均匀性对于制品的成型质量有很大的影响,成型时模具温度保持平衡的主要目的如下。

① 防止制品充填不平衡　因为如果模温不平衡,则会使模温低的部位,充填阻力大,会导致充填不足,而且气体充入模腔时,会由于充填阻力大,使气道难以形成,而导致制品产生缩痕。

② 克服制品吹裂和缩痕矛盾　因为如果模温不平衡时,当减少氮气的保压时间时,则模温高的部位易出现缩痕;而增加保压时间时,模温低的部位又易出现吹裂等现象。

成型过程中要保证模温平衡,必须保证冷却水道通畅,冷却水质优良,定期更换冷却水和清洗模具冷却水道等。

6.2.2　气辅注射成型时注射压力和注射速度应如何控制?气辅注射成型过程中氮气的保压斜率应如何控制?

气辅注射成型一般宜采用高速低压注射,因高速注射时可以产生大量的剪切热,可提高熔体温度,降低熔体黏度,从而增加熔体的流动性,有利于充气时降低气体的流动阻力。但注射速度通常要以不发生物料的烧焦和模腔的排气不良为原则。气辅注射成型时的注射压力一般较低,这主要是由于气辅注射成型物料温度较高,熔体黏度低,流动性好,而且开设的气道也可起到引流的作用,故可采用较低的注射压力。注射压力低可降低制品的内应力。

气辅注射成型过程中通常氮气的保压斜率应尽可能设置较小一些,因为保压斜率小,可以使氮气卸压缓慢,以利于进入熔料中的气体及时排出,否则保压斜率大,卸压速度快,制品中的气体不能及时排出,使制品产生鼓泡;同时制品还没有完全冷却即卸压,易导致制品产生缩痕。

6.2.3　气辅注射成型时喷嘴和模具的进气方式各有何特点?

气体辅助注射成型的氮气可经注射机的喷嘴进入,也可经由模具气道进入,两者各有特点。从喷嘴进气通常通过修改现有旧模具即可使用;流道形成中空状,减少塑料的使用;制品没有气针所留下的气口痕迹,但所有气体通道必须相通连接,气体通道必须对称且平衡,且不能在热浇道系统上使用，需采用专用喷嘴，费用较高。

从模具进气可采用多处进气方式，气体通道不需完全相通连接；气体与塑料可同时射入；还可用于热流道模具；也可使用于非对称制品模腔的成型。但必须重新开发设计模具，制品上会留下气针的气口痕迹。

6.2.4　壳体类制品的气辅注射成型工艺应如何控制？

壳体类制品主要是指电视机外壳、空调器外壳和冰箱外壳等制品，气体辅助注射成型时，大部分选用高冲击 PS 或 ABS 为原料。气辅注射成型时的工艺控制主要有以下几方面。

(1) 模具气道结构

气道横截面一般为半圆形，其直径的设计要求尽量小且保持一致，一般为壁厚的 2～3 倍，因为过大或过小会对气道末端的穿透不利；气道拐弯处应有较大的圆弧过渡；在加强筋、自攻螺钉柱、加强柱等结构的根部可布置气道，以利用结构件作为分气道补缩。

进气方式可采用气针或喷嘴进气，现大量采用间隙式气针进气。间隙式气针的要求如下。

① 气针的配合间隙应小于 0.02mm，以防止熔料进入气针间隙。

② 气针外周与模具的密封必须良好，要求使用耐高温的密封圈。

③ 气针的结构形式要求能防止在冷却过程中氮气从气针与制品之间的间隙逸出。

④ 气针位置离浇口不能太近。因为在充填时浇口附近料温最高，黏度较低，易使熔料进入气针间隙，造成制品缩痕、吹裂等缺陷。

在进行流道、浇口的设计时，由于气辅成型取消了注射补偿相，故可以设置较少的流道和浇口数量。为保证较快的充填速度，应将流道和浇口适当扩大。潜伏式浇口直径一般为 1.5mm 左右。过大的浇口尺寸，会增加浇口凝固时间，影响生产效率，而且还可能引起氮气经浇口和流道后窜入料筒的危险。在进行冷却设计时，由于气辅成型对冷却效果要求更高，所以必须保证模具冷却平衡及冷却良好。因在模具的镶件上开设冷却水路较难，故镶件可采用铍铜等导热性好的材料制作。

(2) 制品设计

对于空调、电视机外壳等塑料件采用气辅成型后，制品壁厚可减少 2～3mm，同时可设置粗厚的加强筋和设置较长的自攻螺钉柱。在设计加强筋、螺钉柱、加强柱等内部结构时，连接处应采用较大的圆弧过渡，以利于氮气的填充。

对于电视机外壳塑料件，其喇叭窗网采用了微孔成型技术。微孔部分的厚度应设计为 1.5～2.0mm，同时应在通孔背面设置加强筋，孔的脱模斜度应为 5°～10°或更大，以保证制品顺利地填充和脱模。

(3) 成型工艺参数的控制

① 物料温度。气辅成型应采用较高的物料温度。一方面，提高料温可以保证快速充模，降低模内熔料的黏度，降低加气时的充填阻力；另一方面，提高料温有利于减小制品的内应力，保证制品质量。

如采用 HIPS 塑料，机筒最高温度可设置在 245～245℃。

② 模具温度。模具温度应按加工的材料要求设定。太高的模具温度不利于生产效率的提高，而太低的模具温度又无法保证制品的顺利充模。另外不适当的模具温度会引起气辅成型制品表面出现缩痕等缺陷。

模具温度应保证分布平衡。模具温度不平衡可能引起以下问题：制品填充阻力大的区域会出现填充不足；模具温度低的部位在加气时充填阻力大，气道难形成，制品易出现收缩痕；难以同时克服制品吹裂和缩痕，因为减少氮气保压时间，模温高的部位易出现缩痕；增加氮气保压时间，模温低的部位易出现吹裂。要保证模温平衡，必须保证冷却水路通畅、冷却水质优良。在夏季，循环冷却水极易变脏，水中含有大量砂土和铁锈等絮状物，引起模具冷却水路堵塞，造成模具热交换变差，应定期更换冷却水和清洗模具水路。

③ 锁模力。气辅成型由于大大降低了注射压力，故需要的锁模力也降低了。但太低的锁模力会使制品出现毛刺，产生的毛刺不但会影响装配，而且高压氮气在充填时可能会从毛刺逸出，引起制品缩痕。

④ 预充填量。气辅成型的预充填量应保证在90%～95%或更高。预充填量太大，制品中空体积变小，影响气道的形成，制品易出现缩痕；预充填量太小，制品中空体积变大，可能造成吹穿、"指纹"效应和自攻螺钉柱吹空等缺陷。

⑤ 注射速度和注射压力。气辅成型一般采用高速注射。高速注射可以产生大量剪切热，以利于加气时降低气体充填阻力，但高速注射应以不发生制品烧焦和排气不良为原则。气辅成型可以采用较低的注射压力实现高速注射，因为一方面熔体黏度低，充填阻力小；另一方面开设的气道可起到引流的作用。

⑥ 保压压力和保压时间。通过设置适当的保压压力和保压时间，可以避免因注射机未安装截流阀或截流阀关闭不严而造成的机筒串气；同时还能避免因模具浇口较大，其冷却凝固时间太长而造成的机筒串气；防止浇口或主流道吹空，脱模时强度不够造成的断裂。

保压压力的设置原则是保证注入模具的熔料不回流所需的最小压力，保压时间的设置原则是保证浇口凝固所需的最小时间。

⑦ 冷却时间。对于气辅成型，冷却时间的长短应能保证主流道顺利脱出，同时保证高压氮气卸压完成。通常，壳类制品要求的冷却时间比主流道要求的短。

⑧ 注气延迟时间。注气延迟时间是气辅控制设备开始计时至开始注入高压氮气的时间间隔。气辅控制设备开始计时的时刻根据气辅设备不同而略有不同，有的是从合模增压后开始计时；有的是通过设置注气开始位置，即在注料过程中螺杆到达设定位置后开始计时。一般应保证注料完成至注气之间有1～3s的间歇。

⑨ 氮气充填压力、充填斜率时间及充填时间。氮气充填压力、充填斜率时间及充填时间一般设1～2段。氮气充填压力存在下限，如果设置低于下限，制品气道无法顺利完成。充填压力的设置有两种方式。

a. 采用两段控制　即先中压（20～25MPa）后高压（25～31MPa）充填可以有效控制气道的形成，防止制品鼓包，但可能因气道穿透不够，制品易出现缩痕。

b. 采用一段控制　即直接设置高压（25～31MPa）充填可以保证气道快速形成，防止充填压力不足出现缩痕，但制品易出现鼓包。

有的气辅设备设有氮气充填斜率时间，通过设置斜率时间可以控制氮气充填速度。在实际生产中，为防止制品缩痕的产生，一般不设置氮气充填斜率时间。氮气充填时间设置应适当，一般为6～12s。充填时间太短会引起制品缩痕、鼓包等缺陷，充填时间太长会造成制品吹裂等缺陷。

⑩ 氮气保压压力、保压斜率及保压时间可设置为一段或多段。保压压力较高有利于保证制品紧贴模具冷却，防止缩痕的产生，但保压压力过高会引起制品吹裂等缺陷。氮气保压斜率时间可设置较长，使卸压速度变慢，以保证进入熔料的气体及时排出，防止制品鼓包、缩痕等缺陷。氮气保压时间设置过短，制品未完全冷却即卸压，会出现缩痕；氮气保压时间设置过长，制品冷却后受压，会出现吹裂。

6.2.5 PVC糊塑料搪塑成型工艺应如何控制?

(1) 工艺流程

搪塑成型是用糊塑料制造空心软制品的成型方法。PVC糊搪塑成型工艺流程如下。

搪塑成型的过程实质上是将PVC树脂在加热条件下溶解成为溶液的过程。一般将这个过程分为两个阶段:"凝胶"和"熔化"。"凝胶"(有时也称为"胶凝")是从PVC糊塑料开始加热起,直到糊塑料形成薄膜,表现出一定的机械强度为止,这一阶段称为"凝胶"。在这一过程中,树脂不断地吸收增塑剂,并发生肿胀,同时PVC糊塑料中的液体部分逐渐减少,此时体系的黏度逐渐增大,树脂颗料间的距离也逐渐靠近,最终,残余的液体成为不连续相。从宏观上看,PVC糊塑料成为一种表面无光并干而易碎的形态。此时即可认为,凝胶阶段已结束。PVC糊塑料的凝胶温度通常在100℃左右。

"熔化"是指在前一种状态下的PVC糊塑料继续加热,直到薄膜的力学性能达到最佳状态的过程。必须注意:此处的"熔化"绝不是将树脂加热到黏流态,而是指胀大的树脂颗粒在界面之间发生粘接,随后,其界面越来越小,直到全部消失。此时,体系中除了不溶解的组分(颜料或填料)以外,其余的组分都处于均匀的单一相。从宏观上来看,薄膜形成连续的透明体或半透明体。PVC糊塑料的熔化温度通常在1750℃左右。

(2) 原料选择与配方

搪塑工艺对塑料糊的要求是黏度要适中,一般在10Pa·s以下。使其灌入模具后整个型腔表面都能充分浸润,并能使制品表面细微凸凹或花纹均显现清晰,黏度过大是达不到这些要求的,而黏度过低又使制品厚度太薄。

如搪塑成型玩具制品时,一般要求无毒,因此配方中在原料的选择上应注意不能使用铅盐类稳定剂等有毒助剂,制品柔软而富有弹性,有适当的透明度(接近于人的肤色,使玩具栩栩如生),良好的耐光性,表面不易污染,容易用肥皂水清洗,增塑剂不易迁移(玩具人头部、面部的色彩,如在存放中增塑剂发生迁移,将会造成成批的废品),有足够的强度和伸长率,不致容易撕裂。有时为使制品呈半透明状,加入少量吸油值低的碳酸钙作填料。所用的色料色彩应鲜明,不溶于水,如加少量镉红,可使玩具肤色近似于儿童皮肤的桃红色,因不溶于水,即使儿童舔了也无妨。如某企业生产PVC塑料玩具娃娃配方见表6-4。

表6-4　某企业生产PVC塑料玩具娃娃配方　单位:质量份

材　料	用　量	材　料	用　量
悬浮法聚氯乙烯	70	硬脂酸钙	2.0
乳液法聚氯乙烯	30	硬脂酸锌	0.8
邻苯二甲酸二辛酯	45	着色剂	适量
邻苯二甲酸二丁酯	43	填料	适量

(3) 成型工艺参数控制

模具的预热温度为130℃;停留时间为15~30s;余浆倒回后壁上膜的厚度为1~2mm;烘熔的温度为160℃,时间为10~40min;冷却时间为1~2min,并使温度低于80℃。

参 考 文 献

[1] 杨中文. 塑料成型加工基础. 北京：化学工业出版社，2014.

[2] 桑永. 塑料材料与配方. 北京：化学工业出版社，2009.

[3] 于丽霞，张海河. 塑料中空吹塑成型. 北京：化学工业出版社，2005.

[5] [美] Norman Lee C 著. 吹塑成型技术——制品、模具、工艺. 揣成智，李树等译. 北京：中国轻工业出版社，2003.

[6] 吴梦旦. 塑料中空成型设备使用与维护手册. 北京：机械工业出版社，2007.

[7] 黄锐. 塑料工程手册. 北京：机械工业出版社，2000.

[8] [美] 格伦·比尔 L 等编著. 中空塑料制品设计和制造. 王克俭等译. 北京：化学工业出版社，2007.

[9] 李树，贾毅. 塑料吹塑成型与实例. 北京：化学工业出版社，2005.

[10] 刘西文. 塑料成型设备. 北京：印刷工业出版社，2009.

[11] 刘廷华. 塑料成型机械使用维修手册. 北京：机械工业出版社，2000.